Elisabeth Göbel

Richtig entscheiden

Elisabeth Göbel

Richtig entscheiden

Betriebswirtschaftliche Entscheidungslehre und unternehmerische Entscheidungspraxis

2., durchgesehene Auflage

UVK Verlagsgesellschaft mbH • Konstanz
mit UVK/Lucius • München

Prof. Dr. Elisabeth Göbel lehrt an der Universität Trier und forscht zu den Themen Organisation, Neue Institutionenökonomik, Strategisches Management und Wirtschaftsethik. Sie studierte an der RWTH Aachen und an der Universität Tübingen. Dort war sie danach Assistentin am Lehrstuhl für Planung und Organisation bei Prof. Dr. F. X. Bea.

Die Vorauflage erschien bei utb.

Bibliografische Information der Deutschen Bibliothek
Die Deutsche Bibliothek verzeichnet diese Publikation in der Deutschen Nationalbibliografie; detaillierte bibliografische Daten sind im Internet über <http://dnb.ddb.de> abrufbar.

ISBN 978-3-86764-721-2 (Print)
ISBN 978-3-7398-0133-9 (EPUB)
ISBN 978-3-7398-0134-6 (EPDF)

Einbandgestaltung: Susanne Fuellhaas, Konstanz
Einbandmotiv: iStockphoto – ilbusca

UVK Verlagsgesellschaft mbH
Schützenstr. 24 • 78462 Konstanz
Tel. 07531-9053-0 • Fax 07531-9053-98
www.uvk.de

Vorwort

Ich stelle in diesem Buch, das Sie in Händen halten, beide Zweige der Entscheidungslehre vor: die betriebswirtschaftliche Entscheidungslehre sowie die tatsächliche Praxis, also wie die Menschen letztlich ihre Entscheidungen treffen.

Im ersten Teil wird der Kernbereich der allgemeinen Betriebswirtschaftslehre dargestellt, nämlich die betriebswirtschaftliche Entscheidungslehre. Dabei geht es nicht um spezifische Entscheidungen in bestimmten Funktionsbereichen, sondern um das Entscheiden an sich. Die BWL beschäftigt sich schwerpunktmäßig meist mit der normativen oder präskriptiven Entscheidungslehre bzw. Entscheidungstheorie, welche vorschreibt, wie ein rationaler Entscheider vorgehen sollte.

In den letzten Jahren hat die sog. deskriptive Entscheidungstheorie aber zunehmend an Bedeutung gewonnen. Diese beschreibt, wie die Menschen tatsächlich Entscheidungen treffen und welche Fehler sie dabei typischerweise machen bzw. was sie anders und teilweise auch besser machen. Für Entscheidungen in Unternehmen sind auch diese Erkenntnisse sehr wichtig. Daher werden in dem Buch beide Zweige der Entscheidungslehre vorgestellt und es wird überlegt, auf welche Weise man sie verknüpfen könnte. Schließlich wird die Entscheidungslehre in die allgemeine Managementlehre eingebettet und es wird versucht, Empfehlungen für eine gute Entscheidungsarchitektur zu geben.

Im Anhang finden sich zudem Fragestellungen, die den einzelnen Kapiteln zugeordnet sind. Das Buch kann daher sowohl als einführendes Lehrbuch als auch als vertiefendes Fachbuch für Entscheider in der Praxis herangezogen werden. Um Ihnen den größtmöglichen Nutzen zu bereiten, habe ich das Buch bewusst in einer verständlichen Sprache geschrieben und mit über 150 anschaulichen Beispielen angereichert.

Mein herzlicher Dank gilt Herrn Dr. Jürgen Schechler für die unkomplizierte und freundliche Zusammenarbeit und die gute verlegerische Betreuung.

Trier Elisabeth Göbel

Inhalt

Vorwort 5

Abbildungsverzeichnis 13

I. Entscheidungsorientierung als Kennzeichen der Betriebswirtschaftslehre 15

1 Die schwierige Suche nach dem Erkenntnisgegenstand der Betriebswirtschaftslehre (BWL) 15

1.1 BWL als Lehre vom Betrieb 16

1.2 BWL als Lehre vom Wirtschaften 18

1.3 Rationales Entscheiden als Erkenntnisgegenstand der BWL 22

1.4 Entscheiden in Betrieben als Erkenntnisgegenstand der BWL 25

1.5 Zusammenfassung und Überblick 28

II. Präskriptive Entscheidungstheorie 31

2 Das Grundmodell rationaler Entscheidung 31

2.1 Was ist eine Entscheidung? 31

2.2 Typische Entscheidungen in Unternehmen 36

2.3 Gut und schlecht strukturierte Entscheidungen 37

2.4 Was macht die Rationalität einer Entscheidung aus? 40

2.4.1 Unterschiedliche Rationalitätsbegriffe 40

2.4.2 Prozedurale Rationalität 43

2.4.3 Rationalität und Vernunft 47

2.5 Wie sieht das Grundmodell einer rationalen Entscheidung aus? 48

2.5.1 Der Aktionenraum 50

2.5.2 Der Zustandsraum 54

2.5.3 Die Ergebnisfunktion 59

2.5.4 Das Zielsystem 62

2.6 Überblick über unterschiedliche Entscheidungssituationen 70

3 Entscheidungen bei mehreren Zielen und Sicherheit 73

3.1 Das Grundmodell 74

3.2 Prüfung auf ineffiziente Alternativen 75

3.3 Auswahl eines dominanten Zieles ... 76
3.4 Lexikografische Ordnung ... 77
3.5 Multiattributive Wertfunktionen ... 78
3.5.1 Bestimmung der Wertfunktion ... 79
3.5.2 Bestimmung der Zielgewichte ... 86
3.6 Der Prozess der Zielentscheidung ... 91
4 Entscheidungen bei Ungewissheit ... 95
4.1 Entscheidungen bei einem Ziel und mehreren Umweltzuständen ... 96
4.2 Maximin-Regel (Minimax-Regel) und Maximax-Regel ... 97
4.3 Hurwicz-Regel ... 99
4.4 Savage-Niehans-Regel ... 100
4.5 Laplace-Kriterium ... 102
4.6 Die Risikopräferenz des Entscheiders ... 103
5 Entscheidungen bei Risiko ... 105
5.1 Mehrere Umweltzustände, bekannte Eintrittswahrscheinlichkeiten ... 106
5.2 Bayes-Regel (μ-Prinzip) ... 108
5.3 (μσ)-Prinzip ... 109
5.4 Bernoulli-Prinzip (Erwartungsnutzentheorie) ... 110
5.4.1 Die Risiko-Nutzen-Funktion (RNF) ... 111
5.4.2 Ermittlung der RNF durch die Bernoulli-Befragung ... 112
5.4.3 Verschiedene Risiko-Nutzen-Funktionen ... 115
5.4.4 Beispiel ... 117
5.5 Probleme bei Risikoentscheidungen ... 118
5.5.1 Schwierige Schätzung von Wahrscheinlichkeiten ... 118
5.5.2 Schwierige Quantifizierung von Wahrscheinlichkeiten ... 120
5.5.3 Keine eindeutige Risikopräferenz ... 121
5.5.4 Entscheiden Menschen nach der Erwartungsnutzentheorie? ... 122

6 Entscheidungen bei bewusst handelnden Gegenspielern **125**
6.1 Grundbegriffe und Grundmodell der Spieltheorie 126
6.2 Überblick über unterschiedliche Spielformen 129
6.3 Sequenzielle Spiele (Spielbäume) 131
6.4 Konträre Interessen: Zwei-Personen-Nullsummenspiele 135
6.5 Harmonische Interessen: Reine Koordinationsspiele 139
6.6 Konfliktäre und harmonische Interessen: Kampf der Geschlechter 141
6.7 Konfliktäre und harmonische Interessen: Das Gefangenendilemma 143
6.7.1 Allgemeine Darstellung 143
6.7.2 Erwünschte und unerwünschte Dilemmata 145
6.7.3 Gibt es Auswege aus dem Dilemma? 146
6.7.4 Wiederholtes (iteriertes) Gefangenendilemma 148
6.7.5 Beispiel für eine betriebswirtschaftliche Anwendung 151
6.7.6 Gefangenendilemma und Unternehmensethik 152
6.8 Was bringt die Spieltheorie? 156

7 Entscheidungen in Gruppen **159**
7.1 Was kennzeichnet Gruppenentscheidungen? 159
7.2 Zwei Vorgehensweisen zum Treffen von Gruppenentscheidungen 161
7.3 Die gemeinsame Strukturierung des Entscheidungsproblems .. 162
7.3.1 Die Generierung eines gemeinsamen Zielsystems 162
7.3.2 Die Alternativensuche 163
7.3.3 Die Erzeugung von Gruppenwertfunktionen 163
7.3.4 Die Schätzung von Wahrscheinlichkeiten 166
7.3.5 Gemeinsame Risikopräferenzen 167
7.4 Aggregation individueller Entscheidungen: Abstimmungsregeln 168
7.5 Gibt es eine beste Abstimmungsregel? 171
7.6 Kann man Gruppenentscheidungen verbessern? 174

III. Deskriptive Entscheidungstheorie 177

8 Grundlagen der deskriptiven Entscheidungstheorie 177

8.1 Unterschiede zwischen normativer und deskriptiver Entscheidungstheorie 178
8.2 Grenzen rationaler Entscheidung 180
8.2.1 Grenzen der Aufmerksamkeit, Rationalität und Willenskraft 180
8.2.2 Entscheiden in Organisationen 185
8.2.3 Opportunismus 187
8.2.4 Das Papierkorb-Modell der Entscheidung 188
8.3 Wie man trotzdem zu guten Entscheidungen kommt 190
8.3.1 Intuition, Heuristiken und Erfahrung 190
8.3.2 Unterstützung durch Institutionen 193
8.3.3 Jenseits des Eigeninteresses 194

9 Spezielle Ergebnisse empirischer Entscheidungsforschung 197

9.1 Fehler bei der Zielgewichtung 199
9.1.1 Bandbreiteneffekt 199
9.1.2 Splitting-Bias 199
9.1.3 Dynamische Inkonsistenz 200
9.1.4 Take-the-best und Tallying 200
9.2 Fehler bei der Bildung subjektiver Wahrscheinlichkeiten 202
9.2.1 Repräsentativitäts-Heuristik 202
9.2.2 Verfügbarkeitsheuristik (availability heuristic) 204
9.2.3 Umkehrung bedingter Wahrscheinlichkeiten 205
9.2.4 Verankerung und Anpassung (anchoring) 206
9.3 Fehler bei der Bewertung und Entscheidung 207
9.3.1 Das Allais-Paradoxon 207
9.3.2 Inkonsistente Bewertung extremer Wahrscheinlichkeiten 209
9.3.3 Referenzpunkt-Effekte 211
9.3.4 Präsentationseffekte (Framing) 213
9.3.5 Intransitive Bewertungen 214
9.3.6 Berücksichtigung von Sunk Costs 215
9.4 Vermeiden von Änderungen 216
9.4.1 Unterlassungseffekt (Omission-Bias) 216

9.4.2 Status-Quo-Bias ... 217
9.4.3 Bestätigungstendenz (Confirmation-Bias) ... 218
9.5 Selbstüberschätzung ... 219
9.5.1 Ignorieren von Wahrnehmungsfiltern ... 219
9.5.2 What you see is all there is (WYSIATI) ... 219
9.5.3 Kompetenzillusion ... 220
9.5.4 Rückschaufehler (Hindsight-Bias) und curse of knowledge ... 220
9.5.5 Illusion der Kontextunabhängigkeit ... 221
9.5.6 Übermäßiger Optimismus ... 221
9.6 Soziale Effekte ... 222
9.6.1 Sinn für Gerechtigkeit ... 222
9.6.2 Vertrauen ... 223
9.6.3 Investition in öffentliche Güter ... 224
9.6.4 Reziprozität ... 225
9.6.5 Herdentrieb ... 226
9.7 Entscheidungsfehler in Verhandlungssituationen ... 226
9.8 Zusammenfassender Überblick ... 227

IV. Relevanz der Entscheidungstheorie für die Entscheidungen in Unternehmen ... 233

10 Verknüpfung von präskriptiver und deskriptiver Entscheidungstheorie ... 233

10.1 Das Wissenschaftsideal der BWL und die Entscheidungstheorie 234
10.2 Mögliche Beziehungen zwischen präskriptiver und deskriptiver Entscheidungstheorie ... 239
10.2.1 Präskriptive und deskriptive Theorie ignorieren sich ... 239
10.2.2 Die deskriptive Theorie löst die präskriptive Theorie ab.. 241
10.2.3 Die deskriptive Theorie zeigt Fehler auf und soll dadurch helfen, sich dem normativen Ideal anzunähern ... 242
10.2.4 Es gibt rationale Entscheider, die sich das Wissen über die Entscheidungsfehler der anderen systematisch zunutze machen ... 243
10.2.5 Eine Entscheidungsarchitektur für kluge Entscheidungen schaffen ... 245
10.3 Bessere Entscheidungen treffen ... 248

10.3.1 Subjektive und objektive Rationalität – informierte Entscheidungen treffen ... 248
10.3.2 Formale und substanzielle Rationalität – vernünftige Entscheidungen treffen ... 250
10.3.3 Prozessrationalität – Lernen und Evolution ... 252
10.4 Entscheidung und Management ... 253

11 Entscheidungen in Unternehmen – Probleme und Lösungsvorschläge ... 255

11.1 Warum Entscheidungen in Unternehmen schwierig sind ... 256
11.1.1 Probleme der Humans ... 256
11.1.2 Probleme der Organisation ... 257
11.1.3 Probleme der Situation ... 260
11.2 Empfehlungen für eine Entscheidungsarchitektur ... 262
11.2.1 Halte es stabil ... 263
11.2.2 Halte es einfach ... 264
11.2.3 Vermeide Unsicherheit ... 265
11.2.4 Baue Puffer ein ... 266
11.2.5 Nutze Selbstbindung ... 267
11.2.6 Suche gezielt nach Informationen ... 268
11.2.7 Lerne aus Erfahrung ... 271
11.2.8 Gestalte Anreize ... 272
11.2.9 Erzeuge Loyalität ... 275
11.2.10 Realisiere Kooperationsgewinne ... 276
11.2.11 Wähle kluge Standards ... 277
11.2.12 Delegiere Entscheidungen ... 277
11.2.13 Ermögliche Wandel ... 279
11.2.14 Verfolge angemessene Ziele ... 280
11.3 Bleibende Probleme ... 280

12 Schlusswort ... 285

Anhang ... 289

Fragen und Aufgaben ... 291
Literaturverzeichnis ... 309
Sachregister ... 317

Abbildungsverzeichnis

Abb. 1 Mögliche Fachabgrenzungen der BWL 26
Abb. 2 Entscheidungsprozess als Interaktionsprozess 35
Abb. 3 Grundmodell der Entscheidung 49
Abb. 4 Informationsstände im Hinblick auf die Umweltdaten 56
Abb. 5 Informationsstände hinsichtlich Umweltentwicklungen und deren Konsequenzen 61
Abb. 6 Höhenpräferenzrelationen 64
Abb. 7 Horizontale Zielbeziehungen 70
Abb. 8 Überblick über unterschiedliche Entscheidungssituationen 71
Abb. 9 Grundmodell einer Entscheidungsmatrix mit mehreren Zielen bei Sicherheit 74
Abb. 10 Mögliche Wertfunktionen 83
Abb. 11 Entscheidungsmatrix mit Zielwerten und Gewichtungsfaktoren 85
Abb. 12 Entscheidungsmatrix bei einem Ziel und Ungewissheit 96
Abb. 13 Entscheidungsmatrix bei einem Ziel und Risiko 106
Abb. 14 Prinzip der Bernoulli-Befragung 113
Abb. 15 Risikonutzenfunktionen für risikoneutrale, risikoscheue und risikofreudige Entscheider 117
Abb. 16 Überblick über unterschiedliche Spielformen 130
Abb. 18 Grundlegende Unterschiede zwischen präskriptiver und deskriptiver Entscheidungstheorie 179
Abb. 19 Das viergeteilte Muster 210
Abb.20 Zwei kognitive Systeme 233
Abb. 21 Beispiele für wissenschaftliche Erklärungen 236

I Entscheidungsorientierung als Kennzeichen der Betriebswirtschaftslehre

„Wenn Wirtschaften Wählen heißt, und wenn Wählen in enger Beziehung zu Entscheiden gesehen werden kann, dann hat sich die Betriebswirtschaftslehre schon immer mit Entscheidungen von Menschen in Unternehmungen befasst.“

Heinen [Ansatz] 21

1 Die schwierige Suche nach dem Erkenntnisgegenstand der Betriebswirtschaftslehre (BWL)

Womit beschäftigt sich eigentlich die Betriebswirtschaftslehre? Was unterscheidet BWL von anderen Wissenschaften? Obwohl es die Betriebswirtschaftslehre als Studienfach nun auch schon ca. 100 Jahre gibt und sie mittlerweile sogar zum beliebtesten Studienfach in Deutschland avanciert ist, sind diese grundlegenden Fragen keineswegs eindeutig geklärt. Im ersten Kapitel wollen wir versuchen, den Erkenntnisgegenstand der BWL abzugrenzen. Dabei werden verschiedene Abgrenzungsvorschläge betrachtet:

- BWL ist eine Lehre vom Betrieb (1.1).
- BWL ist eine Lehre vom Wirtschaften (1.2).
- BWL ist eine Lehre vom Entscheiden.

  Da eine Abgrenzung als „Entscheidungslehre“ zu allgemein erscheint, werden dann zwei Präzisierungen vorgenommen:

  - BWL ist eine Lehre vom rationalen Entscheiden (1.3) und
  - BWL ist eine Lehre vom Entscheiden in Betrieben, speziell in Unternehmen (1.4).

Die entscheidungsorientierte BWL geht von der letzteren Abgrenzung aus. Als praktisch-normative BWL sieht sie ihre vorrangige Aufgabe darin, zur Verbesserung der Entscheidungen in den Unternehmen beizutragen.

Die Ergebnisse der Überlegungen werden am Ende des ersten Kapitels zusammengefasst und es wird ein Überblick gegeben über den weiteren Aufbau des Buches (1.5).

1.1 BWL als Lehre vom Betrieb

Welchen spezifischen Problemkomplex erforscht die wissenschaftliche Disziplin Betriebswirtschaftslehre? Nach welchem Auswahlprinzip kann man aus der komplexen Wirklichkeit den Gegenstand herausschälen, den die BWL untersucht? Ausgehend vom Begriff „Betriebswirtschaftslehre" starten wir einen ersten Abgrenzungsversuch und sagen:

> BWL ist eine Lehre vom **Betrieb**.

Daraus ergeben sich allerdings direkt Folgefragen:

- Was ist ein Betrieb?
- Interessiert sich die BWL für alle Betriebe?
- Was zeichnet den betriebswirtschaftlichen Blick auf die Betriebe aus?

Ein Betrieb ist „eine planvoll organisierte Wirtschaftseinheit" (*Wöhe* [Einführung] 2) bzw. „eine Wirtschaftseinheit mit der Aufgabe der Bedarfsdeckung, mit selbständigen Entscheidungen und eigenen Risiken" (*Schweitzer* [Gegenstand] 28) lauten zwei allgemein gehaltene Definitionen von Betrieb. Während bei diesen Definitionen auch die privaten Haushalte unter den Betriebsbegriff fallen können, entspricht es dem Alltagsverständnis mehr, nur solche Wirtschaftseinheiten als Betriebe zu bezeichnen, die einen Fremdbedarf decken, also Sachgüter und Dienstleistungen für den Bedarf anderer Betriebe oder privater Haushalte erzeugen und verkaufen. Die BWL konzentriert ihr Interesse ebenfalls auf die Betriebe im Sinne **fremdbedarfsdeckender organisierter Wirtschaftseinheiten** (vgl. *Schierenbeck/Wöhle* [Grundzüge] 29). Haushalte werden also meist ausgeschlossen. Damit ist allerdings der Erkenntnisgegenstand immer noch sehr weit abgegrenzt, denn es gibt

- öffentliche und private Betriebe,
- Betriebe in der Marktwirtschaft und in der Planwirtschaft,
- gewinnorientierte und Non-Profit-Betriebe,
- Sachleistungs- und Dienstleistungsbetriebe,
- Klein- und Großbetriebe,
- landwirtschaftliche Betriebe, Industriebetriebe, Dienstleistungsbetriebe,

um nur die gängigsten Klassifikationsmerkmale zu nennen. Für welche Art von Betrieben sich die BWL interessiert, wird von verschiedenen Fachvertretern unterschiedlich abgegrenzt.

Für *Erich Gutenberg* (1897–1984) stand im Vordergrund, dass der Betrieb ein System von Produktionsfaktoren ist, welche für die Fremdbedarfsdeckung systematisch kombiniert werden müssen (vgl. [Produktion]). Dabei spielt es zunächst keine Rolle, ob dieser Betrieb in einem marktwirtschaftlichen oder planwirtschaftlichen System agiert, ob er in privatem oder öffentlichem Eigentum steht und ob er Gewinn erzielen will. *Gutenberg* versuchte in erster Linie, allgemeingültige Zusammenhänge zwischen Inputfaktoren und Output zu finden, sog. Produktionsfunktionen, die vor allem technisch determiniert sind. Seine Leitidee einer produktionstheoretischen BWL lässt ihn den Erfahrungsgegenstand einerseits weit abgrenzen: Die planwirtschaftlichen Produktionsgenossenschaften, die in Staatsbesitz befindlichen öffentlichen Betriebe, die gemeinnützig orientierten Non-Profit-Betriebe fallen im Prinzip ebenso unter den Blickwinkel der BWL wie die privaten Unternehmen. Andererseits engt sich der Fokus aber auch auf die (großen) Sachleistungsbetriebe, die Sachgüter produzierenden Fabriken, ein, weil nur dort in größerem Umfang die Produktionsfaktoren Maschinen, Roh-, Hilfs- und Betriebsstoffe und körperliche Arbeit zur Güterherstellung kombiniert werden. Der Sachgüter produzierende Industriebetrieb war lange Zeit der Hauptgegenstand betriebswirtschaftlicher Untersuchungen.

Einen ganz anderen Akzent setzte allerdings schon früh *Wilhelm Rieger* (1878–1971) (vgl. [Privatwirtschaftslehre]). Seiner Meinung nach sollte die BWL sich nur mit gewinnorientierten, privaten Betrieben in der Marktwirtschaft beschäftigen, also mit den Wirtschaftseinheiten, die im engeren Sinne „Unternehmen“ genannt werden. Sein Hauptinteresse galt dem Gewinn bezogen auf das eingesetzte Kapital, also der Rendite, und nicht der Produktion. Betriebe im öffentlichen Eigentum, planwirtschaftliche Betriebe und Non-Profit-Betriebe bleiben außen vor, was den Erfahrungsgegenstand stark einschränkt. Gleichzeitig lassen sich aber auch Dienstleistungsbetriebe zwangloser unter dem Gesichtspunkt der Renditeerzielung betrachten als unter dem Gesichtspunkt der technischen Produktion. Für eine Bank oder eine Unternehmensberatung spielen technische Produktionsfunktionen keine Rolle, sehr wohl aber die Erzielung einer ausreichenden Rendite.

Für *Hans Ulrich* (1919–1997) sind alle „zweckgerichteten Institutionen der menschlichen Gesellschaft“ ([Management] 133) Gegenstand betriebswirtschaftlicher Überlegungen. Darunter fallen auch Betriebe im öffentlichen Besitz (bspw. Theater, Krankenhäuser) oder private Non-Profit-Betriebe wie bspw. ein Sportverein. Entscheidend ist, dass diese Betriebe eine Führung und Steuerung, ein Management, brauchen, denn BWL ist für ihn eine Führungs- und Managementlehre. Bei jedem komplexen, offenen sozialen System, welches auf bestimmte Zwecke ausgerichtet ist, entsteht eine Steuerungs-, Lenkungs- oder Führungsproblematik, für deren Lösung die BWL sich zuständig erklärt.

Von sehr engen bis zu sehr weiten Abgrenzungen (nur private Unternehmen in der Marktwirtschaft oder alle zweckgerichteten, komplexen, offenen sozialen Systeme) der zu untersuchenden Betriebe reichen so die Vorschläge der Fachvertreter. Und die dritte Frage ist auch noch nicht beantwortet: Für welche Tatsachen **in** den Betrieben interessiert sich die BWL? Die Betriebe als Erfahrungsgegenstand können ja von den unterschiedlichsten Disziplinen untersucht werden.

> **Beispiele**: Ein Psychologe untersucht die Reaktion auf bestimmte Farben im Büro. Ein Soziologe prüft die Zusammenhänge von Gruppengröße und Konfliktpotenzial. Der Mediziner erforscht, wie sich die Gestaltung der Arbeitsplätze auf die Entwicklung von Rückenleiden auswirkt. Den Techniker interessiert der Verschleiß einer Maschine in Abhängigkeit von der Drehzahl. Das Hilfswerk Misereor prangert Menschenrechtsverletzungen in philippinischen Fabriken an.

BWL als „Lehre vom Betrieb“ zu definieren, führt offenbar nicht zu einer eindeutigen Abgrenzung der Zuständigkeit, denn

- es ist nicht klar, für welche Betriebe sich die BWL interessiert, und
- es ist nicht klar, welche Tatsachen in den Betrieben in ihren Zuständigkeitsbereich fallen.

Aus dem Erfahrungsgegenstand, der von vielen Disziplinen untersucht werden kann, ist der spezifische Erkenntnisgegenstand zu isolieren. Die Möglichkeit einer weiteren Eingrenzung des spezifischen Erkenntnisgegenstandes der BWL ergibt sich über den zweiten Wortteil in dem Wort „Betriebswirtschaftslehre“, nämlich das „Wirtschaften“.

1.2 BWL als Lehre vom Wirtschaften

Die BWL erklärt sich zuständig für die wirtschaftlichen Tatbestände in den Betrieben. Eine zweite Abgrenzung des Erkenntnisgegenstandes lautet demnach:

> BWL ist eine Lehre vom **Wirtschaften** in Betrieben.

Doch was sind wirtschaftliche Tatbestände in einem Betrieb? Wann zählt eine Handlung, ein Tatbestand zum Wirtschaften? Auch darüber gibt es keine Einigkeit.

Schon seit der Antike wird über das Wirtschaften nachgedacht. Von dem griechischen Philosophen *Aristoteles* (384–322 v. Chr.) stammt eine frühe Definition:

> (Naturgemäßes) Wirtschaften heißt: Die bestmögliche Versorgung mit Gütern anzustreben, um Bedürfnisse zu befriedigen bzw. Mängel zu beheben (vgl. [Politik] 1256b).

Solche Begriffsbestimmungen des Wirtschaftens finden sich bis heute in fast allen Lehrbüchern der BWL. Es gehe beim Wirtschaften um „ein möglichst großes Maß an Bedürfnisbefriedigung" (*Wöhe* [Einführung] 1) bzw. um Mängelbeseitigung unter effizienter Verwendung knapper Güter (*Weber/ Kabst* [Einführung] 3f.) heißt es. Auch einer der Gründerväter der BWL als wissenschaftlicher Disziplin und Studienfach, *Eugen Schmalenbach* (1873–1955) sieht genau darin den Zweck des Wirtschaftens und einer eigenen Disziplin BWL: Wissen bereit zu stellen für eine optimale Versorgung der Bevölkerung mit den notwendigen Gütern bei gleichzeitig sparsamem Einsatz von Produktionsfaktoren. *Schmalenbach* lehnt es grundsätzlich ab, „... im Kaufmann den Profitmacher zu sehen". Stattdessen sieht er im Kaufmann „das mit Wirtschaften betraute Organ der Gesamtwirtschaft" ([Grundlagen] IV). Wirtschaftlichkeit im Sinne von Sparsamkeit und Güterversorgung sollen die zentralen Ziele des Unternehmers sein. Eine mögliche Definition von BWL lautet demnach:

> BWL ist die Lehre von der **optimalen Güterversorgung** durch die wirtschaftliche **(sparsame) Herstellung** von Gütern und Dienstleistungen in Betrieben.

Das klingt ja auch ganz gut und vernünftig, lässt aber eine Reihe neuer Fragen entstehen. Wenn es den Betrieben und der BWL tatsächlich in erster Linie um optimale Güterversorgung bei sparsamer Mittelverwendung geht, dann verwundert:

- dass Betriebe, die eindeutig der Befriedigung von Bedürfnissen und der Versorgung dienen, wie Haushalte, landwirtschaftliche Betriebe und öffentliche Betriebe in der Regel von der BWL ausgeklammert werden;
- dass bspw. Finanzmarkttransaktionen Gegenstand der BWL sind, obwohl etwa der Handel mit Zinsswaps mit Güterversorgung überhaupt nichts mehr zu tun hat, sondern nur eine riskante Wette darstellt;

- dass auf der Basis dieser Wirtschaftslehre sehr viele dringende und elementare Bedürfnisse in der Welt nicht befriedigt werden während gleichzeitig eine Vielzahl von Luxusgütern hergestellt und verkauft wird;
- dass auf der Basis dieser Wirtschaftslehre viele Ressourcen verschwendet (Stichwort: Wegwerfgesellschaft) und neue Knappheiten erzeugt werden (bspw. Knappheit an sauberer Luft oder sauberem Wasser oder Fischen im Meer).

Schon von Zeitgenossen *Schmalenbachs* wurde seine Definition des Gegenstandes der BWL im Sinne der Güterversorgung bei sparsamer Ressourcenverwendung teilweise geradezu hämisch kritisiert. Vor allem das Konzept *Wilhelm Riegers* definiert das Wirtschaften ganz anders.

Wirtschaften heißt, **aus Geld mehr Geld machen**.

Die Befriedigung von Bedürfnissen ist nur eine Art unvermeidlicher Nebeneffekt des Wunsches nach Gewinn bzw. Rendite. *Rieger* bemerkt treffend, für einen Unternehmer gäbe es doch keine schlechtere Nachricht als die, dass die Bedürfnisse befriedigt seien und der Markt gesättigt sei ([Privatwirtschaftslehre] 46). Auch Sparsamkeit im Umgang mit Ressourcen sei kein originäres Ziel von Unternehmen. Wenn „Verschwendung“ zu Gewinn führe, dann sei es durchaus wirtschaftlich, Ressourcen zu verschwenden. Als Beispiel führt er die aufwändige Verpackung von Pralinen an, die ja den Nährwert der Schokolade in keiner Weise erhöht und die nur weggeworfen wird ([Privatwirtschaftslehre] 62). Trotzdem ist eine solche Verschwendung wirtschaftlich, wenn die Kunden für die schöne Verpackung der Pralinen mehr zu zahlen bereit sind, als die Verpackung gekostet hat. Damit ist auch die BWL – von *Rieger* bezeichnenderweise „Privatwirtschaftslehre“ genannt – anders abzugrenzen:

BWL ist die Lehre von der **Gewinnmaximierung in privaten Unternehmen** in der Marktwirtschaft.

Das trifft den Kern der heutigen BWL sicher besser als die Definition von *Schmalenbach*, denn damit lassen sich viele der oben genannten Phänomene in Einklang bringen. Wenn es um Gewinnmaximierung geht, dann ist logisch, dass man den kaufkräftigen Luxusbedarf befriedigt und die existenziellen Bedürfnisse der Armen nicht beachtet, weil sie die Güter nicht bezahlen können. Oder dass man Ressourcen verschwendet, solange der verschwendete Geldbetrag über den Preis wieder reinkommt. Die (langfristige) Gewinnmaximierung in Betrieben bzw. Unternehmen werde von den meisten Fachvertretern als Auswahlprinzip der BWL anerkannt, heißt es denn auch in einem der Standardlehrbücher der BWL (vgl. *Wöhe* [Einführung] 17). Dass trotzdem eine gute Versorgung mit Gütern stattfindet, ist dem Marktmechanismus zu verdanken. Wie *Rieger* formuliert: „Die Unternehmung kann es leider nicht verhindern, dass sie im Verfolg ihres Strebens nach Gewinn den Markt versorgen muss." (*Rieger* [Privatwirtschaftslehre] 47).

So ganz zufriedenstellend ist die obige Abgrenzung des Erkenntnisgegenstandes der BWL aber auch nicht. Denn zum einen fühlt man sich als Betriebswirt nicht wohl damit, Vertreter einer „öden Profitlehre" zu sein. Zum anderen lehrt die Erfahrung, dass sehr vieles von dem, was man im Laufe eines BWL-Studiums lernt, durchaus auch in nicht-gewinnorientierten sozialen Systemen gebraucht wird. Wer sich bspw. durch den Deutschen Sportbund zum Vereinsmanager ausbilden lässt, der muss sehr viele Dinge lernen, die typischerweise zum BWL-Studium gehören, etwa Personalwirtschaft, Steuern, Buchhaltung, Finanzplanung, Führung. Auch gemeinnützige Vereine müssen wirtschaften. Gibt es vielleicht hinter den bisherigen Bestimmungen vom Wirtschaften noch ein allgemeineres Prinzip, das noch abstrakter ist und von dem die beiden oben genannten Bestimmungen sozusagen Spezialfälle sind?

Ja, eine solche noch allgemeinere Bestimmung des Wirtschaftens gibt es, nämlich:

> „Wirtschaften ist nichts anderes als die fortgesetzte Wahl zwischen verschiedenen Möglichkeiten"... (*Röpke* [Lehre] 32). Wirtschaften heißt also entscheiden und **BWL ist die Lehre vom Entscheiden**.

Nun liegt der Einwand nahe, dass jeder jeden Tag Entscheidungen treffen muss. Ob die Wahl zwischen Kinobesuch oder Kneipenabend, Kartoffeln oder Nudeln zum Mittagessen, Wander- oder Badeurlaub, ständig wählen wir zwischen Möglichkeiten. Das kann ja nicht alles Gegenstand der BWL sein. Es muss also wiederum Präzisierungen geben, welche die Zuständigkeit der BWL einschränken.

Es gibt zwei unterschiedliche Präzisierungen:

- Die BWL beschäftigt sich mit **rationalen** Entscheidungen nach dem sog. ökonomischen Prinzip.
- Die BWL beschäftigt sich mit Entscheidungen in **Betrieben**.

Beiden Präzisierungen wollen wir nun nachgehen.

1.3 Rationales Entscheiden als Erkenntnisgegenstand der BWL

Eine Möglichkeit der näheren Kennzeichnung dessen, was die Ökonomie und damit auch die BWL interessiert, ist ein bestimmter Entscheidungsstil, nämlich das Entscheiden nach dem Rationalprinzip.

> BWL ist die Lehre vom **Entscheiden nach dem Rationalprinzip**.

In einer allgemeinen Form lautet das Rationalprinzip als Imperativ formuliert: Versuche ein möglichst günstiges Verhältnis zwischen Aufwand bzw. Kosten und Ertrag bzw. Leistung zu realisieren. Meist wird das ökonomische Prinzip noch näher bestimmt als **Maximumprinzip und Minimumprinzip**.

Handle so, dass du mit einem gegebenen Aufwand an Wirtschaftsgütern einen möglichst hohen Ertrag erzielst (Maximumprinzip).

Handle so, dass du einen bestimmten Ertrag mit einem möglichst geringen Aufwand an Wirtschaftsgütern erzielst (Minimumprinzip).

> **Beispiel**: Versuche, mit einer gegebenen Menge an Rohstoffen möglichst viele Endprodukte herzustellen (Maximumprinzip). Versuche, 100 Endprodukte mit dem geringstmöglichen Rohstoffverbrauch zu produzieren (Minimumprinzip).

Am leichtesten lässt sich das ökonomische Prinzip verwirklichen, wenn – wie im obigen Beispiel – Input und Output mengenmäßig gemessen werden können. Bei vielen Entscheidungen ist es bei weitem nicht so leicht zu beurteilen, ob das ökonomische Prinzip eingehalten wurde.

> **Beispiele**: Frau A möchte für maximal 100 € ein möglichst schönes Kleid finden. Herr B sucht einen Gebrauchtwagen möglichst billig. Studentin C sucht einen Ferienjob, der möglichst wenig anstrengend ist, dabei aber genug einbringt.

Im Beispiel von Frau A ist nicht objektiv zu bestimmen, ob und um wie viel ein Kleid schöner ist als ein anderes. Und ist es rationaler, für 50 € ein recht hübsches Kleid zu kaufen oder für den doppelten Betrag ein Kleid, das ihr nur etwas besser gefällt? Herr B muss neben dem Preis auch die Qualität der angebotenen Autos vergleichen, denn ein gut erhaltenes Auto für 3000 € kann für seine Zwecke besser geeignet sein als ein mangelhaftes Auto für 500 €. Bei Studentin C ist nicht klar, was „genug" bedeutet und was sie als „anstrengend" empfindet.

Da weder der „Aufwand" noch der „Ertrag" einer Entscheidung immer in Euro und Cent zu messen sind, lautet die allgemeinere Formulierung des ökonomischen Prinzips: Wähle die Alternative, in welcher Input und Output in der besten Relation zueinander stehen bzw. die dir den höchsten Nutzen bringt. Dieses **Streben nach dem maximalen Nutzen** gilt als typisch ökonomisch und als eines der Grundmerkmale ökonomischen Denkens.

Nach *Mag* [Denken] ist das ökonomische Denken durch folgende Grundmerkmale zu charakterisieren:

- **Denken in Mängeln**: Das müssen keine objektiven Mängel sein, sondern es reicht das subjektive Erlebnis eines unerfüllten Bedürfnisses, welches die Suche nach Mitteln und Wegen mobilisiert, den Mangel zu beseitigen. Im Unternehmen kann ein solcher Mangel eine unbesetzte Stelle sein, eine defekte Maschine oder auch bloß der Wunsch nach einer noch höheren Rendite.
- Denken in Alternativen: Im nächsten Schritt sucht man nach alternativen Wegen, um das Bedürfnis zu befriedigen bzw. den Mangel zu beseitigen. Das Unternehmen schaltet bspw. eine Stellenanzeige, um potenzielle Mitarbeiter zu finden, sucht nach Lieferanten für eine neue Maschine oder es werden Strategien zur Kostensenkung erwogen.
- Denken in Restriktionen: In der Regel sind bestimmte begrenzende Bedingungen zu beachten. Für die Entlohnung des potenziellen neuen Mitarbeiters gibt es ein begrenztes finanzielles Budget ebenso wie für die Anschaffung einer neuen Maschine. Oder es gibt zeitliche Vorgaben, etwa einen bestimmten Einstellungstermin oder drängende Liefertermine. Werden Entlassungen zur Kostensenkung erwogen, müssen gesetzliche Regelungen des Arbeitsrechts bedacht werden.
- Denken in extremen Input-Output-Relationen: Zum bewertenden Vergleich der Alternativen braucht man zunächst Kriterien, eine Ziel- oder Präferenzordnung, welche zum Ausdruck bringt, was man für ein unabdingbares oder wünschenswertes Merkmal einer Alternative hält bzw. was als Nachteil oder sogar Ausschlusskriterium erscheint. Sodann ist es er-

forderlich, den Alternativen die Ergebnisse für diese Kriterien zuzuordnen. Schließlich wird die beste, die nutzenmaximale Alternative gewählt. Ein Vergleich der Auswahlmöglichkeiten ist leichter, wenn entweder Input oder Output fixiert sind. Bei zwei gleich qualifizierten Bewerbern wähle ich denjenigen, der das niedrigere Gehalt verlangt. Für das gleiche Gehalt stelle ich lieber den höher qualifizierten Mitarbeiter ein. Häufig unterscheiden sich die Alternativen allerdings bei mehreren Kriterien gleichzeitig, und die Ergebnisse lassen sich auch nicht immer leicht quantifizieren und damit nicht einfach zu einem Gesamtergebnis zusammenfassen.

- Denken in Änderungen: Anlass für Entscheidungen sind meist Änderungen. Entweder bereits feststellbare Änderungen wie bspw. ein Umsatzrückgang oder eine Preiserhöhung beim Material oder auch zukünftig erwartete Änderungen wie bspw. eine befürchtete Erhöhung der Kreditzinsen oder eine erhoffte Belebung der Konjunktur.

Der beschriebene Denk- oder Entscheidungsstil ist so allgemein, dass er zu den verschiedensten konkreten Entscheidungen und Präferenzen passt. Man kann eine optimale Güterversorgung und Sparsamkeit ebenso anstreben wie eine Gewinnmaximierung. Die systematische Wahl der nach den Maßstäben des Entscheiders nutzenmaximalen Alternative kennzeichnet den Typus des ökonomischen Menschen, den Homo oeconomicus (vgl. *Kirchgässner* [Homo] 12ff.).

Diese Art des Denkens findet man in den verschiedensten Zusammenhängen: Ein Mediziner wählt zwischen zwei Behandlungsmethoden, ein Politiker entscheidet sich für oder gegen einen Gesetzentwurf, ein Jurist wählt eine Verteidigungsstrategie, eine Frau entscheidet sich für oder gegen ein Kind usw. Ein solches „ökonomisches Denken in fremden Gefilden" (*Mag* [Denken] 774) hat auch schon zum Vorwurf des „ökonomischen Imperialismus" geführt. Gemeint ist damit ein Bestreben der Ökonomen, ihren Einflussbereich ständig auszudehnen. Ausgeprägt findet sich diese Ausweitung des ökonomischen Denkens auf sämtliche Bereiche des Lebens bei dem Wirtschaftswissenschaftler und Nobelpreisträger *Gary S. Becker*. Unter der Prämisse, dass Menschen grundsätzlich versuchen, ihre Lage zu ihrem eigenen Vorteil zu verändern, untersucht er unter anderem Diskriminierung, Kriminalität, Drogensucht, Familienplanung, Justiz, Steuern, Kartelle und Umweltpolitik. Seine grundsätzliche Empfehlung: Wenn die Menschen etwas tun oder auch nicht tun sollen, dann verändere die Input-Output-Relation. Mache unerwünschtes Verhalten unvorteilhaft und mache erwünschtes Verhalten attraktiv, dann werden die Menschen die gewünschten Entscheidungen treffen. Er empfiehlt bspw. härtere Strafen gegen Kriminelle um Verbrechen „teurer" zu machen oder er kritisiert die „soziale Hängematte" der Sozialhilfe, weil dadurch die Bequemlichkeit zu attraktiv würde (vgl. *Becker/Becker* [Ökonomik] 117, 166).

Für die Abgrenzung eines speziellen Erkenntnisgegenstandes der BWL ist eine solche Allzuständigkeit für rationale Entscheidungen allerdings nicht sehr hilfreich. Zumal, wenn man sich bei den Nutzenvorstellungen inhaltlich nicht festlegen will und sogar das höchste Wohl der Allgemeinheit als Ziel eines altruistischen Nutzenmaximierers in Frage kommt (vgl. *Kichgässner* [Homo] 16). Das Nutzenkonzept wird dann zu einer Leerformel, denn es wird kein Fall mehr ausgeschlossen (vgl. *Raffée* [Grundprobleme] 40f.). In der Regel wird man daher den „Homo oeconomicus" als den Menschen verstehen, der seinen eigenen materiellen Nutzen maximiert, um den Typus genauer und trennschärfer zu charakterisieren. Der Homo oeconomicus wird das tun, was ihm mehr Geld einbringt bzw. was ihn weniger kostet.

Beispiel: Eine Ärztin entscheidet ökonomisch, wenn sie die Behandlungsmethode wählt, die ihr selbst das höchste Einkommen einbringt. Und sie entscheidet nicht ökonomisch, wenn sie ehrenamtlich kostenlose medizinische Hilfe für Menschen anbietet, die sich illegal in Deutschland aufhalten. Auch wenn sie diese Entscheidung sorgfältig auf der Grundlage ihrer persönlichen Werte trifft und insofern rational entscheidet, fällt es schwer, darin eine ökonomische Entscheidung zu sehen.

Die Gleichsetzung eines bestimmten Entscheidungsstils mit dem Erkenntnisgegenstand der Ökonomie im Allgemeinen und der BWL im Speziellen ist jedenfalls nicht unproblematisch. Einen anderen Weg geht die „entscheidungsorientierte Betriebswirtschaftslehre", welche nun vorgestellt werden soll.

1.4 Entscheiden in Betrieben als Erkenntnisgegenstand der BWL

Der entscheidungsorientierte Ansatz der BWL wurde maßgeblich von *Edmund Heinen* (1919–1996) geprägt. Programmatisch heißt es bei ihm: „Wenn Wirtschaften Wählen heißt, und wenn Wählen in enger Beziehung zu Entscheiden gesehen werden kann, dann hat sich die Betriebswirtschaftslehre schon immer mit Entscheidungen von Menschen in Unternehmungen befasst." ([Ansatz] 21). Später spricht er meistens nicht mehr von Unternehmungen sondern allgemeiner von Betrieben oder Betriebswirtschaften. Die Abgrenzung und Eigenständigkeit der BWL leitet sich aus dem Erkenntnisobjekt „Betriebswirtschaft" ab (vgl. *Heinen* [Ansatz] 32). In der Regel ist allerdings das private, gewinnorientierte Unternehmen das spezifische Untersuchungsobjekt.

> BWL ist die Lehre vom **Entscheiden in Betrieben**, speziell in Unternehmen.

Explizit geht er dabei nicht vom Modell rationaler Entscheidung aus. „Die entscheidungsorientierte Betriebswirtschaftslehre entlässt … den Homo oeconomicus der klassischen Mikroökonomie in das Reich der Fabel.“ ([Denkansätze] 395). Er will „ein realistisches Modell des wirtschaftenden Menschen“ und seines Entscheidungsverhaltens entwerfen und dabei systematisch Erkenntnisse „… der Psychologie, der Soziologie, der Politikwissenschaften, der Anthropologie …“ einbeziehen ([Wissenschaftsprogramm] 212f., 215). Das reale Entscheidungsverhalten ist allenfalls beschränkt rational. Außerdem bedenkt er, dass die Menschen in Betrieben nicht isoliert entscheiden, sondern in Organisationen, und dass sie damit in vielfältige Kommunikations-, Kooperations- und Machtbeziehungen eingebettet sind (vgl. ebenda, 217). Schließlich interessiert ihn nicht nur die Entscheidung an sich, sondern auch die vorangehende Phase der Willensbildung bzw. Zielfindung und die nachfolgende Phase der Willensdurchsetzung bzw. Realisierung einer Entscheidung. Damit erweitert er den Entscheidungsprozess zum Führungs- und Steuerungsprozess, zum Management. „Die Entscheidungslehre schließt jene Sachgebiete in systematischer Weise ein, die beispielsweise unter der Bezeichnung „Management Science“ … behandelt werden.“ ([Wissenschaftsprogramm] 213). Damit steht der entscheidungsorientierte Ansatz dem Konzept von *Hans Ulrich* nahe, der die BWL als allgemeine Führungs- und Managementlehre für komplexe soziale Systeme begreift.

Institution / Entscheidungsverhalten	Betriebe (speziell: Unternehmen)	Familie, Politik, Recht …
Rationales Entscheiden nach dem Modell des Homo oeconomicus		
Reales, beschränkt rationales Entscheidungsverhalten		

Abb. 1: Mögliche Fachabgrenzungen der BWL

Die beiden möglichen Fachabgrenzungen sind in der vorstehenden Abbildung noch einmal visualisiert.

Das Nachsinnen über wissenschaftliche Zuständigkeiten und Fachabgrenzungen kann also erstens zu der These führen, dass die BWL immer zuständig ist, wenn es um rationales Entscheiden geht. Problematisch erscheint die Ausdehnung der Zuständigkeit auf alle möglichen Entscheidungen, Ziele und Institutionen.

Zweitens ist eine Abgrenzung über die Entscheidungen in einer bestimmten Art von Institutionen möglich. Es geht der BWL dann um Entscheidungen in Betrieben und speziell in Unternehmen. So geht die entscheidungsorientierte BWL vor. Diese Herangehensweise ist pragmatisch an den realen Problemen von Führungskräften orientiert, die sich bei ihren Entscheidungen auch mit beschränkt rationalem Verhalten und der unwägbaren sozialen Dynamik in Organisationen auseinandersetzen müssen. Als Manko dieser pragmatischen Definition einer betrieblichen Entscheidungslehre kann die schwierige Abgrenzung zu anderen wissenschaftlichen Disziplinen, bspw. der Soziologie und Psychologie, angeführt werden (vgl. *Heinen* [Ansatz] 32).

Klarere Konturen gewinnt die entscheidungsorientierte BWL durch die Unterscheidung von **deskriptiver** und **normativer Entscheidungstheorie**. Aus der Psychologie und Soziologie und neuerdings den Neurowissenschaften gewinnt man empirische Beschreibungen des realen Entscheidungsverhaltens. Die Ergebnisse solcher Forschungen belegen bspw.

- dass Menschen oft nicht alle Alternativen durchdenken, sondern sich schnell mit einer möglichen Lösung zufrieden geben,
- dass inkonsistente Bewertungen von Alternativen häufig vorkommen,
- dass man oft „aus dem Bauch heraus“ schnell entscheidet und die Begründung dafür nachliefert,
- dass Menschen bewusst nicht die Alternative wählen, die ihnen selbst den höchsten Nutzen bringt, bspw. weil es ihnen wichtiger erscheint, sich gerecht zu verhalten usw.

Solche Erkenntnisse der deskriptiven Theorie sind in dem Sinne „betriebswirtschaftlich auswertbar“ als man mit ihnen die rationalen Entscheidungen der Führungskräfte „verbessern“ kann. „Das Bemühen der Betriebswirtschaftslehre ist letztlich darauf gerichtet … zur Verbesserung der Entscheidungen in der Betriebswirtschaft …“ beizutragen (*Heinen* [Wissenschaftsprogramm] 209). Die BWL soll „praktisch-normativ“ Aussagen dazu machen, „… wie das Entscheidungsverhalten der Menschen in der Betriebswirtschaft sein soll, wenn diese bestimmte Ziele bestmöglich erreichen wollen." (ebenda). Der Terminus „praktisch-normativ" verweist darauf, dass die Ziele als gegeben hingenommen werden und insofern keine ethisch-normative Diskussion der Ziele stattfindet. Es geht um „praktische Rationalität" und nicht um „evaluative Rationalität" (vgl. *Rescher* [Rationalität] 4). Als typische „betriebswirtschaftliche Ziele" und auch wichtigste Ziele gelten Gewinn, Rendite und Umsatz. Aber auch nicht monetäre Ziele wie Unabhängigkeit oder Macht oder soziale Verantwortung beeinflussen die Unternehmensentscheidungen (vgl. *Heinen* [Zielfunktion] 23ff.). Zugleich ist die BWL aber durchaus normativ (vorschreibend, präskriptiv), weil sie Aussagen darüber macht, wie der Entscheider im Unternehmen bei seinen Entscheidungen vorgehen **soll**.

Als Ideal steht also auch in der entscheidungsorientierten BWL das rationale Entscheiden vor Augen. Die Fachabgrenzung erfolgt aber über die Zuständigkeit für Entscheidungen in Betrieben, speziell in Unternehmen. Zur Rationalität der Entscheidung in Unternehmen gehört es gerade dazu, Erkenntnisse der anderen Sozialwissenschaften über die faktische Begrenztheit des Entscheidungsvermögens wahrzunehmen. Die BWL bedient sich pragmatisch der Erkenntnisse ihrer Nachbardisziplinen über das reale Entscheidungsverhalten, um Entscheidungen in Unternehmen zu verbessern.

1.5 Zusammenfassung und Überblick

Zusammenfassend geht es in der BWL also im Kern um das **rationale Entscheiden in Betrieben**. Erweitert man den reinen Entscheidungsprozess um die Willensbildung und Willensdurchsetzung, dann geht es um das rationale, zielgerichtete Management von Betrieben. Im Vordergrund steht in der Regel der spezifische Betriebstyp der privaten **Unternehmung** mit dem obersten Ziel der Gewinn- oder Renditemaximierung. Prinzipiell sind die Erkenntnisse aber auch in anderen Betrieben, bei anderen Zielsetzungen und in anderen Bereichen nutzbar. Dabei geht es zum einen darum aufzuzeigen, wie das Entscheidungsverhalten idealerweise sein soll (präskriptive oder normative Entscheidungstheorie). Zum anderen ist es im Hinblick auf die Praxis aber auch wichtig zu wissen, wie Entscheidungen in Organisationen bei beschränkter Rationalität tatsächlich ablaufen (deskriptive Theorie).

Weil die rationalen Entscheidungen das Ideal bilden, war betriebswirtschaftliche Entscheidungslehre in der Vergangenheit ganz überwiegend auf die normative oder präskriptive Entscheidungstheorie konzentriert. Im folgenden zweiten Teil wird dieser Entscheidungstyp behandelt. Es beginnt mit relativ einfachen Entscheidungsmodellen. Nach und nach werden die Modelle realitätsnäher und komplizierter: Wie entscheidet man rational, wenn man nicht ein Ziel sondern mehrere Ziele gleichzeitig verfolgt? Wie geht man rational damit um, dass die Ergebnisse der Alternativen häufig unsicher sind? Was bedeutet es, ob man zumindest die Eintrittswahrscheinlichkeiten der Ergebnisse kennt? Was passiert, wenn die Ergebnisse der eigenen Entscheidung wesentlich vom Entscheidungsverhalten anderer Menschen bestimmt werden? Und wie trifft man Entscheidungen in Gremien?

Dass Menschen auch in Betrieben längst nicht so rational entscheiden, wie es dem normativen Ideal entspricht, ist vor allem in der pragmatisch orientierten amerikanischen Managementlehre schon lange thematisiert worden. Vor allem *Herbert A. Simon* (1916–2001), *James G. March* und *Richard M. Cyert* stehen für frühe Forschungen zur „begrenzten Rationalität" und zu den Besonderheiten von Entscheidungen in Organisationen. Für die Entscheidungstheorie blieben ihre Forschungsergebnisse aber jahrzehntelang nahezu folgenlos. Diskutiert wurden sie eher in der Organisationstheorie und der Managementlehre. Erst seit dem Aufschwung der empirisch forschenden Verhaltensökonomik und dem Wirtschafts-Nobelpreis für den Psychologen *Daniel Kahnemann* und den Pionier der experimentellen Wirtschaftsforschung *Vernon L. Smith* im Jahr 2002 finden die Ergebnisse der empirischen Entscheidungsforschung deutlich mehr Beachtung. Im dritten Teil werden die wichtigsten Ergebnisse der deskriptiven Entscheidungstheorie vorgestellt.

Der vierte Teil ist der Frage gewidmet, welche Relevanz die Entscheidungstheorie – in beiden Ausprägungen – für die Entscheidungen in Unternehmen hat. Zunächst wird überlegt, wie man das Verhältnis zwischen normativer und deskriptiver Theorie modellieren kann. Im Ergebnis wird eine Verbesserung der Entscheidungen gerade dadurch angestrebt, dass man die Erkenntnisse der deskriptiven Entscheidungstheorie beachtet. Es erscheint wenig rational, die realen Probleme bei Entscheidungen in Unternehmen zu ignorieren. Stattdessen sollte man sich Gedanken machen über die Gestaltung einer klugen Entscheidungsarchitektur.

II. Präskriptive Entscheidungstheorie

„Das Problem zu erkennen ist wichtiger, als die Lösung zu erkennen, denn die genaue Darstellung des Problems führt zur Lösung." Albert Einstein

Betriebswirtschaftslehre wurde im ersten Kapitel charakterisiert als Lehre vom **Entscheiden in Betrieben**, insbesondere Unternehmen. Dabei stehen meistens das rationale Entscheiden im Vordergrund und damit die präskriptive oder normative Entscheidungstheorie.

> Die präskriptive Entscheidungstheorie gibt vor, wie rationale Akteure Entscheidungen treffen **sollten**.

Damit wollen wir uns im Teil II beschäftigen und zunächst im Kapitel 2 das Grundmodell rationaler Entscheidung erarbeiten. Dazu wird als Erstes der Begriff der Entscheidung geklärt (2.1) und typische Entscheidungen im Unternehmen werden kurz umrissen (2.2). Anschließend wird überlegt, was Entscheidungen so schwierig machen kann (2.3). Da die präskriptive Entscheidungstheorie die Rationalität der Entscheidung fordert, wird sodann erwogen, was Rationalität bei einer Entscheidung überhaupt bedeutet (2.4). Danach wird die Grundstruktur eines Entscheidungsmodells ausführlich vorgestellt (2.5) sowie ein Ausblick auf die unterschiedlichen Entscheidungssituationen gegeben (2.6).

2 Das Grundmodell rationaler Entscheidung

2.1 Was ist eine Entscheidung?

> Entscheiden kann allgemein definiert werden als **Auswählen** zwischen Möglichkeiten.

Entscheidungen begegnen uns überall, sie sind alltäglich. Es gibt im Alltag jedes Menschen einfachere Entscheidungen, wie die Wahl zwischen Döner oder Currywurst, und sehr schwierige und komplexe Entscheidungen, wie bspw. die Wahl eines Berufes oder eines Lebenspartners.

Damit echte Entscheidungen vorliegen, müssen bestimmte Voraussetzungen erfüllt sein:

- Es gibt mehr als eine Möglichkeit (Alternativen). Fast immer bietet sich als Alternative zumindest die sog. Unterlassungsalternative an, also etwas nicht zu tun.
- Es gibt eine Zielvorstellung, was der Entscheider mit der Wahl einer Alternative erreichen will. Er/sie wählt im Hinblick auf ein Entscheidungskriterium (oder mehrere). Außerdem hat der Entscheidende eine Entscheidungslogik, um zu irgendeinem Entschluss zu kommen, ob er nun A oder B wählt.
- Man kann den Alternativen hinsichtlich der Ziele Ergebnisse zuordnen, entweder mit Sicherheit oder auch nur „ungefähr".
- Es gibt Umweltzustände, situative Daten, die man (kurzfristig) nicht beeinflussen kann, die aber in verschiedener Hinsicht auf die Entscheidung einwirken.

Eine ausführlichere Definition von Entscheidungen lautet also:

> Entscheidungen sind das Ergebnis eines Wahlprozesses. Eine Entscheidungssituation liegt vor, wenn unter bestimmten Umweltzuständen (Daten) aus mehreren Handlungsalternativen diejenige Alternative zu wählen ist, die am besten zur Zielerfüllung beiträgt.

Dass zu einer Entscheidung Alternativen, Ziele und Ergebnisse gehören ist schnell klar. Bspw. kann man zwischen mehreren Angeboten von Autos wählen (Alternativen), die im Hinblick auf Preis, Alter, Verbrauch und Kilometerstand (Zielkriterien) bestimmte Ergebnisse aufweisen. Aber wie wirken sich die Umweltzustände auf die Entscheidung aus?

Die **Umweltzustände** haben verschiedene Auswirkungen:

- Die Umweltzustände zwingen zur Entscheidung, weil sie Knappheit repräsentieren (Geld, Zeit, Raum, Kapazitäten…).

  Beispiele: Frau A muss sich zwischen einem neuen PC und einer Urlaubsreise entscheiden, weil das Budget nicht für beides reicht. Herr B muss sich zwischen Kino und einer Einladung am Samstagabend entscheiden, weil beides zur gleichen Zeit stattfindet. Unternehmerin C kann nicht Produkt X und Produkt Y gleichzeitig produzieren, weil sie nur eine Maschine hat.

Ohne eine solche „Knappheit" gibt es keine Entscheidungsprobleme, weil man dann nicht wählen muss. Wirtschaften wird daher auch oft als Disponieren über knappe Güter definiert. „Güterknappheit" ist einer der prominentesten Begriffe in der Ökonomie. Diese Art von Knappheit hat nichts zu tun mit Knappheit in einem objektiven Sinne, mit Armut oder Mangel. Auch die reichste Frau der Welt hat Entscheidungsprobleme, weil sie bspw. nicht an zwei Orten zur gleichen Zeit sein kann oder weil sie wählen muss, wie sie ihr Kapital anlegt. Knappheit heißt nur, dass man im Hinblick auf die betrachteten Alternativen nicht einfach „sowohl als auch" sagen kann, sondern wählen muss.

Teilweise sind die Umweltzustände und damit die Knappheit auch veränderbar. Frau C kann bspw. eine zweite Maschine kaufen, so dass ihr dann die Alternative offen steht, Produkt X und Produkt Y gleichzeitig zu produzieren. Ob die zweite Maschine gekauft wird, ist wiederum eine Entscheidung, bei der möglicherweise die Knappheit von Geld eine Rolle spielt. Ob etwas als Datum hingenommen werden muss oder durch eine Entscheidung geändert werden kann, hängt häufig mit dem Planungshorizont zusammen. Bei kurzfristigen Entscheidungen muss man in der Regel viel mehr Zustände als Daten hinnehmen als bei langfristiger Betrachtung. Frau A könnte bspw. dieses Jahr einen PC kaufen und nächstes Jahr in Urlaub fahren, sie kann sich nur nicht beides gleichzeitig leisten. Darum ist sie gezwungen zu entscheiden, was sie wann machen will.

- Die Umweltzustände geben Anlass zur Entscheidung, weil sie sich verändern.

Beispiele: Ein Konkurrent senkt die Preise für seine Produkte. Der Unternehmer muss entscheiden, ob er daraufhin auch die Preise senkt. Eine neue Technologie ermöglicht Kostensenkungen im Produktionsbereich. Die Managerin steht vor der Entscheidung, ob die neue Technologie eingesetzt werden soll oder nicht. Ein Rohstoff wird deutlich teurer. Es muss entschieden werden, ob man diese Preissteigerung auf die Absatzpreise überwälzen soll.

Die Analyse der Umwelt gehört nicht von ungefähr zu den wichtigsten Schritten im strategischen Management, denn die Veränderungen der Umwelt erfordern von den Unternehmen ständig Anpassungsentscheidungen (vgl. *Bea/Haas* [Management] 9). Wird die Umwelt in Form einzelner Akteure modelliert (Konkurrenten, Lieferanten, Kapitalgeber usw.), dann nehmen die Entscheidungen einen spieltheoretischen Charakter an. Die zunehmende Komplexität und Dynamik der Umwelt fordern die Entscheidungsträger in den Unternehmen heute besonders heraus.

- Die Umweltzustände begrenzen den Alternativenraum, z.B. als gesetzliche und gesellschaftliche Normen, technische Möglichkeiten, natürliche Gegebenheiten.

Beispiele: Unternehmensgründerin A kann bei der Entscheidung für eine Rechtsform für die Unternehmung nur zwischen den in Deutschland gesetzlich zulässigen Gesellschaftsformen wählen. Frau B kann kein Auto kaufen, dass mit einem Liter Salatöl 100 km fährt, weil das technisch (noch) nicht machbar ist. Die Firma X kann nur dort Erdgas fördern, wo es Erdgasvorkommen gibt.

Solche Restriktionen sind teilweise durch die Wahl des Umfeldes disponibel. Frau A könnte sich mit ihrem Unternehmen bspw. auch im Ausland niederlassen und damit den Alternativenraum für zulässige Rechtsformen ändern. Neue technische Möglichkeiten erweitern den Alternativenraum. Das „Fracking“ erlaubt bspw. auch die Ausbeute von Erdgasvorkommen, die vorher aufgrund natürlicher Gegebenheiten nicht zugänglich waren. Auch gesellschaftliche Normen verändern sich. Die zunehmende Bedeutung des Umweltschutzes führt bspw. dazu, dass das „Fracking“ hoch umstritten ist und möglicherweise trotz technischer Machbarkeit in Deutschland niemals umgesetzt werden darf.

- Die Umweltzustände beeinflussen die Ergebnisse der Alternativen.

Beispiele: Ob ein Einzelhändler eine große Menge Bademoden ordert, hängt auch von der Wetterprognose für die Sommersaison ab. Ob eine Anlegerin lieber in Aktien oder in festverzinsliche Wertpapiere investiert, hängt von der vermutlichen Zins- und Kursentwicklung ab. Ob sich die Investition in eine neue Maschine lohnt, wird wesentlich von der künftigen Nachfrage bestimmt.

Wenn in einem Entscheidungsmodell Umweltzustände explizit als Variable aufgeführt sind, dann in diesem Sinne als Einflussfaktoren auf die Ergebnisse der Alternativen. Mehrere Umweltzustände und somit auch mehrere mögliche Ergebnisse für die Alternativen repräsentieren Entscheidungen bei Unsicherheit.

Die genannten Bestandteile einer Entscheidungssituation werden häufig zu zwei Komponenten gruppiert: **Entscheidungsfeld** oder Objektsystem und **Entscheidungsträger** oder Subjektsystem.

Das **Entscheidungsfeld** (Objektsystem) enthält

- die Alternativen, bei einer Investitionsentscheidung im Unternehmen bspw. diverse Maschinen,
- die Umweltzustände, bspw. das Nachfrageverhalten, die Energiepreise, das Budget,
- die Ergebnisse der Alternativen, bspw. Preise, Kapazitäten oder Energieverbräuche.

Der **Entscheidungsträger** (Subjektsystem) hat

- ein Ziel, Zielsystem, z.B. Gewinn,
- Informationen über das Entscheidungsfeld, z.B. alternative Maschinen, deren Preise, Ein- und Auszahlungsströme, Budget … und
- eine Entscheidungslogik, z.B. die Kapitalwertrechnung.

Bei einem Entscheidungsprozess interagiert das Subjektsystem mit dem Objektsystem.

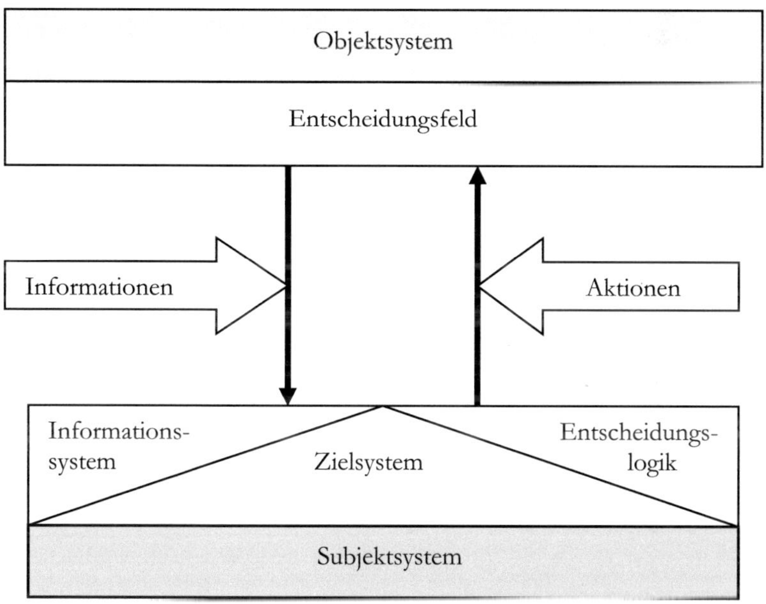

Abb. 2: Entscheidungsprozess als Interaktionsprozess (*Bamberg/Coenenberg/Krapp* [Entscheidungslehre] 1)

Die eigentliche Entscheidung findet im Subjektsystem durch den Entscheidungsträger statt. Der Entscheidungsträger macht sich ein Bild, ein Modell, vom Entscheidungsfeld, er setzt Entscheidungsprämissen und leitet aus diesen Prämissen die Entscheidung ab. Beim Kauf einer Maschine erwägt er bspw. nur drei Alternativen, obwohl es zig Modelle gibt, verfolgt nur ein Ziel, nämlich Gewinn, obwohl auch noch andere Ziele sinnvoll wären, und geht im Hinblick auf die Umweltentwicklung davon aus, dass die Nachfrage in den nächsten Jahren noch steigt, obwohl man das nicht weiß. Nicht das Entscheidungsfeld an sich liegt der Entscheidung zugrunde, sondern die subjektive Abbildung davon. Diese hängt von den Informationen und deren Verarbeitung durch den Entscheidungsträger ab. Durch seine Aktionen ändert er das Entscheidungsfeld für die Zukunft.

> Die Entscheidung kann nur so gut sein wie die Entscheidungsprämissen, die man hat.

Die deskriptive Entscheidungstheorie thematisiert eher, wie die Entscheidungsprämissen zustande kommen und welche Fehler Menschen typischerweise bei der Modellierung des Entscheidungsfeldes und bei der eigentlichen Entscheidung machen.

Die präskriptive Entscheidungstheorie thematisiert dagegen schwerpunktmäßig, wie man logisch die beste Entscheidung aus gegebenen Entscheidungsprämissen ableitet.

2.2 Typische Entscheidungen in Unternehmen

Wie wichtig Entscheidungen im Unternehmensalltag sind, sieht man an der Vielzahl betriebswirtschaftlicher Entscheidungstatbestände.

Es gibt **konstitutive Entscheidungen**, also Entscheidungen, die zur Gründung eines Betriebes gehören, wie die Wahl eines Standortes oder einer Rechtsform.

Dann gibt es Entscheidungen im laufenden Geschäftsbetrieb.

Je nach der Fristigkeit und Bedeutung unterscheidet man **strategische und operative Entscheidungen**. Strategisch ist bspw. die Entscheidung über eine neue Produktlinie oder eine Kooperation mit einem Konkurrenten. Strategische Entscheidungen sind langfristig richtungsweisend, eher selten und neuartig und durch ein besonders hohes Maß an Unsicherheit und

Komplexität geprägt. Operativ ist bspw. die Entscheidung über die Maschinenbelegung in einer bestimmten Schicht. Operative Entscheidungen werden eher häufig und routiniert getroffen und finden in einem gegebenen Datenrahmen statt. Deshalb ist auch die Sicherheit höher.

Nach den **Funktionsbereichen** unterteilt gibt es Entscheidungen im Beschaffungs-, Fertigungs-, Absatz-, Personal-, Finanzbereich usw., bspw. die Entscheidung über die Höhe eines Werbebudgets für ein neues Produkt, die Wahl eines Bewerbers für die Stelle des Lageristen, die Entscheidung für einen Lieferanten, die Festsetzung eines Absatzpreises usw. Damit beschäftigt man sich in den speziellen Betriebswirtschaftslehren.

Eine Vielzahl von Einzelentscheidungen verschiedener Entscheidungsträger soll letztlich zum Optimum für das ganze Unternehmen führen. Es ist ein großes Problem in den Unternehmen, die Vielzahl von Einzelentscheidungen sinnvoll zu koordinieren. Zum Management eines Unternehmens gehört es auch, Einzelentscheidungen zu einem sinnvollen Ganzen zusammenzufügen. Dieses Thema wird vor allem in der Organisationslehre behandelt.

Im Folgenden geht es aber nicht um spezielle Entscheidungen im Personalbereich oder im Marketing und auch nicht um die Koordination, sondern um Entscheidungen an sich. Es ist sinnvoll, sich mit den Entscheidungen so ausführlich zu beschäftigen, weil sie nicht nur wichtig, sondern in der Regel auch schwierig sind.

2.3 Gut und schlecht strukturierte Entscheidungen

Im einfachsten Fall hat man es mit einem **gut strukturierten Entscheidungsproblem** zu tun:

- Das zu lösende Problem ist nach Art und Umfang genau definiert,
- der Entscheidungsträger hat ein klares Ziel und operationale Zielkriterien,
- er kennt die Alternativen,
- den Alternativen lassen sich eindeutig Ergebnisse zuordnen,
- es gibt ein Verfahren, mit dessen Hilfe man die optimale Alternative eindeutig bestimmen kann.

Beispiel
Problem: Eine Maschine ist defekt und muss ersetzt werden.
Ziel: Kapitalwert max.
Alternativen: Es gibt zwei Maschinen, die in Frage kommen.

Ergebnisse: Den Maschinen lassen sich Anschaffungskosten, Betriebskosten, Lebensdauern, Kapazitäten, verkaufte Stückzahlen etc. eindeutig zuordnen und es lassen sich so genaue Ein- und Auszahlungsströme für jede Maschine bestimmen.
Lösungsverfahren: Mit Hilfe der Kapitalwertrechnung wird die bessere Alternative bestimmt.

Die Entscheidung wird komplizierter, wenn:

- man das zu lösende Problem nur schwer genau bestimmen kann und daher auch die Alternativen nicht benennen kann.

Beispiele: Wenn man Kopfschmerzen hat, ist oft unklar, was das eigentliche Problem ist: zuviel Bildschirmarbeit, eine schlechte Brille, Schäden an der Wirbelsäule, Kiefergelenksprobleme, Stress, zu wenig Schlaf, zu wenig Bewegung, ein Gehirntumor …? Weil man das Problem nicht richtig abgrenzen kann, lassen sich auch keine wirksamen Alternativen zur Problemlösung bestimmen. Man weiß nicht, welche Maßnahme wirken könnte. Liegen die Kopfschmerzen an einem Gehirntumor, dann zeigt eine neue Brille keine Wirkung zur Problemlösung. Ähnlich könnte es im Unternehmen unklar sein, was das eigentliche Problem bspw. hinter sinkenden Verkaufszahlen ist: Ein schlechtes Produkt, zu wenig Werbung, ein neuer Konkurrent, eine neue Technik, unfreundliche Verkäufer … Je nach Problemdefinition variieren auch Art und Anzahl der Alternativen für die Entscheidung. Ist bspw. ein Produkt technisch veraltet, dann zeigt die Erhöhung des Werbebudgets keine Wirkung. Man kann sozusagen das falsche Problem lösen. Menschen neigen dazu, sich mit oberflächlichen Problemdiagnosen zufriedenzugeben und nicht tief genug nach den wahren Ursachen zu forschen. Daher bleiben auch die Problemlösungen oft in der Nähe bisheriger Lösungen.

- sich den Alternativen die Ergebnisse nicht eindeutig zuordnen lassen bzw. sich die Beiträge der Ergebnisse auf das eigentliche Ziel nicht bestimmen lassen.

Beispiele: Bei einer Investitionsentscheidung kann man nie sicher vorhersagen, welche Einnahmen man bspw. mit dem Kauf einer Maschine erzielen wird, weil sich das Nachfrageverhalten der Kunden auch ändern kann oder ein neuer Konkurrent auftaucht oder eine neue Technik den Markt revolutioniert. Einer neuen Software kann man mit Sicherheit bestimmte Eigenschaften zuordnen, aber es ist unklar, wie stark sich beim Einsatz dieser Software die Lieferfähigkeit verbessert und was das für den Gewinn bedeutet, der das eigentliche Ziel darstellt.

- man mehrere Ziele verfolgt, die möglicherweise auch noch konfliktär sind.

Beispiel: Beim Kauf der Maschine will man billig kaufen, auf den Umweltschutz achten, die modernste Technik haben und dem inländischen Lieferanten treu bleiben, der schon den Vater beliefert hat. Die moderne, umweltschonende Maschine ist aber die teuerste und wird im Ausland hergestellt.

- man kein eindeutiges Lösungsverfahren hat. Man hat Alternativen und deren voraussichtliche Ergebnisse zusammengestellt, kennt aber kein Verfahren, um daraus die eindeutig beste Lösung zu bestimmen.

Beispiel: Man hat bei der Entscheidung zwischen verschiedenen PKWs Ergebnisse für Verbrauch, Leistung, Design und Farbe, weiß aber nicht, wie man das zu einem Endergebnis aggregieren soll. Bei dynamischen simultanen Entscheidungsproblemen wie bspw. simultaner Finanz- und Investitionsplanung oder bei vielen Reihenfolgeproblemen fehlen exakte Lösungsmöglichkeiten. Man greift dann auf Faustregeln und Heuristiken zurück oder zerlegt das Gesamtproblem in lösbare Einzelprobleme. Allerdings kann es durchaus passieren, dass die optimalen Teillösungen gar nicht miteinander kompatibel sind und daher insgesamt kein Optimum gefunden wird.

Man spricht bei den beschriebenen Problemen auch von „Strukturdefekten" oder schlecht strukturierten Entscheidungen. Unterschieden werden: Wirkungsdefekte, Bewertungsdefekte, Zielsetzungsdefekte und Lösungsdefekte (vgl. *Adam* [Entscheidung] 10ff.).

Implizit wird immer ein Entscheider angenommen. Noch schwieriger wird die Entscheidung, wenn:

- mehrere Personen in die Entscheidung involviert sind, die jeweils ihre eigene Sicht der Dinge ins Spiel bringen und möglicherweise konfliktäre Interessen vertreten.

Beispiel: Der Arbeitsmediziner plädiert für die ergonomisch beste Maschine, weil er die Gesundheit der Mitarbeiter für ein wichtiges Ziel hält. Darin wird er vom Betriebsrat unterstützt. Der Finanzplaner ist für die billigste Maschine und schätzt die künftigen Absatzzahlen vorsichtiger ein als die Marketingleiterin. Er gibt zu bedenken, dass die Eigentümer eine Gewinnsteigerung erwarten. Die Technikerin plädiert für die modernste Maschine, weist auf den niedrigeren Energieverbrauch als mögliches Ziel hin und bringt als neue Option ins Spiel, die Entscheidung noch aufzuschieben, weil bald technische Neuentwicklungen auf den Markt kommen werden.

Reale Entscheidungen sind meistens durch mehrere dieser Komplikationen gekennzeichnet und daher schwierig. Die präskriptive Entscheidungstheorie will dem Entscheidungsträger helfen, auch solche Entscheidungen rationaler zu treffen. Das garantiert zwar auch nicht, dass vom Ergebnis her tatsächlich die beste Lösung gefunden wird, soll es aber wahrscheinlicher machen. Was aber bedeutet das überhaupt: Rational entscheiden?

2.4 Was macht die Rationalität einer Entscheidung aus?

Der Begriff der Rationalität ist von zentraler Bedeutung für die präskriptive Entscheidungslehre, will sie doch aufzeigen, wie man rational entscheidet. Die lange und kontroverse Diskussion zum Begriff der Rationalität kann hier nicht aufgegriffen werden. Die Darstellung beschränkt sich im Wesentlichen auf die Rationalität, wie sie in der normativen Entscheidungstheorie verstanden wird.

2.4.1 Unterschiedliche Rationalitätsbegriffe

Zunächst wollen wir uns ein paar unterschiedliche Rationalitätsbegriffe anschauen. *Simon* (vgl. [Behavior] 111f.) weist darauf hin, dass eine Entscheidung subjektiv oder objektiv rational sein kann, bewusst oder unbewusst rational sowie organisational oder persönlich rational. Andere Entscheidungstheoretiker unterscheiden subjektive und objektive sowie formale und substanzielle Rationalität (vgl. *Bamberg/Coenenberg/Krapp* [Entscheidungslehre] 3f.).

Zunächst zur Unterscheidung formal – substanziell.

Formale Rationalität bedeutet:

Jemand hat ein Zielsystem und entscheidet sich gemäß diesem Zielsystem für die beste Alternative.

Substanzielle Rationalität bedeutet:

Man setzt ein bestimmtes Ziel als richtig voraus und bewertet die Aktionen im Hinblick auf dieses Ziel.

Eine Entscheidung kann formal rational und substanziell falsch sein.

Beispiele
Das privatwirtschaftliche Unternehmen handelt formal rational, wenn es seinen Gewinn maximiert indem es Umweltgüter vernichtet, weil Gewinnmaximierung das Ziel ist.
Setzt man die Erhaltung der Umwelt als gesellschaftlich richtiges Ziel voraus, ist diese Aktion substanziell nicht rational.
Oder:
Der Leiter des Einkaufs handelt formal rational, wenn er billiges Material kauft, weil er einen Bonus für Kosteneinsparungen bekommt, den er gerne haben will. Im Hinblick auf das Ziel, den Bonus zu bekommen, ist seine Entscheidung rational.
Setzt man den Gewinn des Unternehmens als Ziel voraus, ist diese Aktion möglicherweise substanziell nicht rational, weil das billige Material zu großen Produktions- und Qualitätsproblemen und vielen Kundenreklamationen führt. Der Gewinn sinkt.

Bei diesem Beispiel handelt der Einkaufsleiter zugleich persönlich rational, aber die Handlung ist nicht organisational rational.

Nun zur Unterscheidung subjektiv – objektiv.

Subjektive Rationalität bedeutet:

Der Entscheidungsträger entscheidet gemäß seinem Modell vom Entscheidungsfeld, also gemäß seinen Entscheidungsprämissen, optimal.

Objektive Rationalität bedeutet:

Der Entscheidungsträger hat das Entscheidungsfeld „richtig“ in seinen Prämissen abgebildet, so wie es ein kundiger, objektiver Beobachter machen würde.

Eine Entscheidung kann subjektiv rational und objektiv falsch sein.

Beispiel: Frau A macht sich selbständig mit einem Blumenladen. Sie geht von guten Umsätzen und Gewinnen aus und ist sicher, eine gute Entscheidung getroffen zu haben. Eine Gründungsberaterin hatte ihr abgeraten, da die Lage des Geschäfts zu wenig Laufkundschaft mit sich bringt und ein Supermarkt in der Nähe ebenfalls Blumen anbietet. Nach einem Jahr muss Frau A Insolvenz anmelden.

Schließlich kann eine Entscheidung noch **bewusst oder unbewusst rational** sein. Damit wird darauf hingewiesen, dass der Entscheider bewusst ein geeignetes Mittel zur Zielerreichung suchen kann, dass aber auch vorstellbar ist, dass jemand zufällig eine zweckmäßige Lösung findet. Implizit verweist das auf die Unterscheidung von einem rationalen (zweckmäßigen) Ergebnis und einem rationalen (bestimmten Anforderungen genügenden) Entscheidungsprozess. Bei der bewussten Suche nach geeigneten Mitteln zur Erreichung von Zielen spricht man auch von **instrumenteller** oder **praktischer Rationalität** (vgl. *Rescher* [Rationalität] 4).

> **Beispiel**: Jemand stellt auf der Grundlage eines komplexen mathematischen Modells ein Wertpapierportfolio zusammen. Ein anderer lässt einen Affen mit Dartpfeilen auf eine Liste mit Unternehmen werfen und wählt die zufällig getroffenen aus. Diese Zufallsauswahl hat sich in vielen Fällen als den professionellen Anlagestrategien überlegen erwiesen. Aber ist sie deshalb rational?

Bei der Unterscheidung formaler und substanzieller Rationalität kommt man in den Bereich der **Diskussion über die Ziele** des Entscheidungsträgers. Ein Beobachter A könnte bspw. monieren, dass der Entscheidungsträger zu sehr auf kurzfristige oder auf seine persönlichen Ziele fixiert entscheidet und daher im Sinne des Gewinnziels der Unternehmung substanziell nicht rational. Ein Beobachter B ist der Meinung, dass die optimale Entscheidung im Hinblick auf das Gewinnziel im Sinne gesellschaftlicher Ziele substanziell nicht rational ist. Wird über Ziele diskutiert, dann geht man von der Möglichkeit einer „**evaluativen Rationalität**“ aus, welche die Frage beantwortet: Was soll ich wertschätzen bzw. bevorzugen? (vgl. *Rescher* [Rationalität] 4).

Bei der Unterscheidung subjektiver und objektiver Rationalität geht es dagegen um die **Kompetenz bei der Bildung der Entscheidungsprämissen**, vor allem bei der Einschätzung der Ergebnisse der Alternativen. Ein kundiger Beobachter könnte die Umweltentwicklungen und daher die Ergebnisse der Alternativen ganz anders und objektiv „richtiger“ einschätzen als der Entscheidungsträger. Von den richtigen Überzeugungen auszugehen, ist eine Sache der „**kognitiven Rationalität**“ (vgl. *Rescher* [Rationalität] 4). Im philosophischen Sinne verhält sich rational, wer die kognitive, die evaluative und die praktische Rationalität beachtet und angemessene Ziele intelligent verfolgt (*Rescher* [Rationalität] 1).

Für die Bewertung der Rationalität der Entscheidung im Sinne der ökonomischen Entscheidungstheorie spielt es aber keine Rolle, welche Ziele der Entscheidungsträger verfolgt und wie gut er das Entscheidungsfeld tatsächlich erfasst.

Die Rationalität der präskriptiven Entscheidungstheorie ist eine **subjektive Formalrationalität**. Der Entscheidungsträger kann wollen und erwarten, was er will (vgl. *Eisenführ/Weber/Langer* [Entscheiden] 11). Er muss nur nach dem geeignetsten Mittel suchen, um seine Ziele zu erreichen, und sich insofern praktisch oder instrumentell rational verhalten.

Das ist im Grunde eine dürftige Form von Rationalität. Dazu zwei **Beispiele**:

> Ein 14-jähriger will sich ins Koma saufen und überlegt, ob er lieber Bier, Likör oder Schnaps trinken soll, um sein Ziel zu erreichen. Seine Kriterien sind, wie leicht er an die Alkoholika herankommt und wie schnell sie wirken. Er entscheidet sich für den Schnaps aus dem heimischen Wohnzimmerschrank.
> Herr Gutgläubig will eine Erbschaft von 50.000 € gewinnbringend anlegen. Er steckt das Geld in ein Projekt zur Herstellung von Gold mit Hilfe magischer Kräfte, weil er überzeugt ist, dass er damit einen immensen Gewinn machen wird.

In beiden Fällen würde man die Entscheider wohl für wenig vernünftig halten. Im ersten Fall scheint das Ziel nicht angemessen, im zweiten Fall sind die Überzeugungen fragwürdig. Und trotzdem wären das immer noch subjektiv-formal rationale Entscheidungen,

- weil der Entscheider ein Ziel hat
- und gemäß diesem Ziel optimal entscheidet,
- auf der Basis seiner subjektiven Entscheidungsprämissen.

Weil damit praktisch jede Entscheidung als rational gelten müsste, werden weitere Rationalitätspostulate eingeführt, die zusammenfassend als **prozedurale Rationalität** bezeichnet werden sollen. (Ich benutze den Begriff damit in einem weiteren Sinne als *Eisenführ/Weber/Langer* [Entscheiden] 5ff.). Rational ist eine bewusste und systematische Entscheidungsfindung, die bestimmten Ansprüchen genügt.

2.4.2 Prozedurale Rationalität

> Prozedurale Rationalität bedeutet: Der Entscheidungsträger vollzieht den Entscheidungsprozess bewusst und in einer rationalen Art und Weise.

Was ist eine rationale Art und Weise der Entscheidungsfindung?

Dazu gibt es eine Reihe von Vorschlägen: Dekomposition, Vorgehen gemäß einem Phasenmodell, Konsistenz der Entscheidung, Transparenz.

[1] **Dekomposition**: Komplexe Probleme werden in handhabbare Teilprobleme zerlegt. Der „Bau eines Hauses“ wird bspw. in Teilprobleme zerlegt wie „Keller bauen“ oder „Innenausbau“ bis hin zu „Wahl von Fliesen für das Bad“. Auch das Problem „Das Unternehmen erfolgreich führen“ ist zu komplex. Man bildet Teilprobleme: Neueinführung eines Produktes, Bau eines Hochlagers, Einstellung einer Geschäftsführerin usw. bis hin zu Detailproblemen wie: Farbe der Verpackung für das neue Produkt. Jedes Teilproblem wird auch noch in einzelne Komponenten/Teilaufgaben zerlegt bzw. strukturiert. Komponenten sind Zielbestimmung, Problemanalyse, Bestimmung von Alternativen und Umwelteinflüssen, Ergebnisbestimmung, Bewertung und Entscheidung.

[2] **Reihenfolge und Durchführung von Einzelschritten gemäß einem Phasenmodell**: Es gibt eine Vorstellung von der logischen Reihenfolge, in der man die Teilaufgaben abarbeitet, einen idealen Entscheidungsprozess:

- Zielformulierung und Problemdefinition (inkl. Umwelt- und Nebenbedingungen)
- Bestimmung der Entscheidungsalternativen (Alternativenset) und der relevanten Entscheidungskriterien (Kriterienset)
- Bereitstellung der entscheidungsrelevanten Informationen, vor allem Prognosen über Umweltdaten und die Eigenschaften bzw. Wirkungen der Alternativen (Lage- und Wirkungsprognosen)
- Bewertung (Berechnung der Zielwerte/Nutzen aus den Zielerträgen)
- Festlegung der Entscheidungsregeln
- Entscheidung
- (Realisierung und Kontrolle)

Es gibt auch normative Vorstellungen über die Art und Weise, wie man bei diesen Einzelschritten vorgehen sollte:

- Überlege, ob du das richtige Problem löst. Das Problem muss evtl. weiter oder enger gefasst werden.

Beispiele: Ist das Problem tatsächlich die schlechte Vermarktung eines Produktes oder ist das Produkt selbst nicht mehr konkurrenzfähig? Ist das Problem tatsächlich die schlechte Leistung eines Mitarbeiters, oder stimmt mit der Organisation der Aufgaben was nicht? Sind die Unfälle auf unsichere Maschinen oder auf menschliches Versagen zurückzuführen?

- Werde dir über deine Ziele und Präferenzen gründlich klar. Kläre die Zielbeziehungen, insbesondere mögliche Zielkonflikte.

Beispiele: Ist dir eine höhere Rendite bei höherem Risiko mehr wert als eine niedrigere Rendite bei weniger Risiko? Ist dir ein kurzfristiger Erfolg wichtiger als ein langfristig höherer Erfolg mit Anfangsverlusten? Passt es zusammen, wenn du gleichzeitig höchste Qualität für deine Produkte und billige Produktion anstrebst?

- Suche eine ausreichende Menge an Alternativen. Formuliere die Alternativen richtig, so dass es sich wirklich um sich ausschließende Handlungsmöglichkeiten handelt.

Beispiele: Frage bei mehreren Lieferanten nach Angeboten. Verwende Kreativitätstechniken, um neue Produktideen zu generieren. Wenn man über die Verwendung von 1000 € nachdenkt, muss man sich nicht entscheiden zwischen Anschaffungen für 200 € und der Einzahlung von 300 € auf das Sparbuch. Das sind keine Alternativen, da sich die Möglichkeiten nicht ausschließen. Richtig formuliert würden die Alternativen bspw. lauten: 200 € gebe ich für Anschaffungen aus und lege 800 € aufs Sparbuch oder 700 € gebe ich für Anschaffungen aus und lege 300 € aufs Sparbuch.

- Suche Informationen mit angemessenem Aufwand. Stütze deine Prognosen auf objektive Daten.

Beispiele: Lohnt es sich, zur Fundierung der Entscheidung über die Farbe der Verpackung eine große Kundenbefragung durchzuführen? Wie kann ich zu seriösen Schätzungen von künftigen Absatzmengen kommen? Welche Abschlüsse und Noten hat ein Bewerber?

Teilweise führen diese Empfehlungen wieder zu neuen Entscheidungen, wie bspw. über die ausreichende Anzahl von Alternativen oder den angemessenen Aufwand an Informationssuche. Es kann auch sein, dass man die Einzelschritte mehrfach durchlaufen muss, weil man bspw. erst in der Bewertungsphase merkt, dass keine der Alternativen zu einem befriedigenden Ergebnis führt und darum neu in die Alternativensuche einsteigen muss oder vielleicht das Problem neu definieren und die Ziele anpassen muss.

[3] Konsistente Entscheidungen

Auch für die eigentliche Entscheidung gibt es normative Vorstellungen, die unter dem Begriff der Konsistenz zusammengefasst werden (vgl. *Eisenführ/Weber/Langer* [Entscheiden] 7ff.).

- **Zukunftsorientierung**: Die Wahl einer Alternative sollte nur von den zukünftigen Ergebnissen abhängen und nicht von vergangenen Entscheidungen, die nicht mehr zu ändern sind. Es hieße „gutes Geld schlechtem nachwerfen", würde man bspw. immer weiter in ein aussichtsloses Produkt investieren, nur weil man schon vorher so viel Geld reingesteckt hat. Solche „sunk costs" sollten bei einer Entscheidung keine Rolle spielen. Tatsächlich machen Menschen oft den Fehler, dass sie weiter in eine verlorene Sache investieren, bspw. um nicht zugeben zu müssen, dass die ursprüngliche Entscheidung falsch war.

  Beispiel: Ich habe im Vorverkauf eine Theaterkarte gekauft und dann am Abend der Vorstellung mehr Lust, mit einem alten Freund in die Kneipe zu gehen. Ob ich dann doch ins Theater gehe oder nicht, sollte nicht von der schon gekauften Karte abhängen, denn das Geld ist sowieso weg, egal ob ich nun ins Theater gehe oder nicht. Die Entscheidung sollte nur von den prognostizierten Folgen für den Abend abhängen, also bei welcher Handlung ich vermutlich mehr Spaß haben werde.

- **Transitivität**: Wenn der Entscheider a gegenüber b vorzieht und b gegenüber c, dann sollte er auch a gegenüber c vorziehen.

  Beispiel: Wenn man Schinken lieber isst als Salami und Salami lieber als Käse, sollte man Schinken lieber essen als Käse. Auch dagegen verstoßen Entscheider durchaus, was später im Rahmen der deskriptiven Theorie noch vertieft wird.

- **Invarianz**: Die Entscheidung sollte gegenüber verschiedenen Darstellungsweisen der Ergebnisse invariant sein.

  Beispiel: Es sollte für die Entscheidung, ob ich mich impfen lassen, keine Rolle spielen, wie das Impfrisiko dargestellt wird: Anzahl der Fälle ohne Komplikationen (99 %) oder Anzahl der Fälle mit Komplikationen (einer von hundert). Tatsächlich spielt die Präsentation der Fakten oft eine wichtige Rolle und kann sogar zu einer gegensätzlichen Entscheidung führen.

- **Unabhängigkeit von irrelevanten Alternativen**: Diese Forderung wird zum einen im Hinblick auf Abstimmungen in Gruppen gestellt, zum anderen auch für individuelle Entscheidungen. Bei sozialen Entscheidungen in Gruppen bedeutet es, dass die Präferenzen der Gruppenmitglieder gegenüber Alternativen, die keine Aussicht haben kollektiv gewählt zu werden, keinen Einfluss auf die kollektive Wahl haben. Wenn bspw. zwei Gruppen sich darin einig sind, dass für einen Posten Bewerber A oder

Bewerber B in Frage kommen, dann ist es egal, ob es Unterschiede zwischen den Gruppen bei der Bewertung der Bewerber C und D gibt. Für individuelle Entscheidungen besagt das Postulat: Ob man eine Alternative A oder B wählt, sollte unabhängig davon sein, ob es noch eine Alternative C gibt. Ob ich lieber mit dem Auto (A) oder lieber mit dem Bus (B) zur Arbeit fahre, sollte sich nicht dadurch ändern, dass ich ein Fahrrad geschenkt bekomme und somit auch zur Arbeit radeln könnte(C).

[4] **Transparenz**

Als letzte Forderung kann noch aufgeführt werden, dass eine größtmögliche Transparenz der Entscheidungsgrundlagen hergestellt werden sollte, damit andere die Entscheidung nachvollziehen und evtl. kritisieren können und damit man aus falschen Entscheidungen lernen kann. Sollte das Ergebnis einer Entscheidung sich im Nachhinein als schlecht herausstellen, dann kann das Pech sein, weil sich bspw. die Umwelt ganz anders entwickelt hat, als vorhersehbar war. Bspw. konnte wohl 2010 niemand bei der Entscheidung für eine Flugreise vorhersehen, dass ein Vulkanausbruch in Island den Flugverkehr mehrere Tage fast lahmlegen würde. Es kann aber auch systematische Fehler beim Entscheidungsprozess gegeben haben, die man zukünftig vermeiden könnte. Nur Transparenz ermöglicht ein Lernen aus Fehlern.

2.4.3 Rationalität und Vernunft

Aber selbst wenn jemand sich genau an diese prozeduralen Vorschriften hält und ein ziemlich zutreffendes Bild des Entscheidungsfeldes hat, bleibt die Entscheidung doch formal-subjektiv rational. Vor allem kann eine solche Art der Rationalität auf keinen Fall gleichgesetzt werden mit der praktischen Vernunft der Philosophie, denn es ist **nur eine technisch-instrumentelle Zweckrationalität**, die weder über den Sinn oder Unsinn der Ziele noch über die oft nicht ins Kalkül einbezogenen langfristigen und globalen Folgen der Entscheidung und die Zulässigkeit von Mitteln etwas aussagt. „Rationalität ist logische Kohärenz – ob vernünftig oder nicht“ (*Kahnemann* [Denken] 508). So könnte bspw. der Automobilhersteller VW prozedural vorbildlich darüber entscheiden, mit welchem Autotyp man am besten den chinesischen Markt erobert. Die Manager könnten sehr zutreffende Prognosen machen über Nachfrageverhalten, Rohstoffpreise, Dollarkurse etc. und eine im Hinblick auf den Gewinn optimale Entscheidung treffen. Und trotzdem könnte man diese Entscheidung, welche nach dem „Vernunftsprinzip“ (*Wöhe* [Einführung] 1) gefällt wurde, für global und langfristig im Hinblick auf den Klimawandel für äußerst unvernünftig halten, weil sich ausrechnen lässt, was es für den CO_2-Ausstoß bedeutet, wenn jeder Chinese Auto fährt. Wie auch *Heinen* betont, ist die BWL lediglich „praktisch-normativ“, das heißt, sie sagt nichts über die Vernünftigkeit der Ziele an sich aus, sondern nur etwas über die Rationalität der Entscheidung bei gegebenen Zielen (vgl. [Wertfreiheit] 409).

Viele Entscheidungen, die von Unternehmen ökonomisch rational mit dem Ziel der Gewinnmaximierung getroffen werden, können trotzdem aus einer anderen Sicht heraus hochgradig unvernünftig sein. Die Entscheidungen haben zwangsläufig immer auch eine moralische Dimension. Es kann bspw. ökonomisch rational sein, Textilien in Bangladesch zu Hungerlöhnen unter inhumanen Bedingungen nähen zu lassen, weil es die Herstellungskosten minimiert. Damit ist die Entscheidung aber noch nicht „richtig“ und „vernünftig“ im Sinne von „verantwortungsbewusst“ und „lebensdienlich“ (vgl. *Ulrich* [Marktwirtschaft] 27). Es erscheint daher sehr sinnvoll, im Rahmen von Wirtschafts- und Unternehmensethik auch über die Vernünftigkeit von Entscheidungen nachzudenken, über die richtigen Ziele, die zulässigen Mittel und die möglichen negativen Folgen, welche die rationalen Unternehmensentscheidungen für externe Betroffene haben (vgl. *Göbel* [Unternehmensethik]). „Die Vernunft kann die Betrachtung der Geltung von Zwecken nicht einfach außer Acht lassen.“ (*Rescher* [Rationalität] 112).

Wie *Heinen* konstatiert haben viele Führungskräfte durchaus den Anspruch, bei ihren Entscheidungen auch soziale Verantwortung zu zeigen, sei es nun aus persönlicher Überzeugung oder aus Rücksicht auf gesellschaftlichen Druck (vgl. [Zielfunktion] 32f.). Die Komplexität realer Entscheidungen nimmt dadurch zu, dass die formale Rationalität nicht ausreicht, um Entscheidungen zu legitimieren. Die normative Entscheidungstheorie blendet diese Problematik aber gänzlich aus. Sie konzentriert sich auf die instrumentelle Rationalität der Entscheidung und die prozedurale Rationalität des Entscheidungsprozesses.

2.5 Wie sieht das Grundmodell einer rationalen Entscheidung aus?

Hat man die Schritte des Entscheidungsprozesses durchlaufen, dann steht am Ende ein wohlstrukturiertes Entscheidungsmodell, aus dem sich dann idealerweise die optimale Entscheidung logisch ableiten lässt. Wie sieht ein solches Grundmodell aus?

Ziel	Z		
Umwelt-zustände / **Alternativen**	**U1**	**U2**	**U3**
a_1	e_{11}	e_{12}	e_{13}
a_2	e_{21}	e_{22}	e_{23}

Abb. 3: Grundmodell der Entscheidung

Das Grundmodell besteht aus:

- Alternativen (hier a_1 und a_2) (Aktionenraum)
- Umweltzuständen (hier U_1, U_2 und U_3) (Zustandsraum), d. h. Entscheidung unter Unsicherheit.
- Ergebnissen (hier e_{11} bis e_{23}) (Ergebnisfunktion) Zusammen: Entscheidungsfeld
- Zielsystem (hier 1 Ziel)

Das Entscheidungsmodell stellt wie jedes Modell eine starke Vereinfachung der Realität dar. Das ist auch sinnvoll, weil sich nur durch solche Vereinfachungen die komplexen Realprobleme auf die wichtigsten Elemente und Beziehungen reduzieren und lösen lassen. Die Entscheidung kann allerdings nur so gut sein, wie die Prämissen, die in das Modell eingehen. In der Praxis besteht die aufwändigste Arbeit häufig in der Strukturierung des Entscheidungsproblems und der Modellbildung. Dabei ist eine Balance herzustellen zwischen dem Anspruch, dass die wesentlichen Komponenten erfasst werden sollen und dem Wunsch, die Komplexität der Realität auf ein handhabbares Maß zu vereinfachen.

Für die Bildung von Modellen wird oft postuliert, die Modelle müssten bei aller Vereinfachung Strukturgleichheit oder doch Strukturähnlichkeit mit dem abgebildeten Realsystem aufweisen.

Beispiel. Beim Modell eines Hauses gibt es ein Original, nämlich das reale Haus, und man kann beurteilen wie ähnlich das Modell dem realen Haus ist. Original und Abbild lassen sich vergleichen. Dann kann man bspw. feststellen, dass alle Räume in der richtigen Anordnung und maßstabsgetreu wiedergegeben sind, das Modell also gut ist.

Für die Entscheidungen im Unternehmen gibt es aber keine solche vorstrukturierte Realität. Der erste Schritt besteht also nicht darin, eine „da draußen" vorhandene Struktur strukturähnlich abzubilden, sondern Struktur erst einmal herzustellen. Um zu einem Entscheidungsmodell zu kommen, sind **Vorstrukturierungen** nötig. Erst wenn ein Entscheidungsproblem einmal verbal formuliert worden ist, kann man es auf eine formalere Art abbilden, modellieren und bewerten, ob das formale Modell die Vorstrukturierung gut wiedergibt und insofern strukturähnlich ist. Es ist der Entscheider, der sich ein Bild vom Entscheidungsfeld macht. Und nur durch Entscheidungen kommt er letztlich zu einem Entscheidungsmodell. Die wichtigsten Entscheidungen fallen häufig schon in der Phase der Vorstrukturierung.

Die einzelnen Komponenten des Grundmodells werden nun einer näheren Betrachtung unterzogen. Es geht um den Aktionenraum, den Zustandsraum, die Ergebnisfunktion und das Zielsystem.

2.5.1 Der Aktionenraum

Dem Entscheidungsträger stehen bestimmte Aktionen (Handlungsweisen, Alternativen, Strategien) offen: a_i mit $i = 1, \ldots, m$

> Eine Alternative (oder Aktion) ist eine unabhängige Vorgehensweise zur Erreichung eines angestrebten Ziels.

Die Menge der zur Debatte stehenden Aktionen heißt Aktionenraum (synonym: Alternativenmenge, Entscheidungsraum, Lösungsbereich):
$A = \{a_1, a_2, \ldots, a_m\}$

Die betrachteten Aktionen können Einzelmaßnahmen sein oder ganze Maßnahmenbündel (Strategien).

Beispiel
Einzelmaßnahmen: Erhöhung des Werbebudgets für Produkt x (a_1) oder Preissenkung (a_2)
Strategien: Erhöhung des Werbebudgets für Produkt x und hochwertigere Verpackung und exklusive neue Vertriebspartner (a_1) (Differenzierungsstrategie)
oder: Preissenkung für das Produkt und Sparmaßnahmen bei Werbung und Verpackung und Vertrieb auch über Discounter (a_2) (Kostenführerstrategie).

Bei Strategien sind die Einzelmaßnahmen häufig nicht frei kombinierbar,

- weil die Strategie zu einer konsistenten Gesamtausrichtung führen soll.

Beispiel: Hoher Preis und exklusives Image passen nicht zum Vertrieb über Discounter. Es gibt einen logischen Zusammenhang zwischen bestimmten Einzelmaßnahmen.

- weil die Einzelmaßnahmen zeitlich voneinander abhängen können. Dann spricht man auch von mehrstufigen oder bedingten Alternativen.

Beispiel: Wir senken den Preis von Produkt x. Steigt daraufhin der Umsatz in drei Monaten um mindestens 10 %, dann bleibt das Produkt im Programm. Ist das nicht der Fall, dann wird das Produkt endgültig aus dem Programm genommen. Bleibt das Produkt im Programm, dann müssen wir die Maschinen überholen lassen oder neue kaufen. Wie viele Stufen man im Voraus planen will, ist auch wieder eine Entscheidung und auch eine Frage der Voraussicht.

Die Formulierung der Alternativen sollte nach dem Prinzip der **vollkommenen Alternativenstellung** erfolgen. Nach diesem Prinzip müssen die Alternativen so formuliert werden, dass der Entscheidende

- gezwungen ist, eine der betrachteten Alternativen zu ergreifen, d. h. der Möglichkeitsraum soll voll ausgeschöpft werden. Das kann nicht heißen, dass man immer sämtliche Möglichkeiten in Erwägung ziehen muss, bspw. sämtliche Sorten von PKWs, die es überhaupt gibt, wenn man ein Auto kaufen will, sondern nur die, die nach einer Vorstrukturierung überhaupt in Frage kommen (bspw. aufgrund des Budgets oder bestimmter Vorlieben für Marken). Man reduziert das Entscheidungsproblem im Vorfeld schon rigoros. Wenn man bspw. bei der Frage: „Was fange ich mit 10.000 € an?“ wirklich alle Möglichkeiten aufzählen müsste, käme man leicht auf hunderte Alternativen. Stattdessen findet eine Vorauswahl statt und die Entscheidung lautet dann bspw. in einem ersten Schritt: „Soll ich ein gebrauchtes Auto kaufen oder lege ich das Geld an?“ Und in einem zweiten Schritt: „Wenn ich die 10.000 € anlegen will und das bei der Bank X, was habe ich dann für Anlagemöglichkeiten?“. Zur Vollständigkeit gehört, dass man die Unterlassungsalternative (alles so lassen wie es ist, nichts tun) auch berücksichtigt;
- gleichzeitig nur eine Alternative realisieren kann, d. h. Alternativen müssen sich gegenseitig ausschließen.

Beispiel: Studentin Silke hat 1000 € auf dem Sparbuch und überlegt, was sie damit machen könnte. Sie überlegt:
- Ich könnte einen neuen PC gebrauchen; Kostenpunkt 700,00 €

- Ich hätte Lust, in Urlaub zu fahren; Kostenpunkt 1000,00 €
- Ich habe ein Paar tolle Schuhe gesehen; Kostenpunkt 150,00 €

Was hat sie für Alternativen?
A1: Urlaub für 1000 €
A2: PC für 700 € und 300 € aufs Sparbuch
A3: Schuhe für 150 € und 850 € aufs Sparbuch
A4: PC und Schuhe für zusammen 850 € und 150 € aufs Sparbuch.
A5: Nichts tun und das Geld auf dem Sparbuch lassen.

Eigentlich ist die Forderung, den gesamten Möglichkeitsraum auszuschöpfen, völlig unrealistisch, denn um zu einem handhabbaren Problem zu kommen, muss man im Vorfeld Vorentscheidungen treffen, bei denen ja eigentlich auch wieder die Forderung der vollkommenen Alternativenstellung gelten sollte. Ehe sich jemand bspw. zwischen alternativen Anlagemöglichkeiten für sein Geld entscheidet, stehen ihm ja unendlich viele andere Möglichkeiten offen. Man könnte das Geld verschenken, damit ins Spielkasino gehen, eine Tonne Schokolade kaufen, ein Auto anschaffen, in Urlaub fahren, was auch immer. Das Geld anzulegen, war auch schon eine Entscheidung. Und es bei Bank X anzulegen, war auch schon eine Entscheidung.

Die präskriptive Entscheidungstheorie geht oft einfach von gegebenen Alternativen aus. In der Realität müssen Alternativen erst einmal gefunden werden.

Es ist oft gar nicht so einfach, Alternativen zu bestimmen. Alternativen zu finden, kann ein bedeutender Teil des Entscheidungsproblems sein.

Es handelt sich dabei zum einen um einen Such- und Sichtvorgang, bspw. Sichten von möglichen Bauplätzen für eine Fabrik oder Suche nach Problemlösungen für rückläufige Absatzzahlen. Bei der Suche nach Problemlösungen braucht man vor allem Ursache-Wirkungs-Zusammenhänge, also Theorien, um mögliche Alternativen zu finden. Solche kausalen Gesetzmäßigkeiten gibt es im Bereich der Betriebswirtschaftslehre allerdings kaum. Trotz zahlreicher „Motivationstheorien" gibt es bspw. keinen zuverlässigen „Mechanismus", um die Motivation der Mitarbeiter zu verbessern. Der eine hält Gruppenarbeit für entscheidend, der andere setzt vor allem auf monetäre Anreize, ein Dritter schwört auf die Wirksamkeit eines partizipativen Führungsstils. Es kann zum anderen auch sein, dass man die Alternativen selbst erzeugen muss, bspw. verschiedene Konzepte für eine Werbekampagne, wobei dann Kreativität gefragt ist.

Es stellt eine eigene Entscheidung dar, wie viel Aufwand man bei der Suche von Alternativen betreiben will und wann man aufhört, nach weiteren Alternativen zu suchen. Ein Problem kann darin bestehen, überhaupt passende Möglichkeiten zu finden. Oft ist es aber auch problematisch, dass man zu viele Alternativen hat, bspw. hunderte von Bewerbern für eine Stelle oder zig Möglichkeiten, 1000 € auszugeben. Es ist dann ein wesentlicher Teil der Bildung eines Entscheidungsmodells, dass man eine handhabbare Menge von Alternativen erzeugt, also eine Vorauswahl trifft mit Hilfe eines einfachen Kriteriums (bspw. bei den Bewerbern fallen alle raus mit einer Note schlechter als 2,0). Die Benutzung eines solchen K.-o.-Kriteriums kann aber auch immer dazu führen, dass man ausgerechnet die besten Alternativen aussortiert.

Stellt man alternative Maßnahmenbündel auf (Strategien), dann muss man sich über die logischen und/oder zeitlichen Zusammenhänge von Einzelmaßnahmen klar werden, um konsistente Maßnahmenbündel zu schnüren. Hat eine Personalchefin bspw. den Eindruck, dass ein Mitarbeiter keine gute Leistung erbringt, könnte sie einerseits versuchen, ihn besser zu motivieren, bspw. über Coaching, eine Weiterbildung, Erfolgsprämien. Oder sie übt Druck aus, kontrolliert streng, droht mit Kündigung oder Versetzung. Inkonsistent wäre die Kombination von Weiterbildung und Kündigungsdrohung oder Versetzung.

Welche Alternativen für erfolgversprechend gehalten werden, hängt eng mit der Zielsetzung bzw. Problemdefinition zusammen.

> **Beispiel**: Der Produktionsleiter führt einen Umsatzrückgang bei einem Produkt auf Qualitätsprobleme in der Produktion zurück und erwägt als Maßnahmen, den Kauf einer neuen Maschine oder die Reparatur der alten. Die Verkaufsleiterin sieht das Problem fundamentaler und geht davon aus, dass das Produkt selbst veraltet ist. Dann käme als Alternative auch eine Eliminierung des Produktes aus dem Produktionsprogramm in Frage.

Während der Entscheider idealerweise alle Möglichkeiten in Erwägung zieht und dabei auch ganz neue Alternativen überlegt, werden in der Praxis oft nur wenige Lösungen gesucht, die zudem möglichst nah bei der bisherigen Lösung liegen. Es wird eher als lästig empfunden, wenn es viele Alternativen gibt, mit denen man sich beschäftigen muss. Nicht von ungefähr gibt es den Sinnspruch von der „Qual der Wahl“. Zu viel Auswahl kann sogar dazu führen, dass man die Entscheidung ganz vermeidet. Der Entscheider schränkt den Alternativenraum oft schnell und rigoros ein, ohne sich über die Gründe wirklich Rechenschaft abzulegen. Bei der Vorauswahl werden einfache Regeln benutzt.

Beispiele: Für mich kommt nur ein VW in Frage, ein rotes Auto gefällt mir nicht, Geländewagen fahren nur Angeber ... Wenn mein Anlageberater sagt, die Anlage x ist am besten, dann wird das schon stimmen; wenn mein Arzt sagt, die Operation ist am besten, dann wird das schon stimmen ... Das hat man bei uns nie so gemacht, das hat man bei uns immer so gemacht, das geht bei uns nicht.

2.5.2 Der Zustandsraum

Als Umweltzustände bezeichnet man die realen Sachverhalte, die durch den Entscheidungsträger im Planungshorizont nicht beeinflussbar bzw. kontrollierbar sind, die aber für die Entscheidung relevant sind, weil sie eine Entscheidung nötig machen, die Zahl der möglichen Alternativen einschränken und auf die Ergebnisse der Alternativen einwirken. Im Grundmodell der Entscheidung wird der Zustandsraum explizit nur als Einflussgröße auf die Ergebnisse modelliert. Der Einfluss auf die Zahl der Alternativen ist ja bereits mit der Alternativenwahl berücksichtigt worden (bspw. ein begrenztes Budget als Datum, welches bestimmte Möglichkeiten von vornherein ausschließt).

Die möglichen Umweltzustände sind

u_j mit $j = 1, \ldots, n$

Die Menge aller relevanten Zustände wird Zustandsraum genannt. $U = \{u_1, u_2, \ldots, u_n\}$

Welche Zustände als relevant gelten, hängt von der jeweiligen Entscheidungssituation ab.

Beispiele

Für Stromerzeuger ist es zunehmend wichtig zu wissen, wie das Wetter in einem bestimmten Zeitraum wird, weil die mögliche Menge alternativer Energie aus Wind und Sonne von der Wetterlage abhängt.

Für eine Entscheidung über eine Produktionsausweitung sollte man abschätzen, wie sich die Konjunktur entwickelt, wie das Nachfrageverhalten aussieht und ob ein neuer Konkurrent auf den Markt kommt oder nicht.

Für eine Standortplanung ist möglicherweise entscheidend, ob ein neuer Autobahnanschluss gebaut wird oder nicht.

Wie genau, d. h. mit wie vielen Ausprägungen, man die relevanten Umweltdaten erfasst, ist auch situationsabhängig.

Für die Entscheidung, ob man besser Kartoffeln oder Tomaten anbaut, sind die entscheidenden Umweltzustände: sonniger oder nasser Sommer. Es gibt also zwei Zustände u_1 und u_2.

Bei der Entscheidung über die Produktionsmenge kann bspw. das Nachfrageverhalten im Prinzip unendlich viele Ausprägungen annehmen. Es ist oft sinnvoll, dann vereinfachend nur wenige Möglichkeiten in Betracht zu ziehen, etwa Nachfrage wird schlechter, bleibt gleich, steigt.

Umweltzustände werden manchmal gar nicht abgebildet im Entscheidungsmodell, nämlich dann, wenn man für jede Alternative unmittelbar die Ergebnisse bestimmen kann, unabhängig von den Entwicklungen irgendwelcher Umweltzustände.

> **Beispiel**: Beim Kauf eines PKW kann der Entscheider bspw. den Zielkriterien Motorleistung, Sicherheitsausstattung und Durchschnittsverbrauch direkt Ergebnisse für verschiedene Autotypen zuordnen.

Nicht extra abbilden muss man auch den Umweltzustand, wenn der wahre Umweltzustand genau bekannt ist.

> **Beispiel**: So könnte eine Unternehmerin bei Auftragsfertigung für ein Jahr im Voraus genau wissen, wie die Nachfrage aussieht. Bei der Entscheidung über den Kauf einer neuen Maschine müsste sie das Nachfrageverhalten dann nicht mehr eigens als Umweltzustand abbilden.

Man hat dann eine Entscheidung unter **Sicherheit**. Obwohl im Grunde selten wirkliche Sicherheit gegeben ist bei Entscheidungen mit Wirkungen in der Zukunft, geht man vereinfachend häufig von einer Sicherheitssituation aus und bezieht überhaupt keine Wirkungen von Umweltdaten auf mögliche Ergebnisse in die Entscheidung mit ein.

> **Beispiel**: Bei der Entscheidung zwischen einer Bahn- und einer Flugreise interessieren den Reisenden bspw. Dauer und Preis, ohne dass er vorab darüber nachdenkt, dass ein möglicher Vulkanausbruch oder die Erkrankung mehrerer Fahrdienstleiter die Dauer der Flugreise bzw. der Bahnreise drastisch erhöhen könnten.

Zieht man alternative Umweltzustände in die Entscheidung mit ein, dann werden auch die Ergebnisse für die Alternativen mehrwertig. Man spricht dann von einer Entscheidung unter **Unsicherheit**. Ist lediglich bekannt, dass irgendeiner der Zustände eintreten wird, dann spricht man von einer Situation der **Ungewissheit**. Sind Wahrscheinlichkeiten für das Eintreten der verschiedenen Zustände bekannt, spricht man von einer **Risikosituation**. Die Unterscheidung zwischen Ungewissheit und Risiko geht auf *Frank Knight* zurück (vgl. [Risk]).

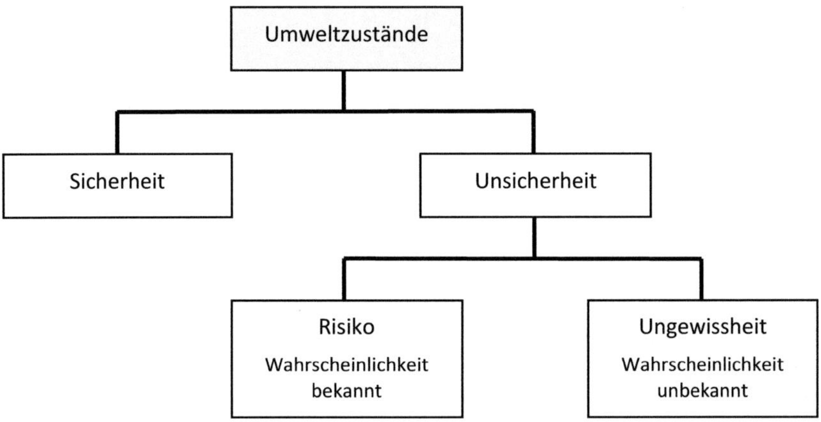

Abb. 4: Informationsstände im Hinblick auf die Umweltdaten

Weil man eigentlich immer zumindest subjektive Wahrscheinlichkeitsschätzungen abgeben kann, wird die Unterscheidung von Risiko und Ungewissheit teilweise abgelehnt (vgl. *Eisenführ/Weber/Langer* [Entscheiden] 23). Dann gibt es nur die Informationsstände der Sicherheit und des Risikos. Subjektive Wahrscheinlichkeit bedeutet, dass man selbst die Eintrittswahrscheinlichkeit eines Zustandes aufgrund subjektiver Vermutungen einschätzt. Eine objektive Wahrscheinlichkeit kann dagegen statistisch berechnet werden, wie bspw. die Wahrscheinlichkeit für einen Lottogewinn. Wir bleiben aber im Folgenden bei der Einteilung der Unsicherheit in Risiko und Ungewissheit. (Die Begriffe werden in der Literatur teilweise auch anders verwendet; bei *Bea* [Entscheidungen] 348 ist Ungewissheit der Oberbegriff, welcher die Zustände des Risikos und der Unsicherheit umfasst.)

Ähnlich wie bei den Alternativen gilt die Forderung, dass man die möglichen Umweltzustände vollständig abbildet, so dass einer dieser Zustände eintreten muss, und dass sie sich gegenseitig ausschließen. Das ist manchmal einfach. Bei einem Fußballspiel gibt es bspw. die Möglichkeiten: Mannschaft A siegt, Mannschaft B siegt, Unentschieden, Spielabbruch. Ähnlich wie bei den Alternativen ist die Forderung aber auch oft nur unter groben Vereinfachungen zu erfüllen.

> **Beispiel**
> Wie wird das Wetter morgen? Trocken oder regnerisch?
> Gilt hier, dass die möglichen Zustände vollständig abgebildet sind und dass sie sich ausschließen?

Tatsächlich kann es morgens regnen und nachmittags trocken sein, oder umgekehrt, oder immer wieder Schauer geben und dazwischen trockene Phasen. Oder es gibt Nebel. Ist das dann trocken oder regnerisch? Die Beschränkung auf zwei mögliche Zustände ist zweckmäßig, vergröbert die Realität aber stark.

Bei komplexen Entscheidungen wie bspw. der Wahl zwischen Internationalisierungsstrategien sind oft eine ganze Reihe von Umweltdaten gleichermaßen von Interesse: Konjunkturdaten, Wechselkursentwicklungen, zukünftige Gesetzgebung, Wettbewerbssituation, politische Entwicklung usw. Gibt es für jeden möglichen Umweltparameter auch noch jeweils mehrere mögliche Ausprägungen, dann wird die Gesamtmenge der möglichen Zustände schnell unüberschaubar groß. Man bildet dann zur Vereinfachung „Datenkonstellationen" oder „Szenarien", die wahrscheinliche Zustandskombinationen darstellen. Besonders in der strategischen Planung ist diese Methode verbreitet (vgl. *Bea/Haas* [Management] 295ff.). Man reduziert die möglichen Umweltentwicklungen bspw. auf ein Best-case-, ein Worst-case- und ein Trend-Szenario. Um zu solchen plausiblen Datenkonstellationen zu kommen, muss unterstellt werden, dass die in Betracht gezogenen Umweltentwicklungen nicht unabhängig voneinander sind, sondern manche Entwicklungen besser zusammenpassen als andere.

> **Beispiel**: Wenn die Konjunktur einbricht, dann steigen auch die Arbeitslosenzahlen und die Anzahl der Insolvenzen, die Steuereinnahmen werden geringer, die Inflationsrate sinkt usw.

Wie genau man die unterschiedlichen Umweltzustände vorhersagen kann, ist natürlich auch eine Frage des Informationssystems. Wie gut sind die Indikatoren, die man findet, um bspw. eine bestimmte Entwicklung des Nachfrageverhaltens oder des Wetters vorherzusagen? Im Idealfall zeigt ein Indikator mit Sicherheit eine bestimmte Umweltentwicklung an. Verbreitete Kurzarbeit in einer Branche ist bspw. ein sicheres Zeichen für einen Nachfragerückgang. Allerdings bietet dieser Indikator auch keine Vorlaufzeit, d. h. er zeigt die Entwicklung an, wenn sie schon stattgefunden hat. Besser sind Frühindikatoren, die zukünftige Entwicklungen anzeigen. Mit dem Konsumklimaindex versucht man bspw., zukünftige Konsumausgaben abzuschätzen. Meistens wird man nur Wahrscheinlichkeiten ableiten können. Bspw. spricht ein stabiles Azorenhoch Ende Mai für einen insgesamt sonnigen Sommer, aber sicher ist das nicht.

Es ist wiederum eine Entscheidung, wie viel Aufwand man in die Ermittlung unterschiedlicher Umweltzustände und deren Eintrittswahrscheinlichkeit steckt. Die präskriptive Entscheidungstheorie sagt dazu, der Informationsaufwand solle „angemessen" sein und man solle „objektive" Daten zur Prognose heranziehen, was beides eher schwammige Anweisungen sind.

> **Beispiele**: Ist es angemessen, bei der Urlaubsplanung einen Vulkanologen zu befragen, wie wahrscheinlich ein Vulkanausbruch in Europa ist? Wohl eher nicht. Aber ist es für eine Airline genauso unangemessen? Nach den Millionenschäden aufgrund des tagelangen Flugverbots nach einem Vulkanausbruch in Island im Jahr 2010 scheint es durchaus sinnvoll, die Gefährdungslage durch aktive Vulkane im Auge zu behalten. Was konkret ein angemessener Aufwand ist, kann aber nicht genau bestimmt werden.

Auch was „objektive Daten" sind, ist nicht immer genau zu bestimmen. Ist es ein objektives Datum, wenn ich zur Vorhersage von Regen meinen Opa befrage, ob er Schmerzen im Knie hat? Das wird man vermutlich nicht unter „objektiven Daten" verstehen. Wenn sich in der Vergangenheit diese Form der Wetterprognose aber als sehr zutreffend erwiesen hat, kann es durchaus sinnvoll sein, so vorzugehen.

Allgemein kann man sagen, dass der Aufwand bei der Analyse und Prognose von Umweltzuständen in einem angemessenen Verhältnis zur Wichtigkeit der Entscheidung stehen sollte. Das wiederum bestimmt sich über die Folgen einer Fehlentscheidung und die Reversibilität (Umkehrbarkeit) der Entscheidung.

> **Beispiel**: Weil ein Unfall in einem Atomkraftwerk äußerst schwerwiegende und irreversible Folgen haben kann, werden selbst sehr unwahrscheinliche Umweltzustände erwogen, wie bspw. der Absturz eines Flugzeuges genau über dem Reaktor.

Plant jemand einen Urlaub in der Eifel, dann wird er nicht in Erwägung ziehen, dass es zu einem Vulkanausbruch im Laacher See kommt.

Einen besonderen Fall stellt es dar, wenn die Umweltzustände durch rationale **Gegenspieler** bestimmt werden. So könnte es für die Bewertung der Handlungsmöglichkeit, die Preise zu senken, um den Umsatz anzukurbeln, entscheidend darauf ankommen, wie die Wettbewerber darauf reagieren. Senken sie ihre Preise ebenfalls, dann verpufft die Wirkung und alle machen letztlich weniger Umsatz. Wird das Umfeld in Form eines rationalen Gegenspielers dargestellt, dann hat man es mit der sog. **Spieltheorie** zu tun. Darauf werden wir später noch genauer eingehen.

2.5.3 Die Ergebnisfunktion

Der Zielertrag der Alternative a_i ist e_i, wenn eine Situation der Sicherheit gegeben ist.

Beispiel: Eine Geldanlage (a_i) bringt einen bestimmten Zins (e_i) ein.

Das Ergebnis e_{ij} informiert über den Zielertrag der Alternative a_i beim Umweltzustand u_j.

Beispiel: Der Anbau von Erdbeeren (a_i) lohnt sich mit einem Gewinn (e_{ij}), wenn das Wetter im Frühjahr sonnig wird (u_j).

Bei mehr als einem Ziel Z_p mit $p = 1, \ldots, r$ müssen die Ergebnisse für die verschiedenen Ziele ermittelt werden, d. h. es gibt Ergebnisse pro Ziel, Umweltzustand und Alternative, e_{ijp}.

Beispiel: Der Kauf einer Maschine (a_i) führt zu bestimmten Ergebnissen (e_{ijp}) beim Ziel Kapitalwert (Z_p) und einer guten Nachfrageentwicklung (u_j). Für den Entscheider ist neben dem Kapitalwert auch noch die Umweltverträglichkeit ein wichtiges Entscheidungskriterium.

Schließlich könnte man auch noch unterscheiden, zu welchem Zeitpunkt t_h ein Ergebnis anfällt, mit $h = 1, \ldots, q$ und hätte dann Ergebnisse für das Ziel Z, die Alternative a, den Umweltzustand U und den Zeitpunkt t, e_{ijph}.

Beispiel: Umsatz (Z_p) in einem Jahr (t_h) bei Preissenkung (a_i) und guter Nachfrageentwicklung (u_j).

In der Regel unterstellt man vereinfachend entweder ein Ziel bei mehreren Umweltzuständen (Entscheidung bei Risiko oder Ungewissheit) oder mehrere Ziele bei einem Umweltzustand (Entscheidung bei Sicherheit und mehreren Zielen).

Das Ergebnis kann idealerweise ermittelt werden über eine Ergebnisfunktion: $x = f(a, u)$.

Aus jeder Kombination von einer Alternative mit einem Umweltzustand ergibt sich genau ein Ergebnis. Das heißt, die Unsicherheit bezieht sich auf das Eintreten eines Umweltzustandes, aber es ist sicher, was passiert, wenn ein bestimmter Umweltzustand eintritt.

Beispiel
Alternativen: Ich nehme einen Schirm mit oder ich nehme keinen Schirm mit; Umweltzustand: Es gibt Regen oder es bleibt trocken. Ergebnisse: Wenn ich keinen Schirm mitnehme und es bleibt trocken, dann bleibe ich auch trocken, wenn es regnet, werde ich nass.

Tatsächlich sind nicht nur die eintretenden Umweltzustände oft unsicher, sondern auch die Konsequenzen, wenn ein Umweltzustand eintritt.

Beispiel: 2010 musste nach dem Vulkanausbruch in Island eine Entscheidung über ein Flugverbot getroffen werden. Es bestand die Gefahr, dass die vulkanische Asche Flugzeuge beschädigt, was schlimmstenfalls sogar zu Abstürzen geführt hätte. Gleichzeitig führten die Flugausfälle mit Sicherheit zu wirtschaftlichen Schäden bei den Airlines und viel Ärger und Problemen bei den Fluggästen.

	U_1 Vulkanasche da	U_2 keine Vulkanasche da
a_1 Flugverbot	richtig; aber wirtschaftliche Schäden	falsch; unnötige wirtschaftliche Schäden
a_2 kein Flugverbot	falsch; mögliche Abstürze	richtig

Der Entscheider wusste erstens nicht genau, ob sich die Aschewolke überhaupt über Deutschland ausbreiten würde. Er konnte das höchstens mit einer gewissen Wahrscheinlichkeit aus seinen vorliegenden Informationen (bspw. Windrichtung und Windstärke) berechnen. Es gab also zwei mögliche Umweltzustände, nämlich dass sich Vulkanasche auch im deutschen Luftraum ausbreitet oder dass die Aschewolke Deutschland nicht berührt.

Zweitens wusste der Entscheider aber auch nicht, was genau passiert, wenn die Aschewolke da ist und ein Flugzeug sie durchfliegt (Konsequenzen). Er konnte also der Kombination a_2u_1 kein genaues Ergebnis e_{21} zuordnen, sondern auch wieder nur Schätzungen. Manche Experten waren der Meinung, dass die Asche den Turbinen gefährlich werden kann und sogar Abstürze drohen. Dieses Ergebnis ist in der obigen Matrix angenommen. Andere sahen die Risiken aber als sehr gering an. Dann wäre das Flugverbot auch falsch, wenn der Umweltzustand 1 eintreten sollte. Der jeweils geringere Informationsstand bei den Umweltzuständen und den Konsequenzen schlägt auf das gesamte Entscheidungsproblem durch.

	Konsequenz sicher (Sicherheit)	**Konsequenzen unsicher mit Eintrittswahr-scheinlichkeit (Risiko)**	**Konsequenzen unsicher ohne Eintrittswahr-scheinlichkeit (Ungewissheit)**
Zustand bekannt (Sicherheit)	Sicherheit	Risiko	Ungewissheit
Zustand unbekannt mit Eintrittswahrscheinlichkeit (Risiko)	Risiko	Risiko	Ungewissheit
Zustand unbekannt ohne Eintrittswahrscheinlichkeit (Ungewissheit)	Ungewissheit	Ungewissheit	Ungewissheit

Abb. 5: Informationsstände hinsichtlich Umweltentwicklungen und deren Konsequenzen (vgl. *Bamberg/Coenenberg/Krapp* [Entscheidungslehre] 25)

Zur Vereinfachung wird meistens vorausgesetzt, dass die Konsequenzen deterministisch durch den Umweltzustand bestimmt sind. Das heißt, Unsicherheit herrscht nur hinsichtlich des Umweltzustandes, nicht hinsichtlich des Ergebnisses, **wenn** ein bestimmter Umweltzustand eintritt. Man betrachtet sozusagen nur die erste Spalte aus der Matrix. Wie das Beispiel des Flugverbotes zeigt, reicht das möglicherweise nicht aus. Man hat zuerst in den Vordergrund gestellt, dass man wissen müsste, ob überhaupt Vulkanasche im deutschen Luftraum zu finden ist (Umweltzustand). Für diesen Fall gibt es eine allgemeine Regelung, nämlich dass Vulkanasche in der Luft ein Flugverbot nötig macht. Nachdem das Vorhandensein der Aschewolke mit einiger Sicherheit nachgewiesen werden konnte und die schädlichen wirtschaftlichen Folgen des Flugverbotes deutlich wurden, trat in den Vordergrund, ob denn mit dieser Aschewolke überhaupt Gefahren verbunden sind und wie groß diese Gefahren sind, also die Konsequenz aus dem Umweltzustand. Noch heute ist umstritten, ob das tagelange Flugverbot angemessen war oder nicht. Am besten wäre natürlich, durch zusätzliche Informationen die Konsequenzen aus dem Umweltzustand „Aschewolke ist da." genauer bestimmen zu können. Dabei würde sich vermutlich auch herausstellen, dass die Unterteilung der Umwelt in zwei Zustände viel zu grob ist und man bspw. verschiedene Konzentrationsgrade und verschiedene Zusammensetzungen der Asche unterscheiden müsste.

Zu welcher Entscheidung es kommt, hängt mit der **Zielsetzung** zusammen, die im Vordergrund steht. Wenn die Sicherheit der Passagiere und der Besatzung das Wichtigste ist, dann ist es konsequent, sicherheitshalber die schlechtesten möglichen Konsequenzen zu unterstellen. Für die Politiker war der schlimmste denkbare Fall, dass sie kein Flugverbot erlassen und dann ein Flugzeug abstürzt. Dagegen wurde der Fehler eines überflüssigen Flugverbotes mit unnötigen Schäden für die Wirtschaft als weniger gefährlich eingestuft. Nachdem dann tatsächlich wirtschaftliche Schäden in geschätzter Höhe von vier Milliarden Euro entstanden waren, wurde wieder heftig über den Sinn oder Unsinn des Flugverbotes debattiert. Denn die wirtschaftlichen Schäden waren eindeutig zu bemessen, ob ein großes Unglück verhindert wurde, konnte dagegen keiner nachweisen.

Von großer Bedeutung war in diesem Entscheidungsprozess sicher, dass man nicht nur mit Unsicherheit bei den Umweltentwicklungen zu kämpfen hatte, sondern auch mit zwei Zielen zu tun hatte, nämlich Sicherheit und Wirtschaftlichkeit.

2.5.4 Das Zielsystem

Ziele geben Auskunft darüber, was wir als Zustand oder Ereignis erstreben, was uns wünschenswert erscheint. Im Zusammenhang mit Entscheidungen sind Ziele notwendig,

- um Alternativen zu finden,
- um relevante Umweltzustände zu definieren und
- damit man eine Rangfolge unter den Alternativen herstellen kann, also sagen kann, welche Alternative vorgezogen (präferiert) wird. Alternativen sind ja nur gut oder schlecht im Hinblick auf ein Ziel. Ist mein Ziel bspw. genussvoll zu essen, dann bewerte ich die Mousse au Chocolat positiv. Ist mein Ziel abzunehmen, dann bewerte ich sie negativ.

Im Folgenden steht letztere Funktion von Zielen im Vordergrund, also dass sie eine Auswahl zwischen den Alternativen, eine Präferenz, ermöglichen. Ein Entscheider besitzt eine **Präferenz** zwischen zwei Alternativen a_1 und a_2, wenn er sagen kann:

a_1 besser a_2; $a_1 \succ a_2$

a_1 schlechter a_2; $a_1 \prec a_2$

Versteht man unter einer Präferenz ganz allgemein die Einstellung des Entscheiders gegenüber den Handlungsmöglichkeiten bzw. gegenüber deren Konsequenzen, dann kann die Präferenz auch darin bestehen, dass die Alternativen gleich geschätzt werden:

$$a_1 = a_2$$

Die normative Entscheidungstheorie fordert, dass der Entscheider bei jedem Alternativenpaar sagen kann, welche Präferenz er besitzt (Vollständigkeit), dass er zwischen identischen Alternativen indifferent ist (Reflexivität) und dass die Präferenzen konsistent sind, also wenn a besser b und b besser c dann auch a besser c (Transitivität).

Aus dem Ziel ergibt sich, welche Handlungskonsequenzen oder Ergebnisse überhaupt von Bedeutung sind, mit Hilfe welcher Größen die Güte einer Alternative gemessen werden soll. Das sind die **Zielgrößen** (Attribute, Zielvariablen, Zielkriterien, cues).

Beispiel: Ich sitze im Restaurant vor der Speisekarte und soll mich für ein Gericht entscheiden. Wenn ich das Ziel habe, abzunehmen, dann interessieren mich bspw. die Kalorienzahlen und der Fettgehalt alternativer Nahrungsmittel als Zielgrößen. Wenn ich wenig Geld habe und sparsam wirtschaften muss, interessiert mich vor allem der Preis. Wenn ich Veganerin bin, prüfe ich, ob die Gerichte tierische Produkte enthalten. Typische Ziele für Unternehmen sind bspw. Gewinn, Umsatz, Marktanteil, Rendite, Kosten, Image, Betriebsklima. Die konkreten „cues" zur Bewertung hängen von der jeweiligen Entscheidung ab. Bei einer Personalselektion ist das Ziel, den Bewerber zu finden, der am meisten zum Gewinn beiträgt. Die zu messenden Zielgrößen könnten bspw. sein: Ausbildung, Berufserfahrung, Abschlussnote, Teamfähigkeit, Gehaltsvorstellungen.

Im Entscheidungsmodell schlagen sich die Zielgrößen in den Ergebnissen e_{ij} nieder, für die sich der Entscheider interessiert. Die Ergebnisse eines Bewerbungsgesprächs könnten bspw. lauten: Die Bewerberin hat einen Masterabschluss in BWL mit der Note gut, fünf Jahre Berufserfahrung, ist teamfähig und verlangt ein Jahresgehalt von 50.000 €.

Neben den Zielgrößen interessieren aber auch noch die **Präferenzrelationen**, die genauere Auskunft über die Einstellung des Entscheiders zu den Konsequenzen von Alternativen geben. Man unterscheidet vier Präferenzrelationen:

- Höhenpräferenzrelation
- Zeitpräferenzrelation

- Risiko- bzw. Unsicherheitspräferenzrelation
- Artenpräferenzrelation

Die **Höhenpräferenzrelation** gibt Auskunft über das erstrebte Ausmaß der Zielgröße. Mögliche Ausprägungen sind die Maximierungsregel (jedes höhere Ergebnis ist jedem niedrigeren vorzuziehen), die Minimierungsregel (jedes niedrigere Ergebnis ist jedem höheren vorzuziehen), die Fixierung (ein ganz bestimmtes Ergebnis gilt als zufriedenstellend) und die anspruchsniveaubezogene Ergebnisbewertung (Ergebnisse ab einer bestimmten Höhe gelten als zufriedenstellend, darunter liegende Ergebnisse als nicht zufriedenstellend).

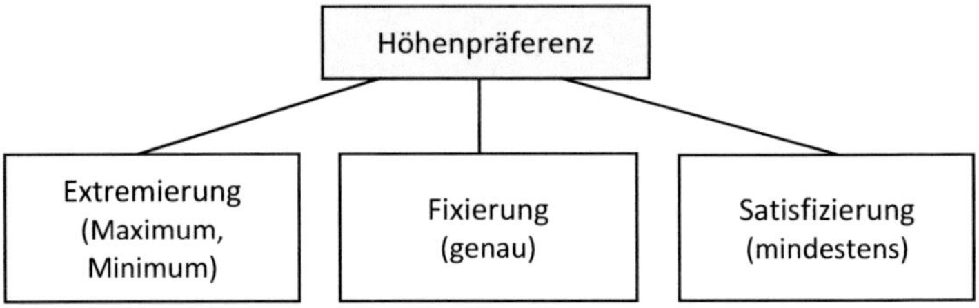

Abb. 6: Höhenpräferenzrelationen

> **Beispiele**: Angestrebt wird ein maximaler Gewinn, die Minimierung der Kosten, ein Marktanteil von 10 %, Bewerber mit mindestens 2,0 im Zeugnis.

Die Angabe einer Höhenpräferenzrelation ist immer erforderlich.

Die **Zeitpräferenzrelation** stellt dar, wie sich der Entscheider zu Ergebnissen stellt, die zu verschiedenen Zeitpunkten anfallen. Er kann bspw. frühere Ergebnisse späteren vorziehen, was sich bspw. in einem Investitionsmodell im Diskontieren der zukünftigen Einzahlungen auf die Gegenwart darstellt. Damit wird ausgedrückt, dass bspw. 100 € heute mehr wert sind als 100 € in einem Jahr. Das ist auch logisch, weil man die 100 € heute ja verzinslich anlegen könnte und dann in einem Jahr bspw. 105 € hätte.

Die Angabe der Zeitpräferenzrelation braucht man nur, wenn die Ergebnisse von Handlungsalternativen zu unterschiedlichen Zeitpunkten anfallen. Intertemporale Entscheidungen bringen besondere Probleme mit sich, besonders wenn Nutzen und Kosten einer Entscheidung zu unterschiedlichen Zeitpunkten anfallen. Bei einer Diät muss man bspw. heute auf ein leckeres Essen verzichten (Kosten), um in der Zukunft schlanker zu sein (Nutzen). Beim Aufschieben einer lästigen Arbeit hat man heute den Nutzen, dafür hat man ein schlechtes Gewissen und muss es später dann doch noch machen. Ein rationaler Entscheider kann die Ergebnisse mit ihren Zeitpunkten zusammen bewerten und eine stabile Präferenzordnung bilden. Er entscheidet bspw., dass ihm der zukünftige Nutzen einer Gewichtsabnahme wichtiger ist als der gegenwärtige Nutzen einer leckeren Mahlzeit, und hält sich auch daran. Reale Menschen verhalten sich häufig inkonsistent: Sobald sie Hunger bekommen, wird der gegenwärtige Nutzen wieder weitaus höher gewichtet als der zukünftige Nutzen (vgl. auch Kapitel 9).

Die Festlegung einer **Risiko- bzw. Unsicherheitspräferenzrelation** wird immer dann notwendig, wenn die Ergebnisse der Aktionen unsicher sind, weil verschiedene Umweltzustände eintreten können. Kennt man zumindest die Eintrittswahrscheinlichkeiten der Umweltzustände und damit auch der Ergebnisse, dann handelt es sich um eine Entscheidung unter Risiko. Kenne ich keine Wahrscheinlichkeiten, dann habe ich es mit Ungewissheit zu tun. Es werden oft drei Typen von Entscheidern unterschieden: risikoscheu, risikofreudig und risikoneutral. Die Risikopräferenz isoliert zu betrachten, scheint wenig sinnvoll, denn jeder rationale Entscheider würde unter Ceteris-paribus-Bedingungen mehr Sicherheit vorziehen. Die Risikopräferenz wird daher fast immer zusammen mit der Höhenpräferenz betrachtet, weil das Problem sein kann, dass eine Aktion einen höheren Zielwert erreicht, aber bei größerer Unsicherheit. Die Einstellung zum Risiko drückt sich dann darin aus, wie ich Höhe und Risiko im Verhältnis zueinander bewerte. Ist mir bspw. eine deutlich niedrigere Verzinsung einer Geldanlage bei hoher Sicherheit mehr wert als eine sehr hohe Verzinsung bei großen Risiken? Dann bin ich risikoscheu. Oder gehe ich große Risiken ein, wenn nur das mögliche Ergebnis sehr hoch ist? Dann bin ich risikofreudig. Wie man die Risikopräferenz ermittelt und abbildet wird uns später noch beschäftigen (vgl. Kapitel 5).

Die **Artenpräferenzrelation** ist notwendig bei mehreren Zielen/Zielgrößen, die zumindest teilweise in Konflikt miteinander stehen. Dann muss man angeben, was wichtiger erscheint. Will eine Unternehmerin bspw. gerne eine Maschine mit modernster Technik, die auch noch umweltfreundlich ist und eine preiswerte Maschine, dann wird sie häufig vor dem Problem stehen, dass die modernen umweltfreundlichen Maschinen gleichzeitig die teuren sind. Um zu einer Entscheidung zu kommen, muss sie dann bspw. die Ziele gewichten. Wie man mit mehreren Zielen umgeht, werden wir später noch vertiefen (vgl. Kapitel 3).

Präferenzen bilden ab, welchem Ergebnis (Zielertrag) ich welchen Wert (Zielwert oder Nutzen) zumesse. Die Beziehung zwischen Ergebnis und Wert wird als Wertfunktion (V) oder Nutzenfunktion (U) bezeichnet (V = Value und U = Utility).

Zusammenfassend ist ein **Zielsystem** charakterisiert durch die Menge der verfolgten Zielgrößen sowie die Präferenzrelationen des Entscheidungsträgers bezüglich der Ergebnisse der Alternativen.

Als **Anforderungen an ein ideales Zielsystem** gelten:

- **Vollständigkeit**

  Der Entscheidungsträger sollte alle für ihn wichtigen Aspekte bei den Konsequenzen bedenken. Was ist einem tatsächlich wichtig, was will man mit der Entscheidung erreichen?

- **Redundanzfreiheit**

  Die Ziele sollten überschneidungsfrei sein, d. h. man sollte nicht mehrere Ziele aufstellen, die im Grunde das Gleiche bedeuten oder sich in ihrer Bedeutung stark überschneiden. Bspw. wenn man bei der Wahl eines Bewerbers als Ziele festlegt: Berufserfahrung, einschlägige Praxis, Arbeit auf einer vergleichbaren Stelle. Oder bei der Wahl eines Hauses: ruhige Lage, Ortsrand, kein Durchgangsverkehr. Wenn man sich die Redundanz in den Zielen nicht klar macht, kann es sein, dass einem Ziel letztlich mehr Gewicht zukommt, als man eigentlich will. Das kann leicht passieren bei Zielen, die im Grunde in einem Ziel-Mittel-Verhältnis stehen. Bspw. wenn man die Ziele „Reduzierung der Kapitalbindungskosten" und „Minimierung der Durchlaufzeiten" nebeneinander verfolgt, dann übersieht man, dass die Minimierung der Durchlaufzeiten ein Mittel zur Reduzierung der Kapitalbindungskosten darstellt. Man zählt das entsprechende Ergebnis für eine Alternative dann quasi doppelt.

- **Messbarkeit (Operationalität)**

  Die Zielerreichung sollte möglichst genau zu messen sein, damit der Entscheider auch weiß, nach welchen Informationen er sucht und damit er auch eine klare Entscheidungsgrundlage hat. Die Zielgröße „Teamfähigkeit" eines Bewerbers ist bspw. viel weniger operational als die Zielgröße „Abschlussnote".

- **Einfachheit**

  Je weniger Ziele ein Zielsystem umfasst, umso weniger aufwendig ist das Verfahren der Bewertung. Da aber die Ziele auch vollständig erfasst werden sollen, muss man überlegen, ob sich einzelne Ziele nicht zu einer umfassenderen Größe aggregieren lassen. Bspw. bildet man bei alternativen Standorten für eine Fabrik die aggregierte Größe „Kosten" für Grundstückspreis, Erschließungskosten, Baukosten, Steuerbelastung und vergleicht dann die Alternativen hinsichtlich der Kosten und der Verkehrsanbindung.

- **Koordinationsgerechtigkeit**

  Teilziele müssen sachlich und zeitlich zueinander passen. Man sollte nicht im Finanzbereich als Ziel einen rigorosen Sparkurs vorgeben und im Produktionsbereich die Ausweitung der Produktionskapazitäten durch den Kauf neuer Maschinen planen.

- **Präferenzenunabhängigkeit**

  Dabei geht es darum, ob dem Entscheider die Bewertung eines Merkmals einer Alternative unabhängig von den Ausprägungen anderer Merkmale der Alternative möglich ist. Das gelingt nicht, wenn zwischen den Merkmalen Beziehungen bestehen. Die Länge eines Filmes kann bspw. positiv bewertet werden, wenn er zugleich spannend ist, und negativ, wenn er langweilig ist. Man kann eigentlich das eine Merkmal nicht isoliert von dem anderen bewerten. Oder: Ein schlechtes Einstiegsgehalt bei einer Stelle bewerte ich weniger negativ, wenn die Stelle zugleich spannend ist und gute Entwicklungsmöglichkeiten bietet. Nur bei Präferenzunabhängigkeit kann man den Gesamtwert einer Alternative bestimmen, indem die Einzelausprägungen einfach aufaddiert werden.

  Man kann manchmal Präferenzunabhängigkeit erreichen, indem man die Zielgrößen zu einer übergeordneten Zielgröße zusammenfasst, bspw. Länge und Spannung eines Filmes zu der Zielgröße „Unterhaltungswert".

Es gibt auch eine normative Vorstellung über einen **idealen Zielbildungsprozess**, also welche Aufgaben in welcher Reihenfolge zu durchlaufen sind, damit am Ende ein ideales Zielsystem entsteht.

- **Zielfindung**

  Ziele müssen häufig erst erarbeitet und formuliert werden und sind nicht einfach da. Es sind „Zielentscheidungen" zu treffen. In betriebswirtschaftlichen Modellen wird oft einfach das Ziel der Gewinnmaximierung unterstellt. In der Realität verfolgen Unternehmen mehrere Ziele gleichzeitig, die teils monetär, teils nicht monetär sowie teils extern und teils intern sind (vgl. *Heinen* [Zielfunktion] 21ff.). Hilfe bei der Zielfindung bieten:

  - Analyse von Interessen; bspw. Interessen der Anteilseigner; Ziel: Maximierung der Rendite. Interessen der Öffentlichkeit; Forderung nach mehr Nachhaltigkeit in der Unternehmenspolitik; Ziel: Umweltschutz verbessern.

- Analyse von akuten Mängeln und Problemen; bspw. hoher Krankenstand, Ziel: Senkung des Krankenstandes; zu viele Produkte in der Reifephase; Ziel: mit Produktinnovationen die Zukunft sichern.
- Analyse des Wettbewerbsumfeldes und Entscheidung für die Strategie Kostenführerschaft; Ziel: Senkung der Produktionskosten.

- **Zielpräzisierung**

  Zielinhalt (die durch die Entscheidung angestrebte Größe), Zielausmaß (Höhenpräferenz), sachlicher Geltungsbereich (bspw. Gesamtmarkt oder Teilmarkt) und Zeitbezug (Zeitpräferenzen) sollen idealerweise festgelegt werden: Wir wollen auf dem deutschen Markt innerhalb eines Jahres einen Marktanteil von 5 % für Produkt x erreichen. Wir wollen die Treibhausgase aus unserer Produktion um 20 % reduzieren in den nächsten fünf Jahren.

- **Zielanalyse und Zielstrukturierung**

  Man analysiert zum einen **vertikale Zielbeziehungen** und versucht, die Menge der möglichen Ziele hierarchisch zu ordnen.

  Teleologische Zielsysteme: Ober- und Unterziele werden nach ihrer Mittel-Zweck-Beziehung gebildet. Zu dem Oberziel, die Unternehmung erfolgreich zu führen, könnte man bspw. drei Unterziele bilden: Rentabilität maximieren, Liquidität sicherstellen und Wachstum anstreben. Zum Wachstumsziel könnte man als Unterziele bilden: Marktanteil von Produkt A auf 10 % und von Produkt B auf 5 % ausweiten. Zum Ziel der Marktanteilssteigerung für Produkt B könnten als Unterziele passen: Marketing für Produkt B verbessern und Fertigung rationalisieren. Zum Ziel der Verbesserung des Marketings gehören als Unterziele eine ansprechendere Produktgestaltung und mehr Service usw.

  Definitionslogische Zielsysteme: Ober- und Unterziele ergeben sich logisch aus der Zerlegung einer obersten Kennzahl in ihre Bestandteile. Es entstehen dann Kennzahlensysteme. Beispiel: Du-Pont-Kennzahlensystem mit der obersten Kennzahl ROI.

  Weitere Strukturierungen sind möglich bspw. nach zeitlichen Gesichtspunkten in Nah- und Fernziele oder nach organisatorischen Gesichtspunkten in Unternehmensziele, Bereichsziele, Abteilungsziele, Stellenziele.

  Genauso wichtig ist die Analyse der **horizontalen Zielbeziehungen**, also wie sich die Ziele auf der gleichen Zielebene zueinander verhalten. Man spricht in diesem Zusammenhang auch von der **Realisierbarkeitsprüfung**, weil es darum geht festzustellen, ob einzelne Ziele überhaupt miteinander verträglich sind.

Verträgliche Ziele können:

- **identisch** sein; bspw. wenn der Unternehmer den Gewinn und die Eigenkapitalrendite maximieren will (bei konstantem Kapital) oder wenn beim Autokauf als Ziele Rangierbarkeit und Wendekreis genannt werden, dann ist das im Grunde das Gleiche. Man sollte dann nur ein Ziel nehmen.
- **komplementär** sein; wenn ich ein Ziel besser erreiche, dann wird bei dem anderen Ziel auch die Zielerreichung gefördert; bspw. Wachstum und Vollbeschäftigung, Kostensenkung und Erhöhung des Cash flow, mehr Sport treiben und abnehmen sind komplementäre Ziele. Ziele, die in einer Mittel-Zweck-Beziehung stehen, sind immer komplementär.
- **neutral** sein; die Erreichung eines Ziels hat keinen Einfluss auf die Erreichung anderer Ziele; beim Autokauf haben bspw. Farbe und Leistung nichts miteinander zu tun.

Unverträgliche Ziele können:

- **konfliktär** sein; d. h. die bessere Erreichung eines Zieles führt zu einer schlechteren Erreichung eines anderen Ziels.

  > **Beispiel**: Die bessere Leistung einer Maschine führt zu einem höheren Anschaffungspreis, die kostengünstigere Produktionsweise führt zu mehr Umweltverschmutzung, die günstigere Lage eines Geschäftslokals geht mit einer höheren Miete einher.

- **antinomisch** sein; die Erreichung eines Zieles schließt die Erreichung des anderen Zieles völlig aus.

  > **Beispiel**: Die Produktion ausweiten und den absoluten Materialverbrauch senken.

Zielauswahl

Am Ende wird ein System von Zielgrößen festgelegt, welches der Entscheidung zugrunde gelegt werden soll. Im Modell wird oft ein einzelner Unternehmer vorausgesetzt, der sein Zielsystem entwickelt und durchsetzt. Das ist unrealistisch, denn in nahezu jedem Unternehmen ist eine Mehrzahl von Organisationsmitgliedern tätig, die jeweils für sich und auch für das Unternehmen unterschiedliche Ziele verfolgen. Der Zielfestlegung gehen oft komplizierte und hochpolitische Diskussionen voraus, in welchen verschiedene Koalitionen versuchen, ihre Ziele durchzusetzen. Die Zielaushandlung kann spieltheoretisch abgebildet werden (vgl. Kapitel 6).

In der folgenden Abbildung sind die verschiedenen Beziehungen von zwei Zielen grafisch dargestellt.

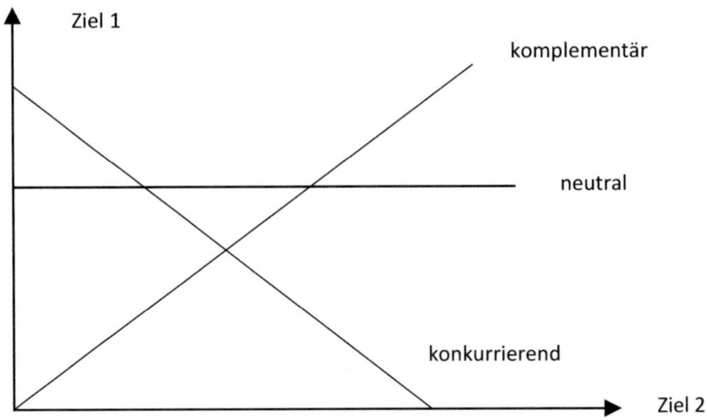

Abb. 7: Horizontale Zielbeziehungen

2.6 Überblick über unterschiedliche Entscheidungssituationen

Sind alle Schritte durchlaufen, dann sind das Entscheidungsfeld und die Präferenzen des Entscheidungsträgers abgebildet. Es wurden Ziele gewählt, Alternativen bestimmt, relevante Umweltzustände überlegt, die evtl. Einfluss auf die Ergebnisse der Alternativen haben, und es wurden die Ergebnisse anhand einer Ergebnisfunktion für jede Kombination von Umweltzustand und Alternative berechnet. Damit steht das Entscheidungsmodell. Jetzt muss man nur noch auf der Basis dieses Modells die tatsächliche Entscheidung treffen.

Das erscheint vergleichsweise einfach bei einem Ziel und Sicherheit. Dann muss man nur noch die Zielerträge der verschiedenen Alternativen miteinander vergleichen und die beste auswählen.

> **Beispiel**: Eine Unternehmerin will eine bestimmte Maschine möglichst günstig kaufen (Ziel: Kosten, Höhenpräferenz: Minimieren, Zielgröße: Preis). Sie erkundigt sich bei drei möglichen Lieferanten (Alternativen) nach den Preisen (Ergebnisse) und wählt den Lieferanten mit dem niedrigsten Preis.

Die Entscheidung ist nicht mehr so einfach, wenn man entweder mehrere Ziele und/oder mehrere mögliche Umweltzustände hat und damit für jede Alternative mehrere mögliche Ergebnisse. Entweder man hat sichere Ergebnisse für mehrere Zielgrößen: Bei den Lieferanten interessieren bspw. neben dem Preis noch Wartungsdienst und Lieferzeit. Oder für eine Zielgröße gibt es mehrere mögliche Umweltzustände, bspw. mehrere mögliche Preise bei einem ausländischen Lieferanten je nach Wechselkursentwicklung. Sind Eintrittswahrscheinlichkeiten bekannt, hat man es mit einer Risikosituation zu tun. Ohne Kenntnisse über die Eintrittswahrscheinlichkeiten von Umweltzuständen spricht man von einer Situation der Ungewissheit.

Implizit wird in der Regel ein einzelner Entscheider unterstellt, welcher nach seinen Informationen und Präferenzen sein Entscheidungsmodell aufstellt und danach entscheidet.

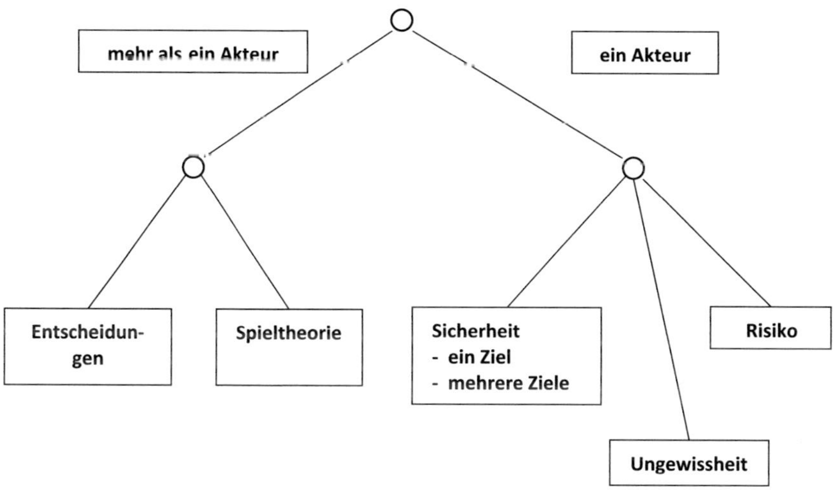

Abb. 8: Überblick über unterschiedliche Entscheidungssituationen

In der Realität ist oft mehr als ein Akteur in eine Entscheidung involviert. Unternehmensentscheidungen finden in einem sozialen Kontext, einer Organisation, statt. Das bringt erhebliche Komplikationen für die Entscheidungen mit sich. Zum einen ist an die Situation zu denken, in welcher eine **Gruppe** von Menschen entscheiden soll. Da die Entscheidung auf der Basis der subjektiven Abbildung des Entscheidungsfeldes und der subjektiven Präferenzen gefällt wird, kann es bei allen Schritten der Modellierung zu Konflikten kommen.

Beispiel: Bei der Auswahl eines Bewerbers für eine Stelle ist das Entscheidungsgremium uneins über die Anzahl der Bewerber, die eingeladen werden und die entscheidenden Zielgrößen. Nachdem man sich über diese Punkte geeinigt hat und Auswahlgespräche stattgefunden haben, ist man uneinig darüber, wie die Bewerber jeweils bei den Zielgrößen abgeschnitten haben. Da sich zwei Lager gebildet haben, welche jeweils eine Bewerberin favorisieren, gibt man einem dritten Kandidaten den Vorzug, damit es keine „Verlierer" gibt.

Die **Theorie sozialer Entscheidungen** beschäftigt sich mit solchen Entscheidungen von Gremien, wobei insbesondere thematisiert wird, wie man unterschiedliche Präferenzen aggregieren kann und welche Wahlverfahren zu welchen Ergebnissen führen.

Zum anderen kann der soziale Kontext einer Entscheidung aber auch darin bestehen, dass die Ergebnisse einer Entscheidung von den Entscheidungen anderer Menschen maßgeblich beeinflusst werden. Der andere Akteur bildet quasi die Umwelt für meine Entscheidung. Das Besondere ist, dass er selbst auch ein rationaler Entscheider ist, welcher wiederum meine Entscheidungen beobachtet und prognostiziert. Man spricht in einer solchen Situation von einem „Spiel" der Akteure, von Spielern und Gegenspielern und von strategischem Handeln. Die **Spieltheorie** modelliert typische Spielsituationen und spricht Empfehlungen aus für strategisches Handeln.

Beispiel: Unternehmen A möchte durch eine Preissenkung Marktanteile gewinnen. Wenn der Hauptkonkurrent B ebenfalls den Preis senkt, dann bleibt der Marktanteil gleich, allerdings bei niedrigeren Umsätzen und Gewinnen. Da B in der Vergangenheit immer prompt auf Preissenkungen von A reagiert hat, versucht A durch eine versteckte Preissenkung mit Hilfe großzügiger Rabatte Marktanteile zu gewinnen.

Im Kapitel 3 interessieren wir uns zunächst im Detail für Entscheidungsprobleme eines Akteurs bei mehreren Zielen, die miteinander im Konflikt stehen. Dabei wird eine Situation der Sicherheit unterstellt. Es folgen Entscheidungen bei Ungewissheit (Kapitel 4) und Risiko (Kapitel 5) und einem Ziel. Schließlich werden Entscheidungen in Spielsituationen (Kapitel 6) und in Gruppen (Kapitel 7) betrachtet.

3 Entscheidungen bei mehreren Zielen und Sicherheit

„Wer nicht weiß, wo er hin will, darf sich nicht wundern, wenn er woanders ankommt." Mark Twain

Wie bereits im zweiten Kapitel dargestellt wurde, verfolgen die Unternehmen häufig nicht nur das eine Ziel der Gewinnmaximierung, sondern mehrere Ziele nebeneinander, die auch in Konflikt miteinander geraten können. Neben dem Gewinn sind bspw. Umsatz, Marktanteil, Unabhängigkeit, Macht, Ansehen, soziale Verantwortung als Unternehmensziele zu beobachten (vgl. *Heinen* [Zielfunktion]). Bei konkreten Entscheidungen sind Ziele wie „Gewinn maximieren" überdies meistens viel zu allgemein. Man braucht konkretere Zielgrößen als Grundlage für eine Bewertung. Das Oberziel wird zerlegt in messbare Größen (cues), die man als Anhaltspunkte für die Zielerreichung ansieht. Man sucht bspw. keinen „gewinnmaximalen" Mitarbeiter, sondern jemand der einen bestimmten Abschluss mit einer guten Note gemacht hat, der mindestens drei Jahre Berufserfahrung und Auslandserfahrung hat und teamfähig ist. Zwischen den Anforderungen der Messbarkeit der Kriterien und der Einfachheit des Zielsystems kann es zu einem Konflikt kommen. Je genauer ich ein Ziel in einzelne cues herunterbreche, desto eher komme ich zu genau messbaren Größen. Das Zielsystem insgesamt wird aber komplexer.

Beispiel: Frau A hat das Ziel, sich gesund zu ernähren. Wie gesund ein Nahrungsmittel ist, kann bewertet werden anhand von Fettgehalt, Zuckergehalt, Salzgehalt, Kalorienzahl, Gehalt an allergieauslösenden Bestandteilen, künstlichen Zusatzstoffen … Die Bewertung wird immer komplexer, je genauer die Zielgrößen definiert werden. Andererseits ist eine aggregierte Größe in Bezug auf die Entscheidung vielleicht nicht genau genug, denn für einen Diabetiker ist viel Zucker ungesund, für jemand mit hohem Blutdruck ist viel Salz nicht zu empfehlen.

Im Folgenden wird zunächst das Grundmodell einer solchen Entscheidungssituation vorgestellt (3.1). Dann werden zunächst einfachere Lösungsmöglichkeiten präsentiert (3.2–3.4). Besonders ausführlich wird die Möglichkeit besprochen, den Zielen unterschiedliche Gewichte zuzuordnen und die gewichteten Zielerträge für jede Alternative zu addieren (multiattributive Wertfunktion) (3.5). Das ist deswegen kompliziert, weil die Zielerträge zunächst in unterschiedlichen Größen gemessen werden. Sie müssen also in eine einheitliche Größe, den Nutzen, umgerechnet werden. Und auch die Bestimmung der Zielgewichte bedarf einiger Überlegungen. Zum Schluss werden noch einige Probleme des Zielbildungsprozesses angesprochen, die im Rahmen der normativen Entscheidungstheorie wenig Beachtung finden, aber für die Entscheidungen in Unternehmen bedeutsam sind (3.6).

3.1 Das Grundmodell

Das Grundmodell der Entscheidung wird so modifiziert, dass wir nunmehr einen Umweltzustand annehmen, aber mehrere Ziele Z_p mit $p = 1, ..., r$. Es wird also Sicherheit unterstellt, d. h. man weiß genau, wie die Ergebnisse für eine Zielgröße ausfallen. Allerdings verfolgt man verschiedene Ziele und erhält also mehrere Ergebnisse pro Alternative, die e_{ip}.

Das erzeugt insbesondere Komplikationen, wenn die Ziele konkurrierend sind, also die bessere Erfüllung des einen Ziels gleichzeitig zu schlechteren Zielerträgen bei einem anderen Ziel führt.

Umweltzustand	U		
Ziele / Alternativen	Z1	Z2	Z3
a_1	e_{11}	e_{12}	e_{13}
a_2	e_{21}	e_{22}	e_{23}

Abb. 9: Grundmodell einer Entscheidungsmatrix mit mehreren Zielen bei Sicherheit

Ein konkretes **Beispiel** soll helfen, die Problematik und die verschiedenen Lösungsmöglichkeiten darzustellen:
Ein Unternehmen will eine neue Maschine anschaffen. Das Unternehmen will den Kapitalwert der Maschine maximieren, die Wartungskosten und die Umweltschäden sollen minimiert werden (drei Ziele: Kapitalwert, Wartungskosten, Umweltschutz). In einer ersten Entscheidungsrunde

wurden verschiedene Angebote bereits eliminiert, weil sie ein Preislimit überschreiten oder technische Anforderungen nicht erfüllen. Vier Maschinen kommen in die Endauswahl (vier Alternativen). Zwei inländische Lieferanten und jeweils ein Lieferant aus den USA und aus Japan kommen in Frage. Hinsichtlich der Umweltzustände – bspw. der gesamtwirtschaftlichen Lage und der Wettbewerbssituation sowie der Wechselkurse – herrscht Sicherheit. Ergebnisfunktionen sind bekannt, d. h. die Geschäftsführerin kann den Maschinen die Anschaffungsauszahlung und die Rückflüsse über die Nutzungsdauer zurechnen und damit durch Abzinsen der Rückflüsse die Kapitalwerte berechnen. Sie kennt außerdem die Angebote der Lieferanten hinsichtlich der Wartungsintervalle und der Wartungskosten und schließlich auch die mit der Nutzung einer Maschine verbundenen Umweltschäden. Die Werte für Wartungskosten und für die Umweltschäden werden hier mit einem Minus versehen, damit man auch für die Spalten Wartungskosten und Umweltschutz eine Maximierung anstreben kann. Die Ergebnismatrix lautet:

Alternativen/Ziele	Kapitalwert	Wartungskosten	Umweltschutz
a_1	1000	-100	-10
a_2	1000	-110	-5
a_3	600	-120	-4
a_4	200	-130	-4

Welche Alternative ist die beste?

3.2 Prüfung auf ineffiziente Alternativen

Zunächst sollte man prüfen, ob es Alternativen gibt, die von vornherein ausscheiden können, weil sie bei keinem Ziel besser abschneiden als die anderen Möglichkeiten. Solche Alternativen nennt man **ineffizient**. Gibt es hier solche Alternativen?

In diesem Fall ist die Alternative a_4 ineffizient, denn sie ist bezüglich Kapitalwert und Wartungskosten schlechter als die anderen drei Alternativen und beim Umweltschutz auch nicht besser als a_3.

Effizient ist eine Alternative, wenn es keine andere Alternative gibt, die bezüglich mindestens eines Ziels besser und bezüglich keines Ziels schlechter ist.

Nicht effiziente Alternativen werden von anderen Alternativen **dominiert**. Sie können direkt ausgeschieden werden.

In günstigen Fällen gibt es nur eine effiziente Alternative und das Problem ist gelöst. Diese Alternative wird auch als dominant bezeichnet. Bei Zielkonflikten ist das allerdings nie der Fall. Denn bei Zielkonflikten muss ja die Mehrerfüllung bei einem Ziel zu einer Mindererfüllung bei einem anderen Ziel führen. Im obigen Fall könnte man sich vorstellen, dass die niedrigeren Umweltschäden bei a_3 und a_4 mit einer höheren Anschaffungsauszahlung für modernere Technik verbunden sind, was den Kapitalwert senkt, und dass kürzere Wartungsintervalle mit höheren Wartungskosten auch zur Senkung der Umweltschäden beitragen. Es bleiben drei effiziente Alternativen übrig, zwischen denen gewählt werden muss. Die beste Alternative ist nicht sofort ersichtlich, weil bei den unterschiedlichen Zielen verschiedene Alternativen am besten abschneiden.

3.3 Auswahl eines dominanten Zieles

Eine Möglichkeit der Entscheidung besteht darin, ein Ziel als das wichtigste auszuwählen und die anderen Ziele einfach beiseite zu lassen. Im Grunde ist das ein Spezialfall einer Zielgewichtung, denn das dominante Ziel bekommt das Gewicht 1 und die anderen das Gewicht 0.

> **Zieldominanz** bedeutet, dass ein Ziel als entscheidend angesehen wird und die anderen Ziele vernachlässigt werden.

Sieht die Geschäftsführerin die Minimierung der Umweltschäden als wichtigstes Ziel an, dann ergibt sich daraus eindeutig die Alternative 3 als optimal, beim Ziel „Wartungskosten“ ist es dagegen Alternative 1 und beim Ziel „Kapitalwert“ kommt sie mit dieser Entscheidungsregel nicht zu einer eindeutigen Entscheidung, weil a_1 und a_2 hinsichtlich dieses Ziels das gleiche Ergebnis haben.

Im Grunde hat sich das Entscheidungsproblem durch die Zieldominanz in ein Modell bei Sicherheit und einfacher Zielsetzung verwandelt und man muss nur noch schauen, welche Alternative das beste Ergebnis hinsichtlich des Ziels aufweist. Das ist eine einfache Lösung, bringt aber die Präferenzen des Entscheiders nicht besonders gut zum Ausdruck. Außerdem kommt man auch mit diesem Verfahren nicht zu einer eindeutigen Lösung, wenn hinsichtlich des dominanten Zieles zwei oder mehr Alternativen gleich bewertet werden. Im obigen Beispiel ist das beim Ziel „Kapitalwert" der Fall.

3.4 Lexikografische Ordnung

Kommt man hinsichtlich des wichtigsten Ziels noch nicht zu einer eindeutigen Entscheidung, dann bestimmt man das zweitwichtigste Ziel und vergleicht die nach der ersten Runde übrig gebliebenen Alternativen bezüglich dieses Ziels. Das nennt man lexikografische Ordnung, weil man in einem Lexikon auch die Begriffe zuerst nach dem ersten Buchstaben sortiert, wenn dieser gleich ist, dann nach dem zweiten, wenn erster und zweiter gleich sind, dann nach dem dritten usw.

Bei der **lexikografischen Ordnung** werden, in der Reihenfolge ihrer Wichtigkeit, nacheinander verschiedene Ziele zum Vergleich der Alternativen herangezogen. Es werden solange weitere Ziele ins Spiel gebracht, bis eine Alternative eindeutig als die Beste gewählt werden kann.

In unserem Beispiel sind a_1 und a_2 hinsichtlich des Hauptzieles „Kapitalwert" gleich gut. Dann zieht die Geschäftsführerin als zweites Ziel den „Umweltschutz" hinzu, vergleicht a_1 und a_2 und kommt zu der Entscheidung a_2. Im Grunde ist das die mehrfache Anwendung der Zieldominanz hintereinander.

Die Auswahl auf der Grundlage dominanter Ziele ist nicht unproblematisch, denn das dominante Ziel wird überaus stark gewichtet. Es ist egal, wie knapp der Unterschied beim dominanten Ziel ist und wie groß der Unterschied bei den nachrangigen Zielen ist. Wenn die Alternative 1 bspw. einen Kapitalwert von 1001 erbringen würde, dann würde man bei einer Auswahl nach dem Hauptziel „Kapitalwert" die Umweltschäden überhaupt nicht mehr in die Entscheidung einbeziehen, auch wenn sie doppelt so hoch sind wie bei der Alternative 2.

Alternativen/Ziele	Kapitalwert	Wartungskosten	Umweltschutz
a_1	1001	-100	-10
a_2	1000	-110	-5
a_3	600	-120	-4

Sinnvoll kann eine solche Vorgehensweise aber trotzdem sein, bspw. wenn man sehr viele Alternativen hat und eine Vorauswahl treffen muss. Im obigen Beispiel wurde unterstellt, dass eine solche Vorauswahl stattgefunden hat aufgrund der Kriterien des Preises und der technischen Anforderungen. Zunächst wird bspw. ein Höchstpreis formuliert und die Alternativen werden nur daraufhin überprüft, ob sie den Höchstpreis überschreiten oder nicht. Damit können auf einfache Weise schon mal einige Alternativen aussortiert werden. Nur die dann noch in Frage kommenden Alternativen werden auf die Erfüllung der technischen Anforderungen überprüft. Damit können dann wieder einige Alternativen aussortiert werden. Wenn klar ist, welche Anforderungen eine Alternative auf jeden Fall erfüllen muss bzw. was auf gar keinen Fall in Frage kommt, dann lassen sich solche K.-o.-Kriterien formulieren. Das wird auch „aspektweise Eliminierung“ genannt und wird von vielen Menschen angewendet, um auf einfache Weise eine große Menge Alternativen zu reduzieren (vgl. *Tversky* [Elimination]). Man sollte diejenigen Kriterien zuerst heranziehen, die am leichtesten zu bewerten sind. Darum kann es bspw. sinnvoll sein, zuerst nach dem Kriterium des Höchstpreises auszusortieren. Bei der Auswahl von Bewerbern für eine Stelle kann die letzte Abschlussnote ein solches einfaches Kriterium sein. Bei aller Einfachheit bleibt aber der Nachteil, dass es zu keiner Gesamtwürdigung hinsichtlich aller Zielkriterien kommt. Dadurch besteht immer die Gefahr, sehr gute Alternativen vorschnell auszusortieren. Besser erscheint deshalb, alle Ziele in die Entscheidung einzubeziehen und sie unterschiedlich zu gewichten. Wir kommen damit zu den multiattributiven Wertfunktionen.

3.5 Multiattributive Wertfunktionen

Bei einer additiven Wertfunktion geht man so vor, dass den Zielen Z_p unterschiedliche Wichtigkeit zugemessen wird, ausgedrückt in einem Gewichtungsfaktor g_p. Die Summe der Gewichtungsfaktoren muss 1 ergeben.

Dann werden die bewerteten Ergebnisse jeder einzelnen Alternative (die Zielwerte v_{ip}) mit den jeweiligen Zielgewichten multipliziert und diese Produkte über alle Ziele aufaddiert, so dass der Entscheider pro Alternative einen Gesamtwert bekommt. Man reduziert die unterschiedlichen Ergebnisse (Attribute) für jede Alternative auf einen Wert, der den Nutzen der Alternative ausdrückt:

$$\text{Präferenzwert } \phi\,(a_i) = \sum_{p=1}^{r} g_p\, v_{ip}$$

Φ = Phi, p = Index der Zielgrößen

Bei dieser Vorgehensweise sind im Vorfeld zwei Teilaufgaben zu lösen:

- Umwandlung der Zielerträge e_{ip} in Zielwerte oder Nutzwerte v_{ip}, die man sinnvollerweise addieren kann. Dazu braucht man eine Wertfunktion oder Nutzenfunktion, welche die Ergebnisse gemäß den Präferenzen des Entscheiders bewertet.
- Bestimmung der Zielgewichte g_p

Die Addition gewichteter Nutzwerte zu einem Gesamtnutzen ist der „Goldstandard" der rationalen Entscheidung bei mehreren Zielen (vgl. *Shah/Oppenheimer* [Easy] 208), verlangt dem Entscheider aber auch einiges ab.

3.5.1 Bestimmung der Wertfunktion

Bedeutung der Wertfunktion

Damit man die verschiedenen Ergebnisse für die jeweiligen Ziele, also die Zielerträge, überhaupt addieren kann, muss man sie zuerst in eine Form bringen, die eine solche Addition ermöglicht. Als Autokäuferin kann ich bspw. nicht 180 km/h Höchstgeschwindigkeit und 8 l Verbrauch und hohen Komfort addieren. Das ist als ob ich bspw. Euro, Dollar und Pfund einfach addieren würde, ohne die Beträge in eine Währung umzurechnen. Daher muss der Entscheider die Zielerträge (Ergebnisse) in Zielwerte oder Nutzwerte umwandeln. Das ist sozusagen dann die einheitliche „Währung", die man auch addieren kann. Im Prinzip muss man auch bei einem Ziel die Ergebnisse für die Zielgröße in „Nutzen" umrechnen, denn die Ergebnisse sprechen ja nicht für sich, sondern müssen bewertet werden.

> **Beispiel**: Der Zuckergehalt eines Lebensmittels in Gramm wird von einem Diabetiker anders bewertet als von einem Gesunden. Während bei einem Diabetiker der Nutzen mit steigendem Zuckergehalt abnimmt, nimmt er bei einem Gesunden (bis zu einer Grenze) zu, weil die meisten Menschen süße Lebensmittel mogen.

Bei einem Ziel und quantitativen Ergebnissen ist ein Vergleich der Alternativen aber oft direkt über die Ergebnisse möglich. Habe ich bspw. das Ziel „Sparsamkeit" bei einem Auto über die Zielgröße „Benzinverbrauch" operationalisiert, dann kann ich bei einem Vergleich von drei Autos sofort sehen, dass ein Verbrauch von 6 Litern besser ist als ein Verbrauch von 7 Litern oder 8 Litern. Bei einer Addition der Ergebnisse für unterschiedliche Zielgrößen komme ich um die „Umrechnung" aber nicht herum. Die Umwandlung von Ergebnissen oder Zielerträgen in Werte bzw. Nutzen muss so erfolgen, dass die Präferenzen des Entscheiders auch richtig abgebildet werden. Wenn $a_1 > a_2$, dann auch $v(a_1) > v(a_2)$. Die Bestimmung der Wertfunktion v (von value function) muss **präferenzbasiert** erfolgen.

Im einfachsten Fall kommt man mit zwei Werten aus:

- Ziel erfüllt: 1
- Ziel nicht erfüllt: 0

Das ist sinnvoll, wenn man ein Ziel fixiert hat, wie bspw. fünf Türen bei einem PKW. Hat das Auto fünf Türen, bekommt es den Zielwert 1, hat es nur drei Türen, bekommt es den Zielwert 0. Das ist eine **Nominalskala**. Man kann nur sagen, ob die Alternativen gleich sind oder nicht.

Weiterhin könnte man die Alternativen hinsichtlich eines Zieles (bspw. Höchstgeschwindigkeit) in eine Rangfolge bringen und nach den **Rängen** Punkte vergeben. Hat der Entscheider die Höhenpräferenz Maximierung, dann ist bspw. PKW 1 (200 km/h) besser als PKW 2 (180 km/h) besser als PKW 3 (160 km/h), daher bekommt a_1 3 Punkte, a_2 2 Punkte und a_1 1 Punkt. Das ist eine **ordinale Skala**. Bei einer ordinalen Skala kann man also alle Alternativen in eine Reihenfolge bringen. Man kann aber nicht ausdrücken, wie stark die Unterschiede zwischen den Alternativen sind. Wenn bei der schlechtesten Alternative statt 160 km/h nur 120 km/h das Ergebnis wäre, dann bekäme die Alternative auch 1 Punkt.

Schließlich kann man auch den Grad der Zielerfüllung durch vorher festgelegte Skalenwerte messen. Bspw. könnte man für die Ergebnisse Punkte zwischen 0 und 5 vergeben, mit 0 = ungenügend, kein Nutzen und 5 = sehr gut, maximaler Nutzen. Damit kann der Entscheider nicht nur die Reihenfolge der Alternativen bestimmen, sondern auch den Abstand dazwischen. Liegen die Alternativen nah zusammen, dann bekommen sie vielleicht 5 Punkte, 4 Punkte und 4 Punkte, liegen sie weit auseinander dann bekommen sie 5 Punkte, 1 Punkt und 0 Punkte. Man muss eine Tabelle erstellen mit Einträgen, die bezeichnen, bei welchem Ergebnis man welchen Nutzen empfindet. Wenn ich bspw. jeden niedrigeren Preis jedem höheren vorziehe (Höhenpräferenz Minimierung), dann muss die Nutzenskala das widerspiegeln.

Beispiel

Zielerträge für Kaufpreis PKW	Nutzenskala	Normiert auf 1
Preis ab 20.000 €	0	0
Preis zwischen 19.999 und 17.000 €	1	0,2
Preis zwischen 16.999 und 15.000 €	2	0,4
Preis zwischen 14.999 und 12.000 €	3	0,6
Preis zwischen 11.999 und 10.500 €	4	0,8
Preis zwischen 10.500 und 10.000 €	5	1

Die Grenzen des betrachteten Ergebnisintervalls müssen alle Ausprägungen bei den Ergebnissen umschließen (bspw. für drei Autos zwischen 10.000 und 18.000 €). Das Intervall kann etwas größer sein, damit man bei neu hinzukommenden Alternativen keine neue Normierung vornehmen muss, bspw. wenn noch ein Auto von 19.500 € hinzukäme. Das betrachtete Ausprägungsintervall sollte aber grundsätzlich eher klein sein. Oft betrachtet man nur das Intervall zwischen der besten und der schlechtesten Ausprägung der Zielerträge, die man bei den bisher gefundenen Alternativen festgestellt hat. Es hätte bspw. wenig Sinn, die Nutzenskala mit Preisen zwischen 0 € und 100.000 € zu ermitteln, wenn klar ist, dass nur Autos zwischen 10.000 € und 20.000 € in Frage kommen. Die Bewertung wird dann nur unnötig ungenauer.

In der Regel normiert man die Nutzwerte auf Werte zwischen 0 und 1 (1 : 5 = 0,2; 0,2 x 5 = 1; 0,2 x 4 = 0,8 usw.).

Durch eine solche Skala kann man nicht nur sagen, dass man bspw. den PKW a_1 vorzieht, sondern auch wie stark man ihn gegenüber der nächstbesten Alternative präferiert. Ich kann sozusagen die Wertdifferenz für den Übergang von einer Alternative zur anderen angeben. Damit hat man eine **Kardinalskala.** Dieses Skalenniveau wird bei additiven Wertfunktionen eigentlich vorausgesetzt, was aber nicht immer eingehalten wird.

Beispiel
Bei drei Autos zu Preisen von a_1 = 10.000, a_2 = 11.000 und a_3 – 18.000 bekommt a_1 einen Wert von 1, a_2 einen Wert von 0,8 und a_3 einen Wert von 0,2. Die Wertdifferenz zwischen a_1 und a_2 ist deutlich kleiner als die Wertdifferenz zwischen a_2 und a_3.

Kann der Wertzuwachs oder -verlust durch den Übergang von einer Alternative zur nächsten quantifiziert werden, dann hat man eine messbare Wertfunktion.

Verbal beschriebene Eigenschaften wie bspw. „gutes Design" oder „Sitzkomfort" kann man nur anhand einer solchen Wertetabelle bewerten. Für messbare Zielkriterien kann man auch stetige Wertfunktionen bestimmen, aus denen man dann für jedes beliebige Ergebnis den zugehörigen Nutzen ablesen kann. Die Funktion muss so konstruiert sein, dass sie die Präferenzen des Entscheiders widerspiegelt, also für das obige Beispiel dann 0 wird, wenn der Preis 20.000 beträgt und dann 1, wenn er 10.000 beträgt. Für unser Beispiel ist die Wertfunktion:

$$V\ (e_{ip}) = 2 - 1/10.000 \text{ x } e_{ip}$$

Wenn man jetzt die drei Preise in die Wertfunktion einsetzt, bekommt man

2 – 1/10.000 x 10.000 = Zielwert 1 für die Alternative 1
2 – 1/10.000 x 11.000 = Zielwert 0,9 für die Alternative 2 } beim Ziel „Preis"
2 – 1/10.000 x 18.000 = Zielwert 0,2 für die Alternative 3

Bei einem Preis von 14.300 € wäre der Nutzen bspw. 0,57.

Die Wertfunktion kann auch in einem Diagramm dargestellt werden, das auf der Abszissenachse die möglichen Ausprägungen der Ergebnisse für ein Ziel abträgt, bspw. Preise, Gewinne, Kosten, Verbräuche, Leistungen usw. Auf der Ordinatenachse werden die zugehörigen Werte/Nutzen abgetragen. Meistens geht man von monoton steigenden oder fallenden Verläufen aus, d. h. der Nutzen steigt mit steigendem Ergebnis (bspw. beim Gewinn) oder er steigt mit sinkendem Ergebnis (bspw. bei den Kosten). Bei der Höhenpräferenz wird also Maximierung oder Minimierung vorausgesetzt. Das geht dann nicht, wenn das Optimum des Nutzens nicht gleich dem Maximum oder Minimum der Zielerträge ist, sondern irgendwo dazwischen liegt. Hat man bspw. beim Essen die Wahl zwischen 0 und 5 Brötchen, dann steigt der Nutzen bis 2 Brötchen (Idealpunkt), danach ist man satt und der Nutzen sinkt bei jedem weiteren Brötchen. Es wird empfohlen, dann zwei Wertfunktionen für das steigende und das fallende Intervall zu bilden. Am besten formuliert man das Ziel so um, dass eine monotone Wertfunktion möglich ist, bspw. durch Unterteilung des Ziels in die zwei Unterziele Sättigungsgrad (max) und Völlegefühl (min). Hat man nur ein bestimmtes Anspruchsniveau formuliert, dann wird es entweder von den Alternativen erfüllt oder nicht erfüllt, d. h. es gibt nur die Werte 1 und 0 bei den Zielwerten. In der Abb. 10 sind mögliche Verläufe von Wertfunktionen abgebildet.

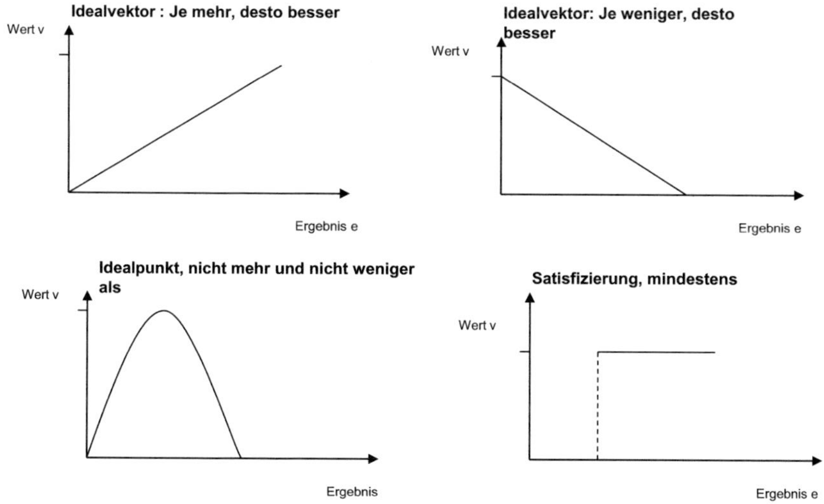

Abb. 10: Mögliche Wertfunktionen

Eine Wertfunktion hat der Entscheider nicht fertig im Kopf. Vielmehr muss sie ermittelt werden. Dafür gibt es Methoden. Vorgestellt werden die Direct-Rating-Methode und die Halbierungsmethode.

Direct-Rating-Methode zur Bestimmung der Wertfunktion

- Schritt 1: Stelle das beste und das schlechteste Ergebnis fest, e+ und e-.
- Schritt 2: Ordne die Alternativen entsprechend deiner Präferenz bei diesem Ziel.
- Schritt 3: Ordne dem besten Ergebnis 100 Punkte zu, dem schlechtesten 0 Punkte und bewerte die dazwischen liegenden Ergebnisse direkt mit Punktzahlen, die sowohl die Rangordnung der Ergebnisse wiedergeben als auch die Präferenzdifferenzen zwischen den Ergebnissen.
- Schritt 4: Normiere die Werte auf der Skala zwischen 0 und 1 und zeichne die Punkte ein. Durch Interpolation zwischen den Punkten erhält man eine Kurve.

Beispiel: Vergleich von PKWs nach dem Ziel „Benzinverbrauch"

Alternative	Ergebnisse	Punkte	Nutzen
a_1	10 l auf 100 km	10	0,1
a_2	9 l auf 100 km	30	0,3

a_3	11 l auf 100 km	0	0
a_4	5 l auf 100 km	100	1,0
a_5	8 l auf 100 km	50	0,5

e+ = 5 l; bestes Ergebnis

e- = 11 l; schlechtestes Ergebnis

$a_4 > a_5 > a_2 > a_1 > a_3$: Rangfolge der Alternativen

a_4 5 l = 100 Punkte

a_5 8 l = 50 Punkte

a_2 9 l = 30 Punkte

a_1 10 l = 10 Punkte

a_3 11 l = 0 Punkte

Die Punktevergabe drückt meine Präferenzen aus.

Die Normierung auf eins geht folgendermaßen: 100 : 1 = 0,01; 0,01 x 100 = 1 für a_4; 0,01 x 50 = 0,5 für a_5; 0,01 x 30 = 0,3 für a_2; 0,01 x 10 = 0,1 für a_1; 0,01 x 0 = 0 für a_3.

Die Halbierungsmethode zur Bestimmung der Wertfunktion

Im ersten Schritt werden wieder die beste und die schlechteste Zielausprägung ermittelt. Das beste Ergebnis bekommt den Wert 1, das schlechteste den Wert 0.

Dann bestimmt man, bei welcher Zielausprägung der Nutzen genau 0,5 wäre. Man sucht also den wertmäßigen Mittelpunkt zwischen e+ und e-.

Als nächstes halbiert man die Intervalle zwischen dem Nutzen von 0 und 0,5 sowie 0,5 und 1. Man überlegt also, bei welcher Zielausprägung der Nutzen genau 0,25 bzw. 0,75 betragen würde. In analoger Art und Weise können die Intervalle noch weiter unterteilt werden. Oft reichen aber fünf Punkte, um die Wertfunktion zeichnen zu können.

Beispiel

e+ = 5 l = Nutzen 1

e- = 11 l = Nutzen 0

Der Wert von 0,5 liegt hier annahmegemäß bei 8 Liter. Der Übergang von 5 Liter auf 8 Liter ist mit einer Nutzenreduktion von 0,5 verbunden. Diese Nutzenreduktion ist genauso groß beim Übergang von 8 Liter auf 11 Liter.

6,5 Liter = Nutzen von 0,75 und 9,5 Liter = 0,25 Nutzen. Der Übergang von 5 Liter auf 6,5 Liter bringt eine Nutzeneinbuße von 0,25, der Übergang von 6,5 Liter auf 8 Liter bringt eine Nutzeneinbuße von 0,25, der Übergang von 8 Liter auf 9,5 Liter bringt eine Nutzeneinbuße von 0,25 und der Übergang von 9,5 Liter auf 11 Liter bringt eine Nutzeneinbuße von 0,25.

Die Halbierungsmethode kann nur bei Ergebnissen angewendet werden, die in kontinuierlicher Form vorliegen nicht bei diskreten Ergebnissen, wie bspw. der Farbe bei einem Auto. Da kann man nur direkt Punktwerte zuordnen.

Sind die Ergebnisse bewertet, also in Nutzen umgerechnet, dann hat man statt der Zielertragsmatrix eine Zielwertmatrix oder Nutzenmatrix. Für das Beispiel vom Beginn des dritten Kapitels sind die Zielerträge in folgender Tabelle in Nutzwerte umgewandelt.

Alternativen/Ziele	Kapitalwert	Wartungskosten	Umweltschutz
a_1	1	1	0
a_2	1	0,5	0,8
a_3	0	0	1

Dann muss man noch die Ziele gewichten, um den Gesamtwert einer Alternative bestimmen zu können. Die Matrix mit Zielgewichten und Zielwerten ist die Entscheidungsmatrix. Ein formales Beispiel für eine solche Entscheidungsmatrix zeigt Abbildung 11.

Umweltzustand	U		
Ziele / Gewichtg. \ **Alternativen**	**Z1** g_1	**Z2** g_2	**Z3** g_3
a_1	v_1	v_{12}	v_{13}
a_2	v_{21}	v_{22}	v_{23}

Abb. 11: Entscheidungsmatrix mit Zielwerten und Gewichtungsfaktoren

Auch für die Bestimmung der Zielgewichte gibt es verschiedene Verfahren, die nun vorgestellt werden.

3.5.2 Bestimmung der Zielgewichte

Wir kommen wieder auf unser Eingangsbeispiel zurück. Wie kann ich für die drei Ziele Kapitalwert, Wartungskosten und Umweltschutz die Gewichte sinnvoll bestimmen? Die Summe der Zielgewichte muss 1 ergeben. Zwei Methoden zur Bestimmung der Zielgewichte werden näher beschrieben: Das Swing-Verfahren und das Trade-off-Verfahren.

Swing-Verfahren

Man bilde aus den Zielerträgen die schlechteste denkbare Alternative, also hier Kapitalwert 600, Wartungskosten -120 und Umweltschutz -10. Dann frage man sich, bei welchem Zielkriterium am ehesten eine Verbesserung auf den Optimalwert wünschenswert wäre, wenn die anderen Zielwerte auf dem niedrigen Niveau bleiben. Der Entscheider bildet quasi künstliche Alternativen b, bei denen jeweils ein Zielwert optimal ist und die beiden anderen die schlechteste Ausprägung annehmen.

Die schlechteste Alternative wäre a- = 600, -120, -10

Die künstlichen Alternativen lauten:

b_1 = 1000, -120, -10

b_2 = 600, -100, -10

b_3 = 600, -120, -4

Nach Vergleich der künstlichen Alternativen sagt der Entscheider bspw., dass er b_1 am besten findet, dann b_3 und schließlich b_2. Er hat den Alternativen und den Gewichten damit einen Rang zugeordnet: Kapitalwert Rang 1, Umweltschutz Rang 2 und Wartungskosten Rang 3.

Das wichtigste Kriterium Kapitalwert (Rang 1) erhält den Wert 100, die anderen Kriterien entsprechend ihrem Rangplatz niedrigere Werte, bspw. 70 (Umweltschutz) und 50 (Wartungskosten), wobei diese Werte die Wichtigkeit im Vergleich mit dem wichtigsten Ziel ausdrücken. Die Gewichte werden auf 1 normiert.

$g_1 = 100 / (100 + 70 + 50) = 0{,}45$ für Kapitalwert

$g_3 = 70 / (100 + 70 + 50) = 0{,}32$ für Umweltschutz

$g_2 = 50 / (100 + 70 + 50) = 0{,}23$ für Wartungskosten

Damit hat man die Zielgewichte für die Entscheidungsmatrix.

Alternativen /Ziele	Kapitalwert	Wartungs-kosten	Umwelt-schutz	Nutzen
	$g_1 = 0{,}45$	$g_2 = 0{,}23$	$g_3 = 0{,}32$	$\sum g_v$
a_1	1	1	0	0,68
a_2	1	0,5	0,8	0,821
a_3	0	0	1	0,32

Alternative 2 ist nach dieser Zielgewichtung optimal.

Trade-off-Verfahren

Das Trade-off-Verfahren ist nur möglich, wenn man die Wertfunktionen schon kennt, also die Zielerträge bereits in Zielwerte umgerechnet sind. **Trade-off bedeutet Austauschrate**. Der Entscheider muss bestimmen, welche Änderungen bei den Zielgrößen für ihn quasi austauschbar sind, weil sie den gleichen Nutzenzuwachs erbringen. Bei mehr als zwei Zielgrößen müssen mehrere Vergleiche zwischen jeweils zwei Größen vorgenommen werden.

Beispiel

Nehmen wir an, beim Autokauf sind Ihnen 20 Stundenkilometer mehr bei der Höchstgeschwindigkeit genauso viel wert wie ein geringerer Verbrauch von Benzin in Höhe von 1 l/100 km. Sie sind also indifferent zwischen einem Auto mit 180 km/h Höchstgeschwindigkeit und 7 l Verbrauch und einem Auto mit 160 km/h Höchstgeschwindigkeit und 6 l Verbrauch. Sie tauschen quasi 1 l weniger Verbrauch gegen 20 km/h weniger Geschwindigkeit. Das ist der Trade-off.

Aus Ihrer Sicht ist also 180 km/h + 7 l genauso viel wert wie 160 km/h + 6 l,

also gilt auch: $g_1 \times v(180\ \text{km/h}) + g_2 \times v(7\ \text{l}) = g_1 \times v(160\ \text{km/h}) + g_2 \times v(6\ \text{l})$

(Gewicht von Ziel 1 x Nutzen (180 km/h) + Gewicht von Ziel 2 x Nutzen (7 l) = Gewicht von Ziel 1 x Nutzen (160 km/h) + Gewicht von Ziel 2 x Nutzen (6 l))

Die Wertfunktion lautet für die Höchstgeschwindigkeit: $v_1 = 0{,}005 \times e_1 + \frac{(e_1\text{-}200)}{200}$

Für den Verbrauch habe ich festgelegt:

Ergebnisse	Punkte	Nutzen
11 l auf 100 km	0	0
10 l auf 100 km	10	0,1
9 l auf 100 km	30	0,3
8 l auf 100 km	50	0,5
7 l auf 100 km	60	0,6
6 l auf 100 km	80	0,8
5 l auf 100 km	100	1,0

$g_1 \times 0{,}8 + g_2 \times 0{,}6 = g_1 \times 0{,}6 + g_2 \times 0{,}8$

$g_1 = g_2 = 0{,}5$

Probe: $0{,}5 \times 0{,}8 + 0{,}5 \times 0{,}6 = 0{,}5 \times 0{,}6 + 0{,}5 \times 0{,}8 = 0{,}7$

Bei mehr als zwei Zielen muss man entsprechend mehrere Vergleiche zwischen jeweils zwei Zielattributen durchführen, also bspw. noch ermitteln, welches Plus an Sicherheit tauscht man gegen einen höheren Benzinverbrauch. Solche Trade-Offs kriegt man durch Befragung heraus, indem man immer Alternativen gegenüberstellt, die sich in den untersuchten Attributen unterscheiden und dann fragt, wann man zwei Alternativen als gleichwertig empfindet. Das Ergebnis ist ein Gleichungssystem, das man dann nach den verschiedenen Gewichten auflösen muss.

Warum, so könnte man fragen, ordnet man nicht einfach den Zielen direkt Gewichte zu und sagt bspw. der Verbrauch ist mir am wichtigsten und kriegt 0,5 Gewicht, Höchstgeschwindigkeit ist mir am zweitwichtigsten mit einem Gewicht von 0,25, Sicherheit ist nicht ganz so wichtig und bekommt das Gewicht 0,15 und Komfort kriegt noch 0,1 als Zielgewicht? Das ist deswegen problematisch, weil der Entscheider bei einer additiven Wertfunktion mit den Gewichten **Austauschraten** zwischen den Ergebnissen festlegt. Der Wertzuwachs bei einem Ergebnis kompensiert ja in der Summe einen Wertverlust bei einem anderen Ergebnis. Man kann bspw. auf den gleichen Gesamtnutzen kommen mit einem niedrigen Benzinverbrauch bei geringer Sicherheit im Vergleich zu hohem Verbrauch bei hoher Sicherheit. Mit den Gewichten legt der Entscheider fest, wie viel ein Zielwert zum Gesamtnutzen beiträgt und in welcher Relation eine Substitution zwischen zwei Zielwerten möglich ist. Je geringer ein Ziel gewichtet ist, desto leichter können auch größere Wertverluste bei diesem Ziel ausgeglichen werden. Man spricht auch von einer kompensatorischen Vorgehensweise.

Beispiel

Der Entscheider würde bei der Gewichtung der Sicherheit mit 0,15 und der Gewichtung des Verbrauchs mit 0,5 einen relativ geringen Minderverbrauch an Benzin gegen einen relativ hohen Verlust an Sicherheit zu tauschen bereit sein.

7 l statt 8 l Verbrauch führt nach obiger Tabelle zu einem Wertzuwachs von 0,1 (der Nutzen steigt von 0,5 auf 0,6).

Ergibt ein Plus von 0,5 x 0,1 = 0,05 beim Gesamtnutzen.

Bei der Sicherheit bewertet der Entscheider optimale Sicherheit (Wert 1), mittlere Sicherheit (Wert 0,667), geringe Sicherheit (Wert 0,333) und keine Sicherheit (Wert 0). Geringe statt mittlere Sicherheit würde also einen Wertverlust von 0,333 bedeuten.

Sicherheit	Werte
optimale Sicherheit	1
mittlere Sicherheit	0,667
geringe Sicherheit	0,333
keine Sicherheit	0

Gewichtet mit 0,15, ergibt sich ein Verlust beim Gesamtnutzen von 0,15 x 0,333 = 0,05.

In der Addition würde der Wertverlust bei der Sicherheit durch 1 l weniger Benzinverbrauch kompensiert.

0,5 x Wert von 8 l + 0,15 x Wert von mittlerer Sicherheit =
0,5 x Wert von 7 l + 0,15 x Wert von geringer Sicherheit.
0,5 x 0,5 + 0,15 x 0,667 = 0,5 x 0,6 + 0,15 x 0,333 = 0,35

Man wäre also indifferent zwischen einem Auto mit 8 l Verbrauch und mittlerer Sicherheit und einem Auto mit 7 l Verbrauch und geringer Sicherheit.

Aber wären Sie wirklich bereit, bspw. auf Sicherheit vollkommen zu verzichten, wenn nur der Verbrauch niedrig genug ist?

Beispiel

0,5 x Wert von 5 l + 0,15 x Wert von keiner Sicherheit = 0,5

Ich würde also ein Auto mit 5 l Verbrauch und keinerlei Sicherheit einem Auto mit 8 l Verbrauch und mittlerer Sicherheit vorziehen. Will ich das wirklich?

Man kann Gewichte eigentlich nur sinnvoll bestimmen, wenn man das Ausprägungsintervall der Ergebnisse kennt. Bei einem sehr breiten Ausprägungsintervall, also bspw. Sicherheitsstandards, die zwischen absolut sicher und keinerlei Sicherheit schwanken können, muss das Zielgewicht deutlich höher ausfallen, als bei einem kleinen Intervall , in welchem die Ergebnisse nur zwischen sehr guter und guter Sicherheit schwanken. Eigentlich ist es gar nicht sinnvoll, die Ausprägung „keine Sicherheit" überhaupt in die Bewertung einzubeziehen, denn das ist sicher ein K.-o.-Kriterium, das für ein Ausscheiden der Alternative schon bei der Vorauswahl sorgt. Selbst ein Auto mit der Ausprägung „schlechte Sicherheit" wird sicher schon im Vorfeld ausgeschieden und taucht dann in der eigentlichen Bewertung gar nicht mehr auf. Ein deutlicher Mangel an Sicherheit ist für die meisten Entscheider wohl durch nichts zu kompensieren.

Die Werttabelle für die verbleibenden Ausprägungen sieht dann so aus:

Sicherheit	Werte
optimale Sicherheit	1
sehr gute Sicherheit	0,667
gute Sicherheit	0,333
befriedigende Sicherheit	0

Bei diesem Ausprägungsintervall macht es mehr Sinn, die Sicherheit geringer zu gewichten als den Verbrauch, denn im schlechtesten Fall ist die Sicherheit immer noch befriedigend.

Die Bedeutung der Ausprägungsintervalle für die Gewichtung kann man sich auch klar machen am Verfahren der Zieldominanz, bei dem ein Ziel das Gewicht 1 bekommt und die anderen Ziele das Gewicht 0. Das ist umso problematischer, je höher die Schwankungsbreite bei den vernachlässigten Zielerträgen ist, denn dann wähle ich vielleicht eine Alternative mit einem ganz geringen Vorsprung bei dem dominanten Ziel und nehme dafür extrem schlechte Werte bei den vernachlässigten Zielen in Kauf.

In vielen Situationen fällt es allerdings schwer, klare Austauschraten zu bestimmen.

Beispiel: Bei der Entscheidung für einen Wohnort müsste man bspw. quantifizieren, dass eine doppelt so schöne Natur das Nichtvorhandensein eines Theaters aufwiegt, oder dass man für einen 20 % niedrigeren Immobilienpreis eine 5 % höhere Kriminalitätsrate in Kauf nimmt.

Entscheider weichen dieser Problematik aus, indem sie nur ein Zielkriterium benutzen bzw. nach Art der lexikografischen Ordnung mehrere Zielkriterien hintereinander in der Reihenfolge ihrer Bedeutung, bis eine Alternative eindeutig als beste fest steht (one-reason-decision-making; take-the-best). Die Ziele werden also in einfacher Form gewichtet, die Zielwerte aber nicht addiert. Empirische Untersuchungen haben ergeben, dass die Menschen selbst bei folgenreichen Entscheidungen nach dieser Heuristik verfahren (vgl. *Gigerenzer/Gaissmeier* [Heuristiken] 343f., 346).

3.6 Der Prozess der Zielentscheidung

Während in den oben beschriebenen Entscheidungsmodellen das Hauptproblem darin besteht, die Alternativen den bekannten unterschiedlichen Zielen des Entscheidungsträgers entsprechend zu bewerten, gehen die realen Probleme in den Unternehmen viel weiter.

Es muss zunächst einmal geklärt werden, wer überhaupt berechtigt ist, die Ziele der Unternehmung zu bestimmen. In einer marktwirtschaftlichen Ordnung ist idealtypisch der Eigentümer einer privaten Unternehmung der Entscheidungsträger. Bei größeren Unternehmen können das Eigentum und die Entscheidungsberechtigung aber auf mehrere Personen verteilt sein, je nach Gesellschaftsform in unterschiedlicher Art und Weise. Die Gesellschafter können untereinander uneins sein über die Ziele des Unternehmens. Vielfach führen die Eigentümer gar nicht selbst die Geschäfte, sondern angestellte Manager treffen die Entscheidungen. Ausgeprägt ist diese Trennung von Eigentum und Geschäftsführung in der Aktiengesellschaft. Im Rahmen des Principal-Agent-Ansatzes wird diese Trennung von Eigentum und Kontrolle problematisiert, weil die Manager annahmegemäß eigene Ziele verfolgen, die nicht unbedingt die Ziele der Eigentümer sind. Bspw. präferieren sie Wachstumsstrategien, um ihren Einflussbereich auszudehnen, während den Eigentümern mehr an einer Gewinnausschüttung gelegen ist. Je nach Gesellschaftsform sind auch noch Aufsichts- und Kontrollorgane an der Willensbildung beteiligt, bspw. bei der AG der Aufsichtsrat. Ist der Aufsichtsrat mitbestimmt, dann sprechen Vertreter der Belegschaft bei der Zielentscheidung mit. In kleineren Unternehmen gibt es häufig zumindest einen Betriebsrat, der die Arbeitnehmerinteressen vertritt. Nicht selten wird auch den großen Fremdkapitalgebern, vor allem also den Banken, ein Mitspracherecht eingeräumt. Sie haben bspw. Vertreter im Aufsichtsrat sitzen. Schließlich können auch externe Gruppen auf die Zielbildung einwirken. Das können bspw. Gewerkschaften sein, die unmittelbar Vertreter in den mitbestimmten Aufsichtsrat entsenden dürfen oder aber indirekt über die Arbeitnehmervertreter Einfluss nehmen können. Als weitere Interessengruppen kommen bspw. Umweltverbände oder Verbraucherschützer in Frage, die versuchen, ihre Interessen im Zielbildungsprozess zur Geltung zu bringen.

Dass es Zielkonflikte zwischen diesen unterschiedlichen an der Zielbildung beteiligten Personen und Gruppen gibt, liegt auf der Hand. Augenfällig werden sie bspw. bei Tarifkonflikten, wenn Arbeitgeber- und Arbeitnehmerseite sich durch Streiks und Aussperrungen gegenseitig unter Druck setzen, um die eigenen Ziele besser durchzusetzen. Konflikte sind aber auch innerhalb des Unternehmens zu erwarten. Zwischen verschiedenen Geschäftsbereichen kann es bspw. eine Konkurrenz um Mittel geben. Oder verschiedene Funktionsbereiche verfolgen je eigene Ziele, die nicht voll kompatibel sind. Die Leiterin des Einkaufs könnte bspw. anstreben, große Mengen zu kaufen um gute Rabatte aushandeln zu können, während der Leiter des Lagers sich über die hohen Lagerkosten ärgert, wenn große Mengen auf Vorrat beschafft werden. Schließlich muss man auch noch damit rechnen, dass alle Beteiligten neben den offiziellen Zielen für das Unternehmen noch private Ziele verfolgen, die sie gar nicht offen legen. Der Manager, der offiziell die Schließung einer Abteilung aus Kostengründen befürwortet, will tatsächlich einen unliebsamen Kollegen loswerden. Die angeblich wegen der Gewinnaussichten angestrebte Fusion soll vor allem das Prestige des Entscheiders heben.

„People (i.e. individuals) have goals; collectives of people do not." Mit diesem Statement problematisieren *Cyert* und *March* das Vorhandensein von Unternehmenszielen ([Theory] 30). Die Entscheidungstheorie geht oft implizit von der Person eines Unternehmers aus, welcher die Ziele (und ihre Gewichtung) festlegt. Sind mehrere Personen an der Zielfindung beteiligt, dann gibt es entweder einen Konsens oder eine Person/Gruppe setzt sich gegen die andere durch. Am Ende gibt es dann jedenfalls klare kollektive Ziele und Präferenzrelationen, mit deren Hilfe eine optimale Entscheidung getroffen werden kann. Das stellen *Cyert* und *March* grundsätzlich in Frage. Sie beobachten, dass es höchstens für ganz bestimmte, abgegrenzte Entscheidungsprobleme und für kurze Zeit klar ist, wer überhaupt an der Zielfindung beteiligt wird. Weiterhin, dass die Ziele oft vage bleiben und wenig operational, dass meistens nur Anspruchsniveaus formuliert werden (statt Maximierung oder Minimierung) und Zielkonflikte gar nicht offen gelegt und endgültig gelöst werden ([Theory] 32). Stattdessen arrangiert man sich mit konfliktären Zielen durch Mechanismen, die von *Cyert/March* (vgl. [Theory] 164ff.) als Quasi-Lösungen bezeichnet werden:

- Das Anspruchsniveau der Zielerreichung wird gesenkt, weil man dann leichter eine Lösung findet, die zumindest für alle noch zufriedenstellend ist, wenn auch nicht optimal. Wenn bspw. die billigste und gleichzeitig umweltverträglichste Maschine angeschafft werden sollte, dann findet man möglicherweise keine Lösung. Also sucht man nach einer „einigermaßen umweltfreundlichen" Maschine, die zugleich „nicht so teuer" sein sollte.
- Man verfolgt sequenziell unterschiedliche Ziele. Nachdem die Unternehmung von Umweltgruppen öffentlich kritisiert wurde, spielt das Ziel der Umweltverträglichkeit eine Zeit lang eine wichtige Rolle. Wenn die Liquidität Probleme bereitet, steht wiederum die Kostenersparnis im Vordergrund.

Ziele zu finden, ist ein komplexer, hochpolitischer Verhandlungsprozess. „Die Vielfalt der Gruppierungen, Interessen und Einflussbeziehungen im betriebswirtschaftlichen Zielbildungsprozess erlaubt nur wenige allgemeingültige Aussagen ... Das formale Zielsystem stellt lediglich eine „Quasilösung" der Konflikte dar. Die Gruppen- und Individualziele bleiben als informale Ziele weiterhin wirksam." (*Heinen* [Ziele] 114). *Heinen* konstatiert außerdem, dass der Prozess der Zielbildung selten bewusst vor sich geht und die Ziele oft nicht ausdrücklich benannt werden, auch um Konflikte nicht offen zu legen. Diese Probleme der Zielfindung werden von der normativen Entscheidungstheorie weitgehend ausgeklammert.

4 Entscheidungen bei Ungewissheit

„Prognosen sind schwierig, besonders wenn sie die Zukunft betreffen."

Das Bonmot wird verschiedenen Personen zugeschrieben:
Niels Bohr, Mark Twain, Karl Valentin

Eine gängige Komplikation bei der Entscheidungsfindung wird durch die Unsicherheit der Zukunft erzeugt. Entscheidungen haben Folgen, oft weit in die Zukunft reichende und für den Erfolg des Unternehmens wesentliche Folgen. Strategische Fehlentscheidungen kosten viel Geld und können im schlimmsten Fall den Ruin herbeiführen. Und dennoch muss man sich entscheiden: Erweitern wir die Kapazität? Produzieren wir im Ausland? Gehen wir die Kooperation mit dem Konkurrenten ein? Und auch bei den alltäglichen Entscheidungen ist man fast nie ganz sicher: Soll ich heute Material bestellen oder wird es nächste Woche billiger? Kann ich den Urlaub des Mitarbeiters genehmigen oder werden in der nächsten Zeit seine Kollegen krank und es kommt zu gravierenden Engpässen? Soll ich die Lieferantenrechnung anweisen oder zahlen meine Kunden nicht pünktlich und ich bekomme Liquiditätsprobleme? Bei aller Unsicherheit der Zukunft kommt man um die Entscheidung nicht herum, denn auch wenn man nichts tut ist das letztlich eine Entscheidung für die Unterlassungsalternative. Man kann also nur versuchen, mit dieser Unsicherheit so rational wie möglich umzugehen.

Dazu gehört, sich über mögliche künftige Umweltzustände Gedanken zu machen, die wiederum einen Einfluss auf die angestrebten Ergebnisse haben. Das können bei einem Erzeuger von Windenergie verschiedene Wetterlagen sein, bei einem Importeur unterschiedliche Wechselkurse, bei einem Maschinenbauer diverse Konjunkturentwicklungen. Wie bereits im zweiten Kapitel besprochen wurde, gilt im Allgemeinen nur als unsicher, welcher Umweltzustand eintritt, nicht aber das Ergebnis bei Eintritt eines bestimmten Umweltzustandes. Dadurch wird die Komplexität der Entscheidung schon erheblich vereinfacht, denn tatsächlich hat man häufig keine exakten Wenn-dann-Aussagen, aufgrund derer man die Ergebnisse genau bestimmen kann. Wenn der Maschinenbauer bspw. die drei Konjunkturentwicklungen „schlechter", „besser" und „gleichbleibend" in seine Entscheidung für die Kapazitätsplanung einbezieht, dann kann er eigentlich auch nicht mit Sicherheit sagen, was eine bessere oder schlechtere Konjunktur für seine Absatzzahlen bedeutet. Im Folgenden gehen wir aber davon aus, dass einer bestimmten Umweltentwicklung auch bestimmte Ergebnisse bei den Alternativen zugeordnet werden können. Da für jede Alternative mehrere Ergebnisse möglich sind, haben wir es mit einer Situation der Unsicherheit zu tun. Zunächst wird das Grundmodell einer Entscheidung bei Ungewissheit vorgestellt (4.1). Welche Entscheidungstechniken im Umgang mit der Ungewissheit helfen können, wird dann zum Thema (4.2–4.5). Zum Schluss wird auf die Bedeutung der Risikopräferenz des Entscheiders verwiesen (4.6).

4.1 Entscheidungen bei einem Ziel und mehreren Umweltzuständen

Im Folgenden gehen wir wieder von **einem** Ziel aus, betrachten aber mehrere mögliche Umweltzustände und damit auch mehrere mögliche Ergebnisse. Für den Eintritt der Umweltzustände seien zunächst keine Wahrscheinlichkeiten bekannt. Das nennt man eine Entscheidungssituation unter **Ungewissheit**.

Ziele		Z	
Umwelt-zustände / **Alternativen**	u_1	u_2	u_3
a_1	e_{11}	e_{12}	e_{13}
a_2	e_{21}	e_{22}	e_{23}

Abb. 12: Entscheidungsmatrix bei einem Ziel und Ungewissheit

Teilweise wird diese Situation als realitätsfern abgetan, weil man zum einen durch zusätzliche Informationserhebung Wahrscheinlichkeiten für die Umweltzustände gewinnen könnte, zum anderen zumindest subjektive Schätzungen für Wahrscheinlichkeiten abgeben könnte. Ob und wie viel Geld man für genauere Prognosen aufwenden will, ist aber selbst auch wieder eine Entscheidung unter Ungewissheit (vgl. *Bamberg/ Coenenberg/ Krapp* [Entscheidungslehre] 111). Und ob eine Entscheidung besser wird, wenn man objektiv unbegründete Wahrscheinlichkeitsurteile abgibt, sei dahingestellt. Auf den extrem unberechenbaren Finanzmärkten lagen auch die Experten der Banken bisher meistens daneben mit ihren Wahrscheinlichkeitsschätzungen für bestimmte Wechselkurse oder Aktienkurse. „Die Welt der Ungewissheit ist riesig im Vergleich zu der des Risikos", konstatiert *Gigerenzer* ([Risiko] 37) und ordnet die Wirtschaft der Sphäre der Ungewissheit zu. Wir wollen jedenfalls verschiedene Regeln kennenlernen, wie man in einer solchen Situation der Ungewissheit eine Entscheidung treffen kann. Für die Erläuterung der unterschiedlichen Entscheidungsregeln sei folgende Ergebnismatrix gegeben:

Ziel				
	u_1	u_2	u_3	u_4
a_1	50	20	40	50
a_2	5	5	5	120
a_3	-25	90	100	110

Wie würden Sie sich entscheiden?

4.2 Maximin-Regel (Minimax-Regel) und Maximax-Regel

Als Erstes sollte man prüfen, ob es dominante oder ineffiziente Alternativen gibt. Eine dominante Alternative ist bei allen Umweltzuständen mindestens so gut wie die anderen Alternativen und bei mindestens einem Umweltzustand besser. Ineffizient sind Alternativen, die bei jedem Umweltzustand höchstens genauso gut sind wie die anderen Möglichkeiten und bei mindestens einem Umweltzustand schlechter. Ineffiziente Alternativen können direkt gestrichen werden. Existiert eine dominante Alternative, dann ist das Problem gelöst. In der obigen Matrix gibt es aber weder eine dominante noch eine ineffiziente Alternative. Jede Alternative schneidet mal als beste und mal als schlechteste ab, je nach Umweltzustand. Man muss also die Ergebnisreihen zu einer Größe zusammenfassen, die die Präferenzen des Entscheiders repräsentiert und eine Auswahl ermöglicht. Dazu benutzt man verschiedene Entscheidungsregeln.

Bei der **Maximin**-Vorgehensweise wählt man die Alternative, die im schlechtesten Fall noch das beste Ergebnis bringt. Man bestimmt also für jede Alternative das schlechteste mögliche Ergebnis, das Minimum, und vergleicht die Minima. Man wählt die Alternative mit dem höchsten Minimum (das Maximum der Minima), hier also **Alternative 1** mit dem Minimum von 20.

Ziel					
	u_1	u_2	u_3	u_4	Minimum
a_1	50	20	40	50	***20***
a_2	5	5	5	120	5
a_3	-25	90	100	110	-25

Der Entscheider ist in diesem Fall extrem risikoscheu bzw. pessimistisch, da er grundsätzlich vom schlechtesten möglichen Zustand ausgeht. Es ist auch zu bemängeln, dass nur ein Ergebnis in die Bewertung der Alternative eingeht, nämlich das schlechteste. Das wird umso unsinniger, je weiter die Ergebnisse streuen. Im Beispiel besteht bei Alternative 3 immerhin bei drei möglichen Umweltzuständen die Chance auf ein sehr gutes Ergebnis von 90 und mehr. Trotzdem geht in die Bewertung nur das Ergebnis -25 ein.

Beim obigen Beispiel wurde davon ausgegangen, dass die Zahlen in der Matrix den Nutzen der Alternativen darstellen, d. h. eine höhere Zahl ist besser als eine niedrigere. Dann sucht man das maximale Minimum des Nutzens: Maximin! Man kann auch eine Schadensmatrix aufstellen. Dann repräsentiert eine höhere Zahl einen höheren Schaden und man sucht das Minimum des maximalen Schadens: **Minimax**! Auch in diesem Fall wäre die Alternative 1 die beste, denn bei a_1 beträgt der maximale Schaden 50, bei a_2 120 und bei a_3 110.

Eine solche extrem risikoscheue Entscheidung kann sinnvoll sein, wenn die möglichen Schäden sehr gravierend und irreversibel sind. Bei der Suche nach einem möglichen Endlager für Atommüll sollte man bspw. die Alternative wählen, die auch bei denkbar ungünstigen Umweltentwicklungen (bspw. Erdbeben) noch zu vergleichsweise geringen Schäden führt.

Ganz anders geht der Entscheider bei der **Maximax-Regel** vor.

Bei dieser Entscheidungsregel bestimmt man das beste Ergebnis für jede Alternative, das Maximum, und wählt dann die Alternative mit dem höchsten Maximum, hier also $\mathbf{a_2}$.

Ziel					
	u_1	u_2	u_3	u_4	Maximum
a_1	50	20	40	50	50
a_2	5	5	5	120	***120***
a_3	-25	90	100	110	110

Der Entscheider ist in diesem Fall extrem risikofreudig bzw. optimistisch, da er grundsätzlich vom besten möglichen Zustand ausgeht. Auch bei dieser Regel wird nur ein Ergebnis für die Bewertung der Alternativen benutzt, nämlich das beste Ergebnis. Bei einer Schadensmatrix drückt sich der Optimismus in der Minimin-Regel aus, d. h. man unterstellt immer den minimalen Schaden.

Dass jemand diese Entscheidungsregel anwendet, ist unrealistischer als die Anwendung der Maximin-Regel, da die meisten Menschen eher risikoscheu als risikofreudig sind. Man könnte sich vorstellen, dass jemand, der an der Börse „zockt", nach dieser Regel vorgeht und hohe Risiken eingeht, um hohe Gewinne einfahren zu können. Forschungsergebnisse von Psychologen und Neurowissenschaftlern belegen, dass unter den Börsenhändlern besonders viele zu extremer Risikofreude neigen.

Sich nur an einem Ergebnis zu orientieren, kann besonders dann zu falschen Entscheidungen führen, wenn die Ergebnisse stark streuen.

Beispiel

	Ziel				
	u_1	u_2	u_3	u_4	Minimum
a_1	1.000	1	2.000	5.000	1
a_2	2	1,5	3	2	1,5

Nach der Maximin-Regel ist Alternative 2 besser, weil das Minimum um 0,5 höher ist als bei Alternative 1. Gerade bei einem Unternehmer kann man sich kaum vorstellen, dass er sich die Chance auf die deutlich höheren Nutzwerte bei der Alternative 1 entgehen lässt.

4.3 Hurwicz-Regel

Bei dieser Regel werden die Minimax-Regel und die Maximax-Regel kombiniert. Es wird ein sog. Optimismusparameter λ (Lambda) eingeführt, der zwischen 0 und 1 liegt.

Das Maximum der Alternative wird mit λ und das Minimum mit (1 – λ) multipliziert und die Werte dann addiert. Daraus ergibt sich ein Präferenzwert Phi.

$\Phi\ (a_i) = \lambda \text{ x } \mathrm{Max}_j(e_{ij}) + (1 - \lambda) \text{ x } \mathrm{Min}_j(e_{ij})$

Der Optimismusparameter spiegelt, wie der Name schon sagt, den Optimismus des Entscheidungsträgers wider. Ist $\lambda = 1$, dann ist der Entscheider sehr optimistisch und richtet sich nur am maximalen Ergebnis aus. Das entspricht der Maximax-Regel. Ist $\lambda = 0$, ist er absolut pessimistisch und richtet sich nur am Minimum aus. Das entspricht der Maximin-Regel. Mit Werten zwischen 0 und 1 kann man sowohl das schlechteste als auch das beste Ergebnis einfließen lassen und eine „normale" Risikopräferenz zum Ausdruck bringen, die weder extrem optimistisch noch extrem pessimistisch ist. Je näher λ bei 1 liegt, desto optimistischer ist der Entscheider.

Beispiel: $\lambda = 0{,}3$; optimale Alternative ist $\mathbf{a_2}$.

Ziel							
	u_1	u_2	u_3	u_4	Max	Min	Φa_i
a_1	50	20	40	50	50	20	0,3 x 50 + 0,7 x 20 = 29
a_2	5	5	5	120	120	5	0,3 x 120 + 0,7 x 5 = ***39,5***
a_3	-25	90	100	110	110	-25	0,3 x 110 + 0,7 x (-25) = 15,5

Bei dieser Regel werden immerhin schon zwei Werte pro Alternative berücksichtigt, aber da nur die Extremwerte berücksichtigt werden, kann auch diese Regel zu falschen Entscheidungen führen. Dazu wieder ein Extrembeispiel:

Ziel							
	u_1	u_2	u_3	u_4	Max	Min	Φa_i
a_1	1	0	0	0	1	0	0,3 x 1 + 0,7 x 0 = 0,3
a_2	0	1	1	1	1	0	0,3 x 1 + 0,7 x 0 = 0,3

Nach der Berechnung sind Alternative 1 und 2 gleichwertig, und zwar für jedes beliebige λ. Dabei würde wohl jeder Entscheider sagen, dass a_2 besser ist als a_1, weil die zweite Alternative in drei von vier Fällen überlegen ist.

4.4 Savage-Niehans-Regel

Diese Regel wird auch als „Regel des kleinsten Bedauerns" bezeichnet.

Zunächst muss eine „Matrix des Bedauerns" aufgestellt werden. Dazu bestimmt man zunächst für jeden möglichen Umweltzustand die Maximalwerte, die bei der Wahl der richtigen Alternative bestenfalls möglich wären. Das ist das maximale Ergebnis pro Spalte (wenn Umweltzustand 1 eintritt, dann hätte ich am besten Alternative 1 gewählt, wenn Umweltzustand 2 eintritt, dann hätte ich am besten Alternative 3 gewählt usw.). Die Spaltenmaxima sind in der Matrix fett markiert.

Ziel				
	u_1	u_2	u_3	u_4
a_1	**50**	20	40	50
a_2	5	5	5	**120**
a_3	-25	**90**	**100**	110

Daraus ergibt sich die Bedauernsmatrix, indem von dem Spaltenmaximum das jeweilige Ergebnis e_{ij} abgezogen wird. Für die erste Spalte ist die Rechenweise dargestellt, in den anderen Spalten stehen die entsprechenden Ergebnisse.

Ziel				
	u_1	u_2	u_3	u_4
a_1	50 – 50 = 0	70	60	70
a_2	50 – 5 = 45	85	95	0
a_3	50 – (-25) = 75	0	0	10

Als „Bedauernsmatrix" kann man das bezeichnen, weil der Entscheider misst, was ihm entgeht, wenn er beim Eintritt eines Umweltzustandes nicht die Alternative gewählt hat, die in diesem Fall die beste gewesen wäre. Hat er bspw. a_1 gewählt und dann tritt Umweltzustand 4 ein, dann erzielt er nur einen Nutzwert von 50. Bei der Wahl von a_2 hätte er aber 120 bekommen können. Er beklagt sozusagen einen „Verlust" von 70 durch seine falsche Entscheidung. Man bezeichnet das auch als Opportunitätskosten oder Nutzenentgang.

Dann bestimmt man das Zeilenmaximum, also das maximale Bedauern bei einer Alternative und wählt die Alternative, bei der das Maximum minimal ist.

Ziel					
	u_1	u_2	u_3	u_4	Maximum
a_1	0	70	60	70	***70***
a_2	45	85	95	0	95
a_3	75	0	0	10	75

In diesem Fall würde der Entscheider also Alternative 1 nehmen, weil er bei der Wahl dieser Alternative auch im ungünstigsten Fall einen geringeren Nutzenentgang durch eine Fehlentscheidung hat, als bei den Alternativen 2 und 3.

Auch in diesem Fall verwendet man nicht alle Informationen für die Bewertung, sondern wieder nur Maximalwerte. Außerdem ist der Entscheider wiederum sehr pessimistisch, weil er den schlechtesten möglichen Fall zum Maßstab seiner Entscheidung macht. Eine Entscheidung nach diesem Kriterium kann trotzdem aus der Sicht eines Managers rational sein, wenn er für Fehlentscheidungen verantwortlich gemacht wird. Das legt ein „defensives" Entscheiden nahe.

4.5 Laplace-Kriterium

Bei den bisher besprochenen Entscheidungsregeln wurde kritisiert, dass nur die Maximalwerte in die Entscheidung eingehen. Das gilt bei einer Entscheidung nach dem Laplace-Kriterium nicht. Bei dieser Entscheidungsregel bildet man den Durchschnitt der Ergebnisse für alle Umweltzustände. Der Entscheider unterstellt, dass das Eintreten aller Umweltzustände gleich wahrscheinlich ist, gewichtet sie quasi jeweils mit 0,25 bei 4 möglichen Zuständen.

Ziel					
	u_1	u_2	u_3	u_4	Φa_i
a_1	50	20	40	50	(50 + 20 + 40 + 50) : 4 = 40
a_2	5	5	5	120	(5 + 5 + 5 + 120) : 4 = 33,75
a_3	-25	90	100	110	(-25 + 90 + 100 + 110) : 4 = ***68,75***

Bei dieser Vorgehensweise erscheint **Alternative 3** als die beste.

Das Laplace-Kriterium entspricht der Berechnung des Erwartungswertes bei Risikosituationen. Es drückt Risikoneutralität aus. D. h. es darf dem Entscheider nichts ausmachen, dass bei Wahl der Alternative 3 im ungünstigsten Fall ein Verlust von 25 eintritt, wenn nur im Durchschnitt das Ergebnis am besten ist.

Man kann sich fragen, ob tatsächlich alle Umweltzustände gleich wahrscheinlich sind, oder ob man nicht doch Schätzungen abgeben kann, was vermutlich eher eintreten wird. Damit würde die Entscheidungssituation in eine Entscheidung bei Risiko überführt, was im nächsten Kapitel behandelt wird.

4.6 Die Risikopräferenz des Entscheiders

Die Entscheidungen sind je nach Regel unterschiedlich ausgefallen.

Entscheidungsregel	optimale Alternative
Maximin!	a_1
Maximax!	a_2
Hurwicz (mit $\lambda = 0{,}3$)	a_2
Savage-Niehans	a_1
Laplace	a_3

Wenn bei verschiedenen Regeln verschiedene Alternativen optimal sind, heißt das dann, dass die Regeln Unsinn sind?

Nein, denn die unterschiedlichen Ergebnisse drücken die unterschiedliche Risikopräferenz des Entscheiders aus. Es ist für einen risikoscheuen Entscheider rational, vom schlechtesten Ergebnis auszugehen und für einen risikofreudigen Entscheider rational, vom besten Ergebnis auszugehen. Der Entscheider kann nicht nur wollen und erwarten, was er will, er kann auch gegenüber dem Risiko eingestellt sein, wie er will.

Auch in diesem Punkt zeigt sich wieder, dass die „Rationalität" der Entscheidung nur eine subjektive Formalrationalität ist, denn man kann sich durchaus vorstellen, dass die Risikopräferenz eines Entscheiders „objektiv" als unvernünftig kritisiert werden kann. Die extreme Risikofreude vieler Börsenhändler wird von dem Neurowissenschaftler *John Coates* als geradezu „wahnwitzig" bezeichnet und als eine der Hauptursachen der Finanzkrise angesehen (vgl. [Hour]). Justiziabel wird das Eingehen extremer Risiken sogar, wenn andere Menschen gefährdet werden. Der erwünschte „Adrenalinkick" rechtfertigt bspw. kein Autorennen auf einer öffentlichen Straße, auch wenn die Beteiligten persönlich bereit sind, das Risiko einzugehen. Bei einem Unternehmer scheint aber auch eine extreme Risikoscheu wenig sinnvoll, denn das Unternehmertum ist immer mit einem gewissen Risiko verbunden. Häufig sind die höheren Gewinnchancen bei einer Aktion auch mit höheren Risiken verbunden. Ein Kritikpunkt an fast allen Regeln bezieht sich daher auf die ausschließliche Verwendung von Extremwerten. Bei der Minimax-, der Maximax- und der Hurwicz-Regel kann es dadurch sogar passieren, dass eine Alternative als optimal gilt, obwohl sie von einer anderen dominiert wird. Das geschieht, wenn die Minima bzw. Maxima bei zwei

Alternativen gleich sind, aber bei einer Alternative mindestens einer der nicht berücksichtigten Werte besser ist. Nach der Minimax-Regel wären bspw. bei folgender Entscheidungsmatrix Alternative 1 und Alternative 3 gleich zu bewerten, obwohl Alternative 1 eindeutig ineffizient ist und von Alternative 3 dominiert wird.

Ziel					
	u_1	u_2	u_3	u_4	Minimum
a_1	40	80	50	60	40
a_2	10	10	10	140	10
a_3	40	100	120	130	40

Die Laplace-Regel bezieht alle Werte ein und vermeidet somit zumindest die Beschränkung auf Extremwerte. Allerdings setzt sie die Risikoneutralität des Entscheiders voraus.

Der größte Gewinn an Entscheidungsrationalität liegt im Grunde schon im Aufstellen der Entscheidungsmatrix. Der Entscheider macht sich bei der Modellierung Gedanken darüber, welche Umweltzustände einen wesentlichen Einfluss auf die Zielerträge haben könnten. Er schätzt die Bandbreite der möglichen Ergebnisse ab. Und er überdenkt seine persönliche Einstellung zum Risiko. Am besten könnte er seine persönliche Risikopräferenz in die Entscheidung einfließen lassen, wenn er Genaueres über die Wahrscheinlichkeiten für den Eintritt bestimmter Umweltzustände wüsste. Es wird daher empfohlen, sich – mit angemessenem Aufwand – zusätzliche Informationen über die Eintrittswahrscheinlichkeiten der Umweltzustände zu beschaffen. Dann kann man nämlich zu Entscheidungsregeln bei Risiko übergehen.

5 Entscheidungen bei Risiko

„Aber an irgendeinem Punkt muss man den Sprung ins Ungewisse wagen. Erstens, weil selbst die richtige Entscheidung falsch ist, wenn sie zu spät erfolgt. Zweitens, weil es in den meisten Fällen so etwas wie Gewissheit gar nicht gibt."

Lee Lacocca, amerikanischer Topmanager

Wenn die typischen Eigenschaften eines Unternehmers genannt werden sollen, fallen fast immer Begriffe wie „wagemutig", „innovativ", „risikobereit". Als Funktionen des Unternehmertums gelten das Durchsetzen von neuen Ideen, die „schöpferische Zerstörung" des Alten und Bewährten, das Erschließen neuer Märkte, das mutige Ergreifen von Chancen. Eine (weit reichende) Entscheidung treffen zu müssen ohne die Ergebnisse genau zu kennen, ist die alltägliche Herausforderung der Führungskräfte im Unternehmen, seien es nun klassische Eigentümerunternehmer oder angestellte Manager. Entscheidungstheoretisch zeigt sich die Unsicherheit im Vorhandensein mehrerer möglicher Umweltzustände und damit auch mehrerer möglicher Ergebnisse für eine Alternative.

Von einer **Entscheidung bei Risiko** spricht man dann, wenn den verschiedenen Umweltzuständen und damit auch den Ergebnissen Eintrittswahrscheinlichkeiten zugeordnet werden können.

Dieser Situation wird für den Unternehmensalltag große Bedeutung zugemessen, weil es zum einen kaum Entscheidungen bei Sicherheit gibt, zum anderen für den Eintritt verschiedener Umweltkonstellationen häufig zumindest subjektive Wahrscheinlichkeitsschätzungen abgegeben werden können. Wie man rational mit einer Risikosituation umgeht, wird nun zum Thema. Als erstes wird das Grundmodell einer Entscheidung bei Risiko präsentiert (5.1). Es folgen Vorschläge, wie man bei einer Risikosituation entscheiden kann (5.2–5.4). Besonders ausführlich wird die Entscheidung nach dem Bernoulli-Prinzip vorgestellt. Das Kapitel schließt mit Überlegungen, welche Probleme die Entscheider mit Risikoentscheidungen haben (5.5).

5.1 Mehrere Umweltzustände, bekannte Eintrittswahrscheinlichkeiten

Das Grundmodell der Entscheidung verändert sich gegenüber dem letzten Kapitel insofern, als nun quantitative Eintrittswahrscheinlichkeiten w für die jeweiligen Umweltzustände angegeben werden können. Diese Eintrittswahrscheinlichkeiten können objektiv sein, bspw. statistisch errechnet, oder auf subjektiven Annahmen beruhen.

Ziele	Z		
Umwelt **Wahrsch.** **Alternativen**	u_1 w_1	u_2 w_2	u_3 w_3
a_1	e_{11}	e_{12}	e_{13}
a_2	e_{21}	e_{22}	e_{23}

Abb. 13: Entscheidungsmatrix bei einem Ziel und Risiko

Teilweise wird die Unterscheidung von objektiven und subjektiven Wahrscheinlichkeiten abgelehnt (vgl. *Eisenführ/Weber/Langer* [Entscheiden] 174ff.), weil letztlich jede Wahrscheinlichkeit eine subjektive Annahme über die Entwicklung der Umwelt ist. Aber es gibt Wahrscheinlichkeiten, die besser durch empirische Befunde gestützt werden als andere. Versicherungen arbeiten bspw. mit umfangreichen langjährigen Statistiken, um die Wahrscheinlichkeit eines Schadensfalles möglichst genau abschätzen zu können. Risiken gut schätzen zu können ist sozusagen ihr Geschäftsmodell. Dass ein Mann, der 1949 geboren wurde, im Jahr 2009 noch eine weitere Lebenserwartung von 22,16 Jahren hat, ist durch amtliche Sterbetafeln statistisch begründet und kann bspw. zur Abschätzung des Barwertes von Leibrenten herangezogen werden. Wenn jemand voraussagt, dass bei dem geplanten Ausflug in zwei Wochen „sicher“ gutes Wetter sein wird, ist die Wahrscheinlichkeitsschätzung dagegen wenig begründet. Natürlich kann der 60-jährige Mann auch vor seinem nächsten Geburtstag an einem Herzinfarkt sterben und der Ausflügler kann mit seiner Prognose Recht behalten. Was im Einzelfall tatsächlich passiert, bleibt unsicher.

Als „objektiv" gelten vor allem Wahrscheinlichkeitsauffassungen, die sich an **relativen Häufigkeiten** orientieren. Das setzt allerdings zum einen voraus, dass man über ausreichendes statistisches Material aus der Vergangenheit verfügt, zum anderen, dass die Verhältnisse sich in der Zukunft nicht grundlegend ändern. Beides ist in unternehmerischen Entscheidungssituationen nicht typisch.

Für Entscheidungen über Innovationen gibt es bspw. kein ausreichendes statistisches Material. Für Neuentwicklungen von Produkten gibt es zwar die ernüchternde Zahl, dass nur eins von vier neuen Produkten am Markt etabliert werden kann. Mit anderen Worten sind drei Viertel der Neuentwicklungen Flops. Wirklich erfolgreich sind sogar weniger als 20 % der neuen Produkte. Zum Zeitpunkt der Neuentwicklung und Markteinführung weiß man aber nichts darüber, ob das in Frage stehende Produkt zu den Erfolgen oder zu den Flops zählen wird. Für dieses Produkt hat man ja noch keine Zahlen. Würde der Unternehmer „objektiv" von einer ca. 80%igen Wahrscheinlichkeit ausgehen, dass ein neues Produkt kein wirklicher Markterfolg wird, würde er wohl kaum noch eine Neuentwicklung wagen. Hinter jeder Neuentwicklung steckt vermutlich die subjektive Überzeugung, dass das eigene Produkt wahrscheinlich ein Erfolg wird.

Und selbst wenn es eine lange Erfahrung mit bestimmten Produkten oder Verfahren oder Menschen gibt, ist niemals sicher, ob die Verhältnisse sich in Zukunft nicht ändern. Auch ein langjähriger treuer Kunde kann zur Konkurrenz wechseln oder insolvent werden und in Zukunft ausfallen. Auch ein florierendes Unternehmen kann durch einen neuen Konkurrenten schnell in eine Schieflage geraten. Wie falsch man mit einer Prognose liegen kann, wird gerne mit der Geschichte eines Truthahns illustriert, der aufgrund seiner bisherigen Erfahrungen ganz sicher ist, dass der Bauer auch am Tag vor Thanksgiving nur gekommen ist, um ihn zu füttern. Nachdem er hundert Tage immer nur gefüttert worden ist, ist rein rechnerisch die Wahrscheinlichkeit, dass etwas anderes geschieht, sehr gering, und trotzdem wird er geschlachtet. Man spricht auch von der „Truthahn-Illusion" (vgl. *Gigerenzer* [Risiko] 55).

Die Abschätzung und Quantifizierung von Wahrscheinlichkeiten hat trotzdem einen Sinn. Sie zwingt den Entscheider, sich Gedanken über mögliche relevante Umweltentwicklungen zu machen und die Bandbreite möglicher Ergebnisse zu prognostizieren. Er muss Argumente für seine Wahrscheinlichkeitsschätzungen nennen. Objektive Daten und die Einschätzung anderer Personen können als Korrektiv wirken. Dabei haben Zahlen den Vorteil, dass sie eindeutiger sind als verbale Beschreibungen. Wenn verschiedene

Personen etwas als „möglich" beschreiben, können sich dahinter subjektive Wahrscheinlichkeiten zwischen 1 % und 80 % verbergen (vgl. *Eisenführ/ Weber/Langer* [Entscheiden] 180). Das gibt Anlass zu Missverständnissen. Und nicht zuletzt kann man mit den quantifizierten Wahrscheinlichkeiten rechnen und so die optimale Entscheidung finden.

Welche Umweltzustände relevant sind, hängt vom Entscheidungsproblem ab. Das Wetter kann bei einem Landwirt der wichtigste Umweltparameter sein, die Wechselkurse sind bei einem Exportgeschäft relevant, die Anzahl der Schadensfälle ist für eine Versicherung von hoher Bedeutung, künftige Absatzmengen gilt es bei der Einführung eines neuen Produktes einzuschätzen usw.

Mit Hilfe eines abstrakten Beispiels sollen nun verschiedene Regeln vorgestellt werden, wie man in einer Risikosituation entscheiden kann. Die Ergebnisse für die Alternativen seien monetäre Größen.

5.2 Bayes-Regel (µ-Prinzip)

Diese Regel ist benannt nach dem englischen Statistiker *Thomas Bayes* (1702–1761).

Beispiel

	U_1 $w_1 = 0{,}3$	U_2 $w_2 = 0{,}5$	U_3 $w_3 = 0{,}2$
a_1	90	110	150
a_2	95	105	120

Man gewichtet das beim Umweltzustand j eintretende Ergebnis e_{ij} mit der Eintrittswahrscheinlichkeit w_j. Die so gewonnenen Produkte werden addiert und so ein Wert für jede Alternative ermittelt, den man Erwartungswert µ (My) nennt:

$\mu = E(a_i) = \sum e_{ij} \times w_j$

Die Alternative mit dem höchsten Erwartungswert wird gewählt, hier also a_1.

	U_1 $w_1 = 0{,}3$	U_2 $w_2 = 0{,}5$	U_3 $w_3 = 0{,}2$	µ
a_1	90	110	150	0,3 x 90 + 0,5 x 110 + 0,2 x 150 = ***112***
a_2	95	105	120	0,3 x 95 + 0,5 x 105 + 0,2 x 120 = 105

Diese Entscheidungsregel hat den Vorteil der Einfachheit. Sie liefert gute Ergebnisse bei Entscheidungen, die häufig anfallen, da nach dem Gesetz der großen Zahl die Ergebnisse sich tatsächlich dem Erwartungswert annähern. Für nicht so wichtige und häufig anfallende Entscheidungen ist die Regel durchaus brauchbar. Sind alle Umweltzustände gleich wahrscheinlich, entspricht sie der Entscheidung nach dem Laplace-Kriterium in einer Situation der Ungewissheit.

Allerdings setzt sie Risikoneutralität des Entscheidungsträgers voraus, denn er interessiert sich überhaupt nicht für die Streuung der Ergebnisse. Immerhin könnte bei der gewählten Alternative 1 bei Eintritt des Umweltzustandes 1 das niedrigste Ergebnis auftreten. Ist der Entscheidungsträger risikoscheu, kommt das bspw. nicht zum Ausdruck. Will man die Risikoeinstellung des Entscheidungsträgers mit berücksichtigen, dann muss man noch die Streuung der Ergebnisse in die Entscheidung einbeziehen. Einem risikoscheuen Entscheider ist eine starke Streuung eher suspekt, er sieht die Möglichkeit schlechter Ergebnisse. Für einen risikofreudigen Entscheider liegen in der Streuung dagegen eher die Chancen auf hohe Ergebnisse. Die Einbeziehung der Streuung wird umso wichtiger, je unterschiedlicher die Ergebnisse bei verschiedenen Umweltzuständen ausfallen. Es könnte ja auch sein, dass bei manchen Umweltzuständen Verluste zu erwarten sind. Damit kommt man zum nächsten Entscheidungsprinzip.

5.3 (μσ)-Prinzip

Die Streuung der Ergebnisse erfasst man über die Standardabweichung σ (Sigma). Diese wird ermittelt, indem man die Abweichungen der Ergebnisse zum Erwartungswert zugrunde legt, diese quadriert, mit den Eintrittswahrscheinlichkeiten gewichtet, die Produkte aufsummiert und die Wurzel zieht. Die Abweichungen zum Erwartungswert werden quadriert, damit sich positive und negative Abweichungen nicht einfach gegeneinander aufheben.

$$\sigma = \sqrt{\sum w_j \left(e_{ij} - \mu_i\right)^2}$$

	U_1 $w_1 =$ 0,3	U_2 $w_2 =$ 0,5	U_3 $w_3 =$ 0,2	μ	$\sum w_j(e_{ij}-\mu_i)^2$	σ
a_1	90	110	150	112	0,3 x 484 + 0,5 x 4 + 0,2 x 1444 = 436	20,88
a_2	95	105	120	105	0,3 x 100 + 0,5 x 0 + 0,2 x 225 = 75	8,66

Wie man die Standardabweichung in die Bewertung einfließen lässt, drückt die Risikopräferenz des Entscheidungsträgers aus.

Geht das σ mit einem negativen Vorzeichen in die Entscheidung ein, dann ist der Entscheidungsträger risikoscheu, denn der Präferenzwert sinkt, wenn die Streuung zunimmt.

Beispiel: Nutzenfunktion = $\mu - 2\sigma$ max!

Die Entscheidung ändert sich und fällt damit zugunsten von a_2 aus, weil die Ergebnisse bei a_2 dichter beieinander liegen, also die Streuung geringer ist. Das beinhaltet weniger Chancen auf hohe Ergebnisse aber auch weniger Risiken für niedrige Ergebnisse.

Geht das σ mit einem positiven Vorzeichen in die Entscheidung ein, dann ist der Entscheider risikofreudig, denn der Präferenzwert steigt bei steigender Streuung. Dann ist wieder a_1 die bessere Wahl.

	U_1 $w_1 = 0{,}3$	U_2 $w_2 = 0{,}5$	U_3 $w_3 = 0{,}2$	μ	σ	$N = \mu - 2\sigma$	$N = \mu + 2\sigma$
a_1	90	110	150	112	20,88	70,24	***153,76***
a_2	95	105	120	105	8,66	***87,68***	122,32

An dieser Entscheidungsregel wird Kritik geübt, weil Alternativen mit gleichem Erwartungswert und gleicher Streuung trotzdem sehr unterschiedlich aussehen können. Die Streuung kann bspw. aus vielen kleineren Abweichungen resultieren oder aus einer sehr großen Abweichung. Das kann man nicht angemessen erfassen. Außerdem kann es bei Anwendung der Regel dazu kommen, dass eine dominante Alternative, also eine, die bei jedem Umweltzustand besser ist, den niedrigeren Präferenzwert bekommt, weil sie die größere Streuung aufweist.

5.4 Bernoulli-Prinzip (Erwartungsnutzentheorie)

Die Entscheidungsregel ist benannt nach dem Mathematiker *Daniel Bernoulli*, der schon 1738 einen Aufsatz veröffentlicht hat, der als Grundlage der heutigen Erwartungsnutzentheorie gilt (vgl. *Kruschwitz/Kruschwitz* [Entwurf]). Auch mit dieser Entscheidungsregel kann die Risikoeinstellung des Entscheiders berücksichtigt werden. Die „expected utility theory" gilt als Inbegriff einer rationalen Entscheidungsweise bei Risiko.

5.4.1 Die Risiko-Nutzen-Funktion (RNF)

Das besondere beim Bernoulli-Prinzip ist, dass man die Ergebnismatrix zunächst in eine Nutzenmatrix überführt. Das ist im Prinzip das gleiche Vorgehen wie bei der multiattributiven Wertfunktion, wo man die unterschiedlichen Zielerträge (beim Autokauf bspw. 8 l Verbrauch, 180 km/h Höchstgeschwindigkeit, 5 Türen usw.) auch zunächst in eine einheitliche Größe, nämlich Werte, umgerechnet hat. Die umgerechneten Ergebnisse nennt man bei Risikoentscheidungen „Nutzen“ oder „Risiko-Nutzen“.

Jedem Ergebnis e_{ij} wird ein Nutzen $n(e_{ij})$ zugeordnet. Dafür benötigt man eine Nutzen-Funktion, die aussagt, bei welchem Ergebnis welcher Nutzen eintritt. Man könnte sich fragen, warum man das überhaupt macht, denn bei einer Zielgröße hat man ja nicht das Problem, dass man verschiedene Maßgrößen auf einen Nenner bringen muss. Bernoulli wollte vor allem auf die Tatsache hinweisen, dass ein bestimmter Betrag an Geld nicht immer den gleichen Nutzen hat, sondern der Nutzen in Relation zur Ausgangssituation bewertet wird. Ein Vermögenszuwachs von einer Million auf zwei Millionen bringt bspw. einen zusätzlichen Nutzen von 20 Nutzenpunkten. Steigt das Vermögen von neun auf zehn Millionen ist der Nutzenzuwachs dagegen nur noch vier Punkte (vgl. *Kahnemann* [Denken] 336f.). In der Ökonomie kennt man das als das Phänomen des abnehmenden Grenznutzens. Allgemein kommt darin zum Ausdruck, dass bestimmte Ergebnisse nicht sozusagen für sich sprechen und einen objektiven Wert haben, sondern durch den Entscheidungsträger und seine Präferenzen bewertet werden. Der Wert, der in die Entscheidung eingeht, ist ein subjektiver, ein psychologischer Wert. In Bernoullis Argumentation spielte im Grunde nur die Höhenpräferenz eine Rolle. Durch den abnehmenden Grenznutzen des Geldes wollte er erklären, warum die meisten Menschen risikoscheu sind und einen sicheren niedrigeren Betrag höher bewerten als den Erwartungswert aus einer Lotterie. Mit der Umrechnung der Ergebnisse in Nutzen kann man allerdings auch seine Risikopräferenz sehr gut zum Ausdruck bringen. Dem einen Entscheider mögen bspw. 1000 € mit 50%iger Wahrscheinlichkeit sehr viel wert sein, weil er optimistisch ist, dem anderen erscheint das gleiche Ergebnis viel weniger wert, weil es ja „nur“ eine Fifty-fifty-Chance ist. Nach dem Motto: Dem Optimisten erscheint das Glas halbvoll, dem Pessimisten halbleer. Durch den Verlauf der Risikonutzenfunktion kann der Entscheider ausdrü cken, ob er eher risikofreudig oder risikoscheu oder risikoneutral ist. Bis heute ist allerdings umstritten, ob durch das Bernoulli-Prinzip lediglich eine Höhenpräferenz zum Ausdruck gebracht wird oder eine kombinierte Höhen- und Risikopräferenz (vgl. *Bamberg/Coenberg/Krapp* [Entscheidungslehre] 99). Hier wird die Auffassung vertreten, dass durch die Bernoulli-Risikonutzen-Funktion Höhen- und Risikopräferenz erfasst werden.

Entschieden wird nach dem Erwartungswert des Nutzens (**Erwartungsnutzentheorie**). Die Nutzwerte werden also mit der Wahrscheinlichkeit ihres Eintretens gewichtet.

$$\Phi(a_i) = \sum n_{ij} \text{ x } w_j$$

Prinzip: Wähle die Alternative mit dem höchsten Erwartungsnutzen!

An einem einfachen Beispiel kann man sich die Wirkung unterschiedlicher Risikopräferenzen klar machen:

	U_1 $w_1 = 0{,}5$	U_2 $w_2 = 0{,}5$
a_1	200	200
a_2	100	300

Welche Alternative zieht man vor?

$a_1 = a_2$; risikoneutral, man orientiert sich am Erwartungswert, der in beiden Fällen gleich ist.

a_1 besser als a_2; risikoscheu, man zieht das sichere Ergebnis vor.

a_2 besser als a_1; risikofreudig, man zieht die Chance von 300 der Sicherheit vor, geht dabei aber auch das Risiko eines schlechteren Ergebnisses ein.

Diese unterschiedliche subjektive Einstellung zum Risiko bringt man über die Risikonutzenfunktion zum Ausdruck.

Die Risikonutzenfunktion, ab jetzt einfach „Nutzenfunktion“, muss zuerst einmal ermittelt werden, genauso wie die Wertfunktion bei der Entscheidungssituation mit mehreren Zielen. Niemand kann auf Anhieb sagen: Meine Nutzenfunktion ist $300e_{ij} - e_{ij}^2$. Das Ermitteln der Nutzenfunktion ist aufwendig und geschieht durch die sog. **Bernoulli-Befragung**.

5.4.2 Ermittlung der RNF durch die Bernoulli-Befragung

Es gibt verschiedene Methoden dieser Befragung, die aber auf gemeinsamen Grundüberlegungen beruhen, die an die Trade-off-Methode bei der Bestimmung der Wertfunktion erinnern. Der Entscheidungsträger muss sagen, wann er indifferent ist zwischen einem sicheren Betrag und den Chancen aus einer Lotterie. Er hat also zwei Alternativen: a_1 (Auszahlung eines sicheren Betrages) und a_2 (eine Lotterie mit der Chance einen höheren Betrag als den sicheren zu bekommen und der Gefahr, weniger zu bekommen als den sicheren Betrag).

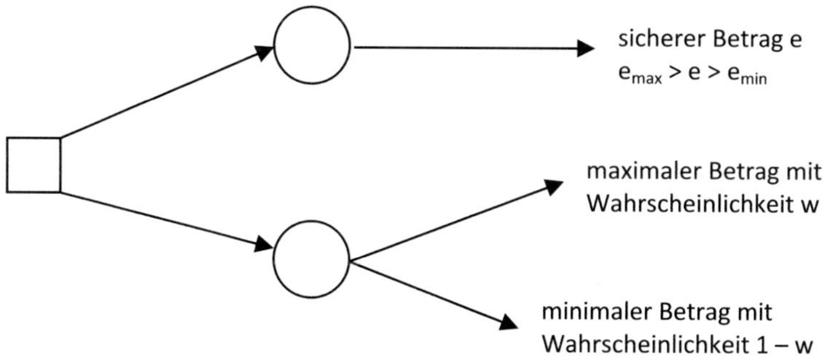

Abb. 14: Prinzip der Bernoulli-Befragung

Die riskante Alternative a_2 nennt man **Basis-Referenz-Lotterie** (BRL).

Der sichere Betrag, der für den Entscheidungsträger den gleichen Nutzen hat wie die Basis-Referenz-Lotterie nennt man **Sicherheitsäquivalent** (SÄ).

Im Falle der Indifferenz zwischen a_1 und a_2 gilt:

Erwartungsnutzen (EN) der Basis-Referenz-Lotterie = Nutzen des Sicherheitsäquivalents

$$EN(BRL) = w \times n(e_{max}) + (1 - w) \times n(e_{min}) = n(SÄ)$$

Der Nutzen für e_{min} sei 0, der Nutzen für e_{max} sei 1. Dann gilt:

$$EN(BRL) = w = n(SÄ)$$

Es gibt also vier relevante Größen: Die Wahrscheinlichkeit w, die beiden Ergebnisse e_{max} und e_{min} sowie das Sicherheitsäquivalent. Die Methoden zur Ermittlung der Nutzenfunktion unterscheiden sich danach, welche dieser vier Größen gegeben sind und nach welchen gefragt wird. Es kann bspw. **die Lotterie vorgegeben** sein und nach dem Sicherheitsäquivalent gefragt werden.

Beispiel
Welchen sicheren Betrag würden Sie einer Lotterie gleichstellen, bei der Sie mit 40%iger Wahrscheinlichkeit 1000 € bekommen und mit 60%iger Wahrscheinlichkeit nichts?

Diese Art von Frage beantwortet im Grunde jeder Lottospieler, wenn er einen sicheren Betrag, nämlich den Einsatz, investiert, um damit die Chance auf einen hohen Gewinn zu erkaufen. Da beim Lotto die Chance auf einen hohen Gewinn verschwindend gering ist, zeugt selbst ein kleiner Einsatz von Risikofreude.

Oder man **gibt das Sicherheitsäquivalent vor** und fragt nach der Wahrscheinlichkeit, bei welcher die Lotterie als gleichwertig mit dem Sicherheitsäquivalent empfunden wird.

> **Beispiel**
> Wie hoch muss die Wahrscheinlichkeit für einen Betrag von 1000 € bzw. einen Betrag von 0 € sein, damit Sie 400 € für diese Lotterie einsetzen würden?

Diese letzte Methode, die **Methode variabler Wahrscheinlichkeiten**, wollen wir uns an einem Beispiel klar machen.

[1] Schritt: Man bestimmt zwei Ergebniswerte, einen maximalen emax und einen minimalen emin. Diesen Ergebnissen ordnet man Nutzen zu.

emax = 1000n(1000) = 1
emin = 0 n(0) = 0

[2] Der Entscheider wird vor hypothetische Wahlakte gestellt zwischen einem sicheren Einkommen SÄ und einer Lotterie, in welcher er mit Wahrscheinlichkeit w den maximalen Betrag und mit Wahrscheinlichkeit (1 – w) den minimalen Betrag erhält.

SÄ = 400; also a_1 lautet: ein sicheres Einkommen von 400 €
w = 0,5; also a_2 lautet: 1000 € mit 50%iger Wahrscheinlichkeit und 0 € mit 50%iger Wahrscheinlichkeit

[3] Der Entscheider wählt im ersten Durchgang a_1, sagt also, dass ihm 400 € sicher mehr wert sind als die Fifty-fifty-Chance auf 1000 €.
Man variiert die Wahrscheinlichkeit und bietet jetzt als Alternative a_2 eine Lotterie an, bei der w = 0,6 ist, also die Wahrscheinlichkeit auf 1000 € Einkommen 60 % beträgt und die Gefahr von 0 € Einkommen nur noch 40 %.
Der Entscheider wählt in diesem Fall a_2, entscheidet sich also für die Lotterie.
Da man die Wahrscheinlichkeit sucht, bei der der Entscheider indifferent wird, wählt man im nächsten Durchgang eine Wahrscheinlichkeit zwischen 50 und 60 %, bspw. 55 %. Die Lotterie a_2 lautet also dann 1000 € mit 55%iger Wahrscheinlichkeit und 0 € mit 45%iger Wahrscheinlichkeit.

[4] Die Wahrscheinlichkeit wird solange variiert, bis der Entscheider sagt, dass ihm a_1 und a_2 gleichwertig erscheinen, dass ihm also die Lotterie genauso viel wert ist wie das Sicherheitsäquivalent von 400, bspw. bei w = 0,58. Nach dem oben dargestellten Grundzusammenhang

$$EN(BRL) = w = n(SÄ)$$

entspricht dieses w genau dem Nutzen des Sicherheitsäquivalents. Damit hat man einen ersten Wert für die gesuchte Nutzenfunktion: Ein Ergebnis von 400 hat einen Nutzen von 0,58.

[5] Auf diese Weise kann man für mehrere Sicherheitsäquivalente die zugehörigen Nutzen ermitteln und dann eine Risiko-Nutzen-Funktion zeichnen.

Kann man an dem einen Wert schon erkennen, welche Risikopräferenz der Entscheider hat?

Ja, das kann man, indem man sich anschaut, ob sein Sicherheitsäquivalent über oder unter dem Erwartungswert der Lotterie liegt.

Im ersten Schritt hatte man den Entscheider gefragt, ob er lieber 400 € sicher oder eine 50%ige Chance auf 1000 € hat. Der Erwartungswert der ersten Lotterie liegt bei 500.

$$0{,}5 \times 1000 + 0{,}5 \times 0 = 500$$

Der Entscheider nimmt lieber 400 € sicher, geht also unter den Erwartungswert der Lotterie. Damit ist er risikoscheu.

Die Differenz zwischen dem Erwartungswert 500 und dem Sicherheitsäquivalent 400 nennt man **Risikoprämie**. Er „zahlt“ quasi 100 € dafür, auf Nummer sicher zu gehen.

Ein risikofreudiger Entscheider würde dagegen erst bei einem höheren Sicherheitsäquivalent auf die Chance aus der Lotterie verzichten, bspw. bei 600. Bei ihm wäre die Risikoprämie somit negativ.

Ein risikoneutraler Entscheider wählt als Sicherheitsäquivalent genau den Erwartungswert der Lotterie, hier also 500. Die Risikoprämie wäre dann Null.

5.4.3 Verschiedene Risiko-Nutzen-Funktionen

Die Risikopräferenz des Entscheiders lässt sich auch an der Form der Risiko-Nutzen-Funktion ablesen.

Lineare Nutzenfunktion

Sie spiegelt einen risikoneutralen Entscheider wider.

Das Sicherheitsäquivalent entspricht genau dem Erwartungswert der Lotterie.

Bei der Lotterie von 1000 € mit w = 0,5 und 0 € mit w = 0,5 ist SÄ = 500

Bei der Lotterie von 1000 € mit w = 0,6 und 0 € mit w = 0,4 ist SÄ = 600

Bei der Lotterie von 1000 € mit w = 0,3 und 0 € mit w = 0,7 ist SÄ = 300

Für die Funktion habe ich damit 5 Punkte, wobei der linke Wert das Ergebnis darstellt und der rechte Wert den zugehörigen Nutzen:

1000, 1 - 600, 0,6 - 500, 0,5 - 300, 0,3 - 0, 0

Wenn diese Risikonutzenfunktion bekannt ist, kann man nun auch für andere Werte ablesen, wie sich der Entscheider verhalten würde. Der Entscheider würde bspw. für 100 € auf eine Lotterie verzichten, bei der er 200 € oder 0 € mit einer Fifty-fifty-Chance gewinnen kann.

Konvexe Nutzenfunktion (N rf)

Diese Funktion spiegelt einen risikofreudigen Entscheider wider.

Das Sicherheitsäquivalent ist höher als der Erwartungswert, d. h. der Entscheider ist erst dann bereit auf die Chance aus der Lotterie zu verzichten, wenn er dafür einen sicheren Betrag bekommt, der über dem Erwartungswert liegt. Die Risikoprämie, also der Erwartungswert minus Sicherheitsäquivalent, ist negativ.

Der Entscheider wäre z. B. erst bereit, für 120 € auf eine Lotterie zu verzichten, bei der er mit einer Fifty-fifty-Chance 200 € gewinnen kann oder nichts bekommt. Im Unternehmen könnte das bspw. eine Entscheidung für eine Investition sein, bei welcher der Erwartungswert der Rückflüsse geringer ist als die Investitionssumme, aber auch hohe Rückflüsse möglich sind.

Konkave Nutzenfunktion (N rs)

Diese Funktion spiegelt einen risikoscheuen Entscheider wider.

Das Sicherheitsäquivalent ist niedriger als der Erwartungswert, d. h. der Entscheider ist auch dann bereit, auf die Chance durch die Lotterie zu verzichten, wenn er dafür einen sicheren Betrag bekommt, der unter dem Erwartungswert der Lotterie liegt. Die Risikoprämie ist positiv.

Der Entscheider wäre z. B. schon bereit, für 80 € auf eine Lotterie zu verzichten, bei der er mit einer Fifty-fifty-Chance 200 € gewinnen kann oder nichts bekommt.

Übertragen auf eine konkrete Entscheidungssituation würde ein solcher Entscheider bspw. lieber Beamter werden mit 2500 € jeden Monat als sicheres Einkommen als Unternehmer mit der Chance auf 5000 € monatlich aber auch der Gefahr eines Konkurses.

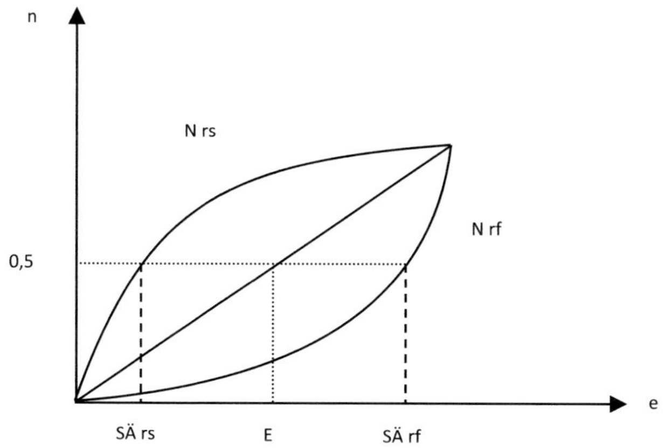

Abb. 15: Risikonutzenfunktionen für risikoneutrale, risikoscheue und risikofreudige Entscheider

5.4.4 Beispiel

Der Eigentümer eines Vergnügungsparks überlegt, ob er in eine Wasserrutsche investieren soll oder in eine Geisterbahn (Alternativen). Sein Ziel ist Gewinnmaximierung. Entscheidende Umweltinformation ist das Wetter in der Saison von Mai bis Oktober, denn bei nasskaltem Wetter wäre die Wasserrutsche für die Besucher uninteressant, ein Besuch der Geisterbahn als In-door-Aktivität jedoch attraktiv. Bei großer Hitze wäre dagegen die Wasserrutsche optimal, auch um Ausflügler anzuziehen, die sonst Schwimmbäder und Badeseen vorziehen würden. Bei durchwachsenem Wetter kann die Wasserrutsche nur an wenigen Tagen genutzt werden. Aus den Erfahrungen der letzten Jahre und Informationen von einem Wetterdienst schätzt er Wahrscheinlichkeiten für den Eintritt eines Umweltzustandes. Ebenfalls aus Erfahrung kann er die Besucherzahlen, Umsätze, Kosten und damit schließlich die Gewinne für jede Alternative bei jedem Umweltzustand vorhersagen. Er stellt folgende Ergebnismatrix auf:

Wetter / Alternativen	heiß/trocken w = 0,2	durchwachsen w = 0,6	nass/kalt w = 0,2
Wasserrutsche	5625	625	0
Geisterbahn	400	2500	4225

Er besitzt die Risiko-Nutzen-Funktion $RNF(e_{ij}) = \sqrt{e_{ij}}$

Damit ergibt sich folgende Nutzenmatrix:

Wetter / Alternativen	heiß/trocken w = 0,2	durchwachsen w = 0,6	nass/kalt w = 0,2
Wasserrutsche	75	25	0
Geisterbahn	20	50	65

Daraus errechnet sich der Erwartungsnutzen:

Wasserrutsche: $E(Ne_{ij}) = 0{,}2 \times 75 + 0{,}6 \times 25 + 0{,}2 \times 0 = 30$

Geisterbahn: $E(Ne_{ij}) = 0{,}2 \times 20 + 0{,}6 \times 50 + 0{,}2 \times 65 = 47$

Der Unternehmer wählt die Geisterbahn.

Sein Sicherheitsäquivalent ist der sichere Betrag, der ihm den gleichen Nutzen bringt wie die Geisterbahn, also 47. Gesucht ist also der Betrag, der eingesetzt in die Risikonutzenfunktion genau 47 ergibt:

$RNF(SÄ) = 47$

$\sqrt{SÄ} = 47$

$SÄ = 2209$

Da dieser Wert unter dem Erwartungswert der Investition in die Geisterbahn liegt ($0{,}2 \times 400 + 0{,}6 \times 2500 + 0{,}2 \times 4225 = 2425$), ist er risikoscheu.

Die Risikoprämie beträgt 2425 – 2209 = 216.

Die Nutzenfunktion ist konkav.

5.5 Probleme bei Risikoentscheidungen

5.5.1 Schwierige Schätzung von Wahrscheinlichkeiten

Wie kommt man überhaupt zu den Aussagen über die Wahrscheinlichkeit eines bestimmten Umweltzustandes? Gibt es überhaupt eine objektive Wahrscheinlichkeit? Das ist umstritten.

Am ehesten kann man von einer objektiven Wahrscheinlichkeit reden, wenn die Wahrscheinlichkeit eines bestimmten Ereignisses bewusst konstruiert wird. Man spricht auch von einer **designabhängigen oder symmetrieabhängigen Wahrscheinlichkeit** (vgl. *Gigerenzer* [Risiko] 40; *Eisenführ/Weber/Langer* [Entscheiden] 177f.). Das klassische Beispiel ist der Würfel. Wenn er nicht gezinkt ist, dann sollte jede Zahl mit der Wahrscheinlichkeit 1/6 fallen. Auch für Lottoziehungen oder das Roulette lassen sich solche designabhängigen objektiven Wahrscheinlichkeiten berechnen. Für reale Unternehmensentscheidungen spielt diese Art der Wahrscheinlichkeitsbestimmung keine Rolle.

Die zweite Art der Bestimmung von Wahrscheinlichkeiten orientiert sich an **relativen Häufigkeiten** (vgl. *Gigerenzer* [Risiko] 39; *Eisenführ/Weber/Langer* [Entscheiden] 176f.). Wenn in der Vergangenheit in einem Einzelhandelsgeschäft für Modeschmuck bspw. immer ca. 10 % des Umsatzes durch Ladendiebstahl verloren gingen, dann schätzt man die Wahrscheinlichkeit für das nächste Jahr auch wieder auf 10 % ein. Auch diese Art der Wahrscheinlichkeitsschätzung gilt noch als relativ objektiv. Allerdings funktioniert sie nur unter zwei Bedingungen: Es gibt ausreichendes statistisches Material aus der Vergangenheit und die Verhältnisse ändern sich in der Zukunft nicht. Bei der hohen Rate an Diebstählen könnte das Unternehmen bspw. in eine elektronische Warensicherung investieren oder die Mitarbeiter besser schulen. Damit sind die Verhältnisse nicht mehr identisch. Und wann ist das statistische Material ausreichend? Kann man schon nach zwei Jahren ohne weiteres auf das dritte Jahr schließen? Gerade für Entscheidungen über Innovationen, die mit hoher Unsicherheit einhergehen, kann man nicht ohne weiteres auf relative Häufigkeit zurückgreifen. Wenn der Einzelhändler bspw. abschätzen will, was ein elektronisches Sicherungssystem für ihn bringt und ob es sich rentiert, dann kann er nicht auf eigene Erfahrungswerte zurückgreifen. Die Erfahrungen anderer sind aber auch nicht ohne weiteres übertragbar. Und manche Erfahrungen möchte man ja gerade durch die richtigen Entscheidungen vermeiden. Man raucht bspw. nicht, um keinen Lungenkrebs zu bekommen, obwohl man gar nicht wissen kann, ob man selbst Lungenkrebs bekommen würde. Die relativen Häufigkeiten der Statistik orientieren sich ja an einem fiktiven Durchschnittsmenschen, von dem jedes Individuum in bestimmten Aspekten abweicht.

Als dritte Art der Wahrscheinlichkeitsschätzung gibt es die **persönliche Überzeugung** (vgl. *Gigerenzer* [Risiko] 40f.; *Eisenführ/Weber/Langer* [Entscheiden] 175f., 178ff.). Diese Art der Wahrscheinlichkeitsschätzung ist eindeutig subjektiv. Sie ist deshalb aber nicht willkürlich, sondern kann besser oder schlechter sein, je nach dem Wissensstand der Person. Einem Professor für Politik traut man eher eine seriöse Schätzung zu, wie die nächste Wahl ausgehen wird, als einer beliebigen Person von der Straße. Einer erfahrenen Psychologin traut man eher zu, die Rückfallgefahr eines Straftäters zu beurteilen. In allen Fällen, in denen die Wahrscheinlichkeitsschätzung sich auf einen Einzelfall oder eine einmalige Konstellation von Daten bezieht, ist nur diese Art der Wahrscheinlichkeitsschätzung möglich. Bei realen Unternehmensentscheidungen spielen subjektive Wahrscheinlichkeiten eine große Rolle. Die Qualität der Schätzung macht man an der Person des Schätzenden und an der Prozedur des Schätzens fest. Bei einer seriösen Schätzung sollte der Experte seine Aussage nachvollziehbar begründen können, bspw. durch eine Auflistung aller Pro- und Contra-Argumente. Die Unsicherheit der Schätzung kann durch unterschiedliche Szenarien dargestellt werden, die den besten, den schlechtesten und den wahrscheinlichsten Fall abbilden. Implizit spielen die relativen Häufigkeiten auch hier wieder eine Rolle, nämlich indem man die Erfahrung des Schätzenden als Qualitätsmerkmal heranzieht. „Erfahrung" bedeutet ja, dass man „Vergleichbares" schon erlebt hat. Die Erfahrung geht aber über eine statistische Häufigkeit hinaus und fügt ein schwer fassbares, teils unbewusstes Wissen hinzu.

5.5.2 Schwierige Quantifizierung von Wahrscheinlichkeiten

Subjektive Wahrscheinlichkeitsschätzungen liegen oft zunächst in verbaler Form vor. Etwas wird bspw. als „denkbar", „möglich", „zu erwarten", „vermutlich", „wahrscheinlich", „fast sicher" usw. eingestuft. Was das konkret bedeutet, wird erst deutlich, wenn es in Zahlen ausgedrückt wird. Zahlen sind intersubjektiv eindeutig, und mit Zahlen kann man rechnen. Aber der Weg von der verbalen Beschreibung bis zur Zahl ist gar nicht so leicht. Verbale Beschreibungen sind „weicher" und dehnbarer und geben die empfundene Unsicherheit insofern besser wieder als eine konkrete Zahl. Die Vagheit kann auch gewollt sein, weil man sich gar nicht gerne festlegen will. Denn mit einer konkreten Zahl kann man auch eindeutiger falsch liegen. Schließlich sind die wenigsten Menschen im Umgang mit Wahrscheinlichkeiten geübt und können souverän damit umgehen. Wenn es im Wetterbericht bspw. heißt, dass die Regenwahrscheinlichkeit für morgen 30 % beträgt, dann fassen das manche so auf, dass es höchstwahrscheinlich 30 % des Tages regnet, andere meinen, dass es in 30 % der Region regnet, für die die Vorhersage gilt, wieder andere, dass es morgen sehr wahrscheinlich nicht regnen wird (vgl. *Gigerenzer* [Risiko] 13f.). Gemeint ist letzteres, nämlich dass die Chance, dass es morgen trocken bleibt, bei 70 % liegt. Jemand, der die 30%ige Regenwahrscheinlichkeit anders auffasst, geht von einem viel höheren Regenrisiko aus.

Wahrscheinlichkeitsaussagen in quantitativer Form müssen den Befragten „entlockt“ werden, wobei es verschiedene Methoden gibt (vgl. *Eisenführ/ Weber/ Langer* [Entscheiden] 187ff.).

- Direkte Wahrscheinlichkeitsabfrage: wie hoch schätzen Sie die Wahrscheinlichkeit einer Nachfragemenge von 10.000 bis 11.000 t, von 11.000 bis 12.000 t und von über 12.000 t?
- Direkte Wertabfrage: Welche Nachfragemenge werden wir nur mit einer Wahrscheinlichkeit von 10 % überschreiten?
- Indirekte Messung: Man gibt eine Referenzsituation an, die der Befragte sich leichter vorstellen kann. Ein Marketingexperte wird bspw. gefragt, ob er lieber darauf wetten würde, dass bei einem Münzwurf „Zahl“ erscheint oder dass der Umsatz unter 200.000 € liegen wird. Mit seiner Wahl sagt er etwas aus über den Median der Umsatzverteilung. Die Umsatzzahl, bei welcher er indifferent wird zwischen der Wette und der Umsatzzahl, entspricht dem Median. (Der Median teilt eine Menge von Werten in zwei Hälften, d. h. die eine Hälfte der Werte liegt unter, die andere über dem Median.)

Da die Angabe subjektiver Wahrscheinlichkeiten fehleranfällig ist, werden Kontrollen empfohlen. Man kann bspw. für die gleichen Ereignisse Wahrscheinlichkeits- und Wertabfragen durchführen und die Ergebnisse auf Konsistenz prüfen. Oder man erfragt auch die Gegenwahrscheinlichkeiten bestimmter Ereignisse. Also bspw. stellt man zuerst die Frage, mit welcher Wahrscheinlichkeit es morgen regnet und dann die Frage, mit welcher Wahrscheinlichkeit es morgen nicht regnet. Die Summe aus Wahrscheinlichkeit und Gegenwahrscheinlichkeit muss eins ergeben.

5.5.3 Keine eindeutige Risikopräferenz

Die meisten Menschen haben keine eindeutige Risikonutzenfunktion, sondern mischen risikoscheues und risikofreudiges Verhalten. Viele Menschen sind bereit, für Versicherungen Prämien zu zahlen, die deutlich über dem Erwartungswert des Schadens liegen. Das zeugt von Risikoscheu. Gleichzeitig sind aber auch viele bereit, bspw. Lotto zu spielen, obwohl die Chancen, auch nur den Einsatz wieder zu bekommen, verschwindend gering sind. Damit verhalten sie sich risikofreudig. Man kann ein solches Verhalten durch eine RNF abbilden, die zugleich konkave und konvexe Bereiche aufweist (vgl. *Bamberg/ Coenenberg/ Krapp* [Entscheidungslehre] 85), was aber die Ermittlung noch aufwendiger macht.

Die Risikoeinstellung ändert sich auch mit der Höhe des Einsatzes. Je höher der Einsatz, desto risikoscheuer werden die meisten Menschen. Während vermutlich viele bereit sind, 6 Euro zu riskieren um mit einer Fifty-fifty-Chance 10 Euro zu gewinnen, werden sehr viel weniger bereit sein, 600 € zu riskieren, um mit 50%iger Wahrscheinlichkeit 1000 € zu gewinnen. Oder man denke an die Möglichkeit, bei einer Operation zu sterben. Da erscheint schon eine Wahrscheinlichkeit von 1 % als hoch und lässt die Patienten vor dem Risiko zurückschrecken.

Auch die Vermögensposition aus der heraus entschieden wird, spielt eine Rolle. Es macht bspw. einen Unterschied, ob ich ein Lotterielos bereits besitze und gefragt werde, zu welchem Preis ich es verkaufen würde (Sicherheitsäquivalent), oder ob ich das Lotterielos erst noch kaufen muss und gefragt werde, was ich maximal dafür bezahlen würde (maximaler Einsatz). Im zweiten Fall muss ich zusätzliches Vermögen aufwenden, um an der Lotterie teilnehmen zu können. Die meisten Menschen werden in diesem Fall risikoscheuer. Man könnte weitergehend auch noch spekulieren, dass sich die Risikoeinstellung ändert, je nachdem ob man eigenes oder fremdes Geld riskiert. Es wird jedenfalls immer wieder beklagt, dass Politiker mit Steuergeldern viel risikofreudiger umgehen als mit ihrem privaten Vermögen.

Die Einstellung zum Risiko hat schließlich auch soziale Komponenten und weist erhebliche kulturelle Unterschiede auf (vgl. *Gigerenzer* [Risiko] 97f.). Aus der Sicht eines Deutschen zeugt es von großer Risikofreude, wenn ein Amerikaner seinem zwölfjährigen Sohn zu Weihnachten eine echte Waffe schenkt. Aus der Sicht des Amerikaners scheint es dagegen viel riskanter, wenn der Deutsche an seinem Weihnachtsbaum echte Kerzen brennen lässt. Jeder würde dem anderen Risikofreude bescheinigen, sich selbst aber keineswegs so einschätzen.

5.5.4 Entscheiden Menschen nach der Erwartungsnutzentheorie?

Die Erwartungsnutzentheorie ist kein besonders gutes Beschreibungsmodell für reale Entscheidungen. Das ist das Ergebnis zahlreicher empirischer Tests des realen Wahlverhaltens von Menschen, denen risikobehaftete Alternativen vorgelegt wurden. *Kahnemann/Tversky* (vgl. [Prospect]) gehören zu den Pionieren der empirischen Prüfung des Entscheidungsverhaltens der „Normalsterblichen". Sie haben zahlreiche Abweichungen vom Modell rationaler Wahl bei Risiko dokumentiert.

Menschen bewerten bspw. Veränderungen der Wahrscheinlichkeiten nicht linear. Es gibt vielmehr bestimmte Schwellen, die das Entscheidungsverhalten übermäßig stark beeinflussen. So bewerten viele Menschen den Übergang von einer Wahrscheinlichkeit von 0,02 auf 0,05 viel niedriger als den Übergang von 0,97 auf 1, obwohl in beiden Fällen die Wahrscheinlichkeit um 0,03 steigt. Man spricht vom „Sicherheitseffekt". Die „Normalsterblichen" sind risikofreudig bei einer Verlustlotterie und risikoscheu bei einer Gewinnlotterie. Sie lassen sich von einer unterschiedlichen Präsentation der gleichen Ergebnisse zu einer Umkehrung ihrer Präferenz bewegen. Den Nutzen eines Ergebnisses schätzen sie unterschiedlich ein, je nach ihrem „Referenzpunkt". Bei der Schätzung subjektiver Wahrscheinlichkeiten neigen sie zu Fehlern. Solche und andere Abweichungen von der normativen Theorie werden im Kapitel 9 noch ausführlich vorgestellt.

6 Entscheidungen bei bewusst handelnden Gegenspielern

„Wir spielen alle, wer es weiß, ist klug." Arthur Schnitzler

Zuletzt sind wir davon ausgegangen, dass der Entscheider die Ergebnisse seiner Entscheidungen nicht genau kennt, weil es unsichere, im Planungshorizont nicht beeinflussbare Umweltgrößen gibt, die Einfluss auf die Ergebnisse nehmen, bspw. die Konjunkturentwicklung oder die Zinsentwicklung oder das Wetter.

Nun wird die Situation dahingehend verändert, dass es ganz spezielle Umwelteinflüsse sind, die die Ergebnisse der Entscheidung beeinflussen, nämlich Aktionen bewusst handelnder anderer Entscheider. Man spricht dann von Spielsituationen.

Ob es sich um eine Spielsituation handelt, ist manchmal nicht leicht festzustellen. Wenn man bei der Entscheidung über eine Produktinnovation bspw. verschiedene Möglichkeiten des Nachfrageverhaltens in die Entscheidung einbezieht, dann wird man im Allgemeinen von einer Risikosituation ausgehen, auch wenn die Nachfrager natürlich bewusst handelnde Entscheider sind. Aber sie wollen im Normalfall nicht gezielt mit ihrem Nachfrageverhalten auf die Entscheidung des Anbieters Einfluss nehmen. Sie verhalten sich von ihren Absichten her neutral, auch wenn ihre Entscheidungen faktisch großen Einfluss auf die Ergebnisse des Anbieters haben. Anders sieht es aus, wenn ein Anbieter einem einzigen großen Nachfrager gegenübersteht und beiden Akteuren der Einfluss auf den anderen Akteur klar ist. Dann muss man sich damit auseinandersetzen, welche Interessen der jeweils andere hat und welche Absichten er verfolgt und was er wohl tun wird. Die richtige Entscheidung hängt davon ab, wie der andere entscheidet. Man befindet sich in einer Spielsituation.

Es ist nicht eindeutig, ob eine solche Spielsituation mehr oder weniger Probleme bereitet, als eine Risikosituation. Einerseits kann man das Verhalten des Gegenspielers gezielt beeinflussen, möglicherweise sogar mit ihm reden und ein bestimmtes Verhalten per Vertrag festlegen. Damit könnte man die Entscheidung sicherer machen. Außerdem kann man sich in den Gegner hineinversetzen und überlegen, was er vermutlich tun wird. Andererseits ist das menschliche Verhalten aber auch unberechenbarer als die meisten Umweltgrößen. Unter Umständen ist es sogar rational, sich zufällig zu verhalten, um für den Gegner möglichst unberechenbar zu sein.

Zunächst soll das Grundmodell der Spieltheorie vorgestellt werden (6.1). Da es viele unterschiedliche Spiele gibt, wird anschließend ein kurzer Überblick über die verschiedenen Spielsituationen gegeben (6.2). Einige Spielsituationen werden näher erläutert. Zuerst geht es um sequenzielle Spiele oder Spielbäume (6.3). Anschließend werden nur noch simultane Spiele betrachtet. Die Spielsituationen unterscheiden sich danach, ob die Spieler harmonierende oder gegensätzliche Interessen haben oder eine Mischung von beidem (6.4–6.7). Das sog. Gefangenendilemma hat eine besondere Popularität im Rahmen der BWL erlangt und wird besonders ausführlich behandelt (6.7). Schließlich wird erwogen, was die Spieltheorie für die BWL bringt (6.8).

6.1 Grundbegriffe und Grundmodell der Spieltheorie

An jedem Spiel sind mindestens zwei Akteure, Spieler genannt, beteiligt. Bspw. könnten das zwei konkurrierende Unternehmer A und B sein, die beide überlegen, eine ähnliche Produktinnovation auf den Markt zu bringen. Die Spieler können wechselseitig Einfluss aufeinander nehmen. Durch die Aktionen von B werden die Gewinnaussichten des Unternehmers A beeinflusst. Beispielsweise kann der geplante Preis für eine Produktinnovation von A nicht mehr gehalten werden, wenn auch B mit einem ähnlichen Produkt auf den Markt kommt. In gleicher Weise wird B von den Entscheidungen des A betroffen. Solche Situationen interaktiver Abhängigkeit nennt man strategisch. Die Spieler haben verschiedene Verhaltensmöglichkeiten. Die alternativen Verhaltensmöglichkeiten nennt man Spielzüge oder – bei komplexeren Verhaltensweisen – Strategien. Die **Spieltheorie** bildet die strategische Interaktion mathematisch ab und sucht bei gegebenen Spielen nach den besten Spielzügen bzw. Strategien. Kann man das Spielverhalten in bestimmten Situationen prognostizieren, dann lassen sich daraus auch Gestaltungsempfehlungen für die zweckmäßige Gestaltung von Spielen ableiten. Die Spieltheorie wird auch als Wissenschaft vom strategischen Denken bezeichnet.

> „Strategisches Denken ist die Kunst, einen Gegner zu überlisten, der das gleiche mit Ihnen versucht." (*Dixit/Nalebuff* [Spieltheorie] 1)

Das Grundmodell bei zwei Spielern und zwei Strategien sieht folgendermaßen aus (Darstellung in Normalform):

Spieler 2 Strategien / Spieler 1 Strategien	b_1	b_2
a_1	$u_1(a_1,b_1), u_2(a_1,b_1)$	$u_1(a_1,b_2), u_2(a_1,b_2)$
a_2	$u_1(a_2,b_1), u_2(a_2,b_1)$	$u_1(a_2,b_2), u_2(a_2,b_2)$

Spieler 1 hat die Strategiemenge $A_i = \{a_1, ..., a_m\}$ (hier a_1 und a_2)

Spieler 2 hat die Strategiemenge $B_j = \{b_1, \ldots, b_n\}$ (hier b_1 und b_2)

Aus jeder Strategiekombination (a_i,b_j) ergibt sich eine Auszahlungskombination für Spieler 1 (u_1) und für Spieler 2 (u_2). Eine solche Darstellung heißt **Bimatrix.**

Die Funktionen, die die Konsequenzen der Strategien in Abhängigkeit von der Wahl der Spieler angeben, heißen Auszahlungsfunktionen u_i. Für den Spieler 1 stehen in der ersten Zeile die Auszahlungen für seine Strategie a_1 und in der zweiten Zeile die Auszahlungen für seine Strategie a_2. Für den Spieler 2 stehen in der ersten Spalte die Auszahlungen für seine Strategie b_1 und in der zweiten Spalte die Auszahlungen für seine Strategie b_2. Die „Auszahlung“ muss nicht immer eine tatsächliche Auszahlung in Geld sein, sondern steht allgemeiner für den Nutzen oder Verlust des Spielers bei der Realisierung einer Spielsituation.

Das gemeinsame Charakteristikum aller Spielsituationen ist, dass die Entscheidungen der Spieler interdependent sind, d. h. die Ergebnisse eigener Entscheidungen hängen von den Entscheidungen der anderen Spieler ab. Die beiden Spieler haben – abgesehen von reinen Koordinationsspielen – zumindest teilweise konfliktäre Ziele und verfolgen ihren eigenen Nutzen. Sie handeln rational in dem Sinne, dass jeder versucht für sich einen möglichst hohen Nutzen zu erzielen. Bei den eigenen Entscheidungen muss man vor allem im Auge haben, in welcher Situation sich der Gegenspieler befindet und wie er sich vermutlich entscheiden wird.

Beispiel

Bringt entweder nur A oder nur B das neue Produkt auf den Markt, können sie damit Gewinne erzielen. Machen sie sich dagegen Konkurrenz, dann entsteht ein Überangebot und keiner kann den geplanten Preis durchsetzen. Beide machen Verluste. Gewinn oder Verlust hängt also vom Verhalten beider Spieler ab.

Stehen für jeden Spieler die endgültigen Konsequenzen fest, ist eine **Partie** beendet.

In einer Partie kann jeder Spieler nur einmal ziehen, oder er muss mehrere Züge pro Partie ausführen. Die Spielzüge können simultan ausgeführt werden (die Spieler entscheiden gleichzeitig) oder sequenziell (die Spieler entscheiden nacheinander).

Beispiele

Spieler A und B entscheiden sich simultan für „Stein", „Schere" oder „Papier" (auch Schnick-Schnack-Schnuck-Spiel genannt). Nach der Entscheidung steht der Gewinner fest und die Partie ist beendet.

Beim Schachspiel macht jeder Spieler sequenziell viele Züge, bevor die Partie beendet ist und das Endergebnis feststeht. Zuerst entscheidet sich Spieler 1 für einen Zug, darauf antwortet Spieler 2 mit einem Zug, darauf zieht wieder Spieler 1 usw.

Ein Spiel mit nur jeweils einem simultanen Spielzug pro Spieler und Partie nennt man ein Spiel in **Normalform** oder strategischer Form. Die möglichen Ergebnisse des Spiels werden bei zwei Spielern und einer überschaubaren Zahl von Strategien in Form einer Bimatrix präsentiert, wie sie oben dargestellt wurde. Spiele mit mehreren sequenziellen Spielzügen können mit einem Kunstgriff zu Spielen in Normalform gemacht werden. Als Handlungsalternativen für die Spieler werden nicht mehr einzelne Spielzüge betrachtet, sondern komplexe Handlungspläne, Strategien, die einen Eröffnungszug und dann für jeden möglichen Gegenzug des anderen Spielers einen bedingten Spielzug festlegen. Damit ist rein formal nur eine Entscheidung zu treffen, nämlich die Entscheidung für eine Strategie. Die Strategie legt das Spielverhalten so vollständig fest, dass man im Prinzip jemand anders für sich spielen lassen könnte, wenn man ihm den Handlungsplan aushändigt.

In komplexeren Entscheidungssituationen ist es natürlich oft unmöglich, alle Züge und Gegenzüge und Gegengegenzüge usw. komplett zu durchdenken und die optimale Strategie direkt zu Beginn zu wählen. Beim Schach gibt es bspw. schon 20 Eröffnungszüge auf die der Gegner mit 20 unterschiedlichen Zügen antworten kann, also 400 mögliche Konstellationen nach jeweils einem Zug jeder Seite.

Spiele mit sequenziellen Zügen werden häufig in Form eines Spielbaumes visualisiert. Man spricht auch von einer Darstellung in **extensiver Form**. Aus einem solchen Spielbaum geht nicht nur hervor, welche Spieler beteiligt sind und welche Aktionen jeder Spieler ergreifen kann, sondern auch, in welcher Reihenfolge welcher Spieler zieht. Anders als bei der Bimatrix kommt eine Zeitdimension dazu. Wie ein Spielbaum aussieht wird im Abschnitt 6.3 näher erläutert. Doch zunächst soll ein Überblick über die unterschiedlichen Spielformen gegeben werden.

6.2 Überblick über unterschiedliche Spielformen

Es gibt eine Vielzahl von Spielen, die man nach verschiedenen Kriterien klassifizieren kann.

Kriterium		
Anzahl der Spielzüge pro Partie	Jeder Spieler macht einen Spielzug pro Partie. Auch ein vollständiger Handlungsplan mit mehreren bedingten Spielzügen (Strategie) kann formal als ein Spielzug angesehen werden.	Es werden mehrere Spielzüge pro Partie ausgeführt.
Anzahl der Spieler	Zwei-Personen-Spiele	N-Personen-Spiele
Reihenfolge der Spielzüge	simultan; die Spieler entscheiden gleichzeitig	sequenziell; Spieler 1 beginnt, dann entscheidet Spieler 2 usw.
Darstellungsform	Normalform; Bimatrix	extensive Form; Spielbaum
Absprachen zwischen den Spielern	Jeder Spieler entscheidet für sich; unkooperative Spiele	Spieler einigen sich auf eine gemeinsame Strategiewahl; kooperative Spiele
Anzahl der Spiele	ein Spiel	wiederholte Spiele mit den gleichen Spielern
Anzahl der Strategien	endlich; Matrixspiele	unendlich; kontinuierliche Spiele

Auszahlungssumme	Nullsummenspiele; die Auszahlungssumme für die Spieler ist konstant; was der eine gewinnt, muss der andere verlieren, d. h. die Summe der Gewinne und Verluste ist Null.	Nicht-Nullsummenspiele; die Spieler können durch Kooperation gemeinsam eine bessere Situation erreichen.
Anzahl der Lösungen	determinierte Spiele; es existiert genau ein Lösung	indeterminierte Spiele
Informationen	Spiele mit vollständiger bzw. perfekter Information; jeder kennt die Anzahl der Spieler, deren mögliche Strategien und die Auszahlungsfunktionen sowie bei Spielen in extensiver Form den ganzen bisherigen Spielverlauf.	Unvollständige bzw. imperfekte Information; man kennt bspw. den anderen Spieler, aber nicht genau dessen Strategien und die Auszahlungsfunktionen. Bei Spielen in extensiver Form kann man die Spielzüge des anderen nicht beobachten.

Abb. 16: Überblick über unterschiedliche Spielformen

Im Folgenden werden zunächst unkooperative Spiele vorgestellt, bei denen jeder Spieler für sich entscheidet. Die fehlende Kooperation kann zum Ersten dadurch motiviert sein, dass man den anderen Spieler als Gegner begreift. Das ist insofern eine typische Spielsituation, als man auch bei den meisten Brettspielen oder Sportspielen davon ausgeht, dass die Spieler als Gegner agieren und den jeweils anderen besiegen wollen. Den deutlichsten Interessengegensatz gibt es bei den sog. Nullsummenspielen, bei denen der Gewinn der einen Seite genau dem Verlust der anderen Seite entspricht. Aber selbst bei ganz gleich gerichteten Interessen, bspw. in sog. reinen Koordinationsspielen, kann es schwierig sein zu kooperieren. Das ist dann nicht der fehlenden Motivation sondern der Situation geschuldet. Man nimmt bspw. an, dass sich zwei Menschen treffen wollen, aber keine Gelegenheit haben, einen genauen Treffpunkt zu vereinbaren. In vielen Spielsituationen gibt es zumindest auch gleich gerichtete Interessen neben den konfliktären, so dass Kooperation oft nützlich ist. Wie man Kooperation erreichen und absichern kann, ist daher ein wichtiges Thema.

Wir gehen immer von Zwei-Personen-Spielen aus. Die zwei Personen können dabei auch für zwei Seiten stehen, die jeweils aus mehreren Personen bestehen. So wie im Sport zwei gegnerische Teams um den Sieg spielen, so können bspw. zwei Unternehmen gegeneinander spielen oder der Arbeitgeberverband gegen die Gewerkschaft. Dass beide Seiten jeweils aus mehreren Personen bestehen, bedeutet formal keinen grundsätzlichen Unterschied gegenüber den Zwei-Personen-Spielen. Sobald mehr als zwei Personen bzw. Parteien am Spiel beteiligt sind, kommt allerdings als zusätzliche Komplikation die Möglichkeit der Bildung von Koalitionen zwischen einigen Spielern hinzu. Wenn von kooperativer Spieltheorie gesprochen wird, dann ist damit meist die Bildung von Koalitionen bei Spielen mit mindestens drei Personen gemeint. Dieser Teil der Spieltheorie wird im Folgenden nicht betrachtet.

Zunächst werden kurz sequenzielle Spiele (Spielbäume) und dann ausführlicher simultane Spiele dargestellt. Auch simultane Spiele, bspw. vom Typ „Gefangenendilemma", nehmen einen sequenziellen Charakter an, wenn sie mit den gleichen Spielern mehrfach wiederholt werden. Dann kann man nämlich das Spielverhalten des Gegenspielers in der Vorrunde berücksichtigen und darauf reagieren. Umgekehrt nehmen sequenzielle Spiele den Charakter simultaner Spiele an, wenn das Spielverhalten des zuerst ziehenden Spielers dem Gegenspieler verborgen bleibt.

Man kann unterschiedliche Informationsstände unterscheiden. Vollständige Information: Jeder Spieler kennt den anderen Spieler sowie seine möglichen Strategien und die Auszahlungen. Alle gehen von rationalem Spielverhalten aus. Dieses Wissen ist allen Spielern bekannt, also **common knowledge**. Perfekte Information: Bei sequenziellen Spielen ist zusätzlich der bisherige Spielverlauf bekannt. Bei simultanen Spielen wird es in der Regel keine perfekte Information geben, da man nicht wissen kann, wie der andere zieht.

6.3 Sequenzielle Spiele (Spielbäume)

Die Interaktion der Spieler ist sequenziell, das heißt sie „ziehen" abwechselnd. Die früheren Züge sind für den später ziehenden beobachtbar. Das ist bspw. die typische Situation bei Gesellschaftsspielen wie Schach oder Mühle, aber auch bei Verhandlungen, seien es nun Preis- oder Lohnverhandlungen. Man spricht auch von dynamischen Spielen, da es eine Zeitstruktur gibt.

Bei sequenziellen Spielzügen muss jeder Spieler auf die Entscheidungen des anderen reagieren. Er hat eine zusätzliche Information (den Spielzug des anderen) und dadurch bedingte Antwortstrategien. Für den Gegenspieler gilt das Gleiche. Beide gemeinsam definieren mit ihren Entscheidungen einen Pfad, der schließlich in einem Ergebnis endet. In einfachen Fällen kann man alle Entscheidungen des einen Spielers und alle möglichen Antworten des anderen Spielers durchdenken und in einem Spielbaum visualisieren. Ein solcher Baum besteht aus Knoten und Kanten. Die Knoten geben die Entscheidungssituationen wieder. Es gibt exakt einen Startpunkt. Durch eine Zahl oder einen Buchstaben in dem Knoten wird dargestellt, wer gerade am Zuge ist. Die Kanten stellen die verschiedenen Aktionen dar. Jedes Baumende steht für einen möglichen Spielausgang mit den dann realisierten Gewinnen oder Verlusten für die Spieler. Verschiedene Wege vom Ursprungsknoten bis zu einem Baumende stehen für verschiedene potenzielle Partien. Spielbäume werden sehr schnell äußerst komplex.

Beispiel

Für die beiden Konkurrentinnen A und B, die den Markt unter sich aufteilen (Dyopol), könnte man bspw. folgende Situation durchdenken: A überlegt, eine große Werbekampagne zu starten, um B Marktanteile wegzunehmen. Für A steht also die Entscheidung an, ob sie die Werbekampagne starten soll oder nicht. Sie ist sich bewusst, dass für das Ergebnis ihrer Entscheidung sehr wichtig ist, wie die Konkurrentin reagieren wird. Auf die Werbung kann B mit Stillhalten reagieren oder ebenfalls eine Werbekampagne beginnen. Für jede Situation kann man Auszahlungen prognostizieren. A startet die Kampagne nicht, alles bleibt beim alten, A und B bekommen jeweils 100.000 € Umsatz. A startet die Kampagne und B hält still. Dann gewinnt A Marktanteile dazu und realisiert 120.000 € Umsatz, muss allerdings auch 15.000 € für die Werbung bezahlen. Gegenüber der Situation ohne Werbung gewinnt A also 5000 € dazu. B verliert Marktanteile und hat nur noch 80.000 € Umsatz. Reagiert B mit einer eigenen Werbekampagne, dann neutralisieren sich die Anstrengungen der Konkurrentinnen. Beide haben weiterhin 100.000 € Umsatz, müssen aber jeweils 15.000 € für Werbung berappen. Der in Abb. 17 gezeigte Spielbaum visualisiert die Ergebnisse. Die erste Zahl steht jeweils für die Auszahlungen von A, die zweite für die Auszahlungen von B.

A wird überlegen, dass B wahrscheinlich nicht stillhalten wird, denn dann würde die Auszahlung für B nur 80000 € betragen; bei einer eigenen Werbekampagne würden dagegen 85000 € für B herauskommen. Weil A das Spielverhalten von B voraussieht, entschließt sie sich, selbst keine

Werbekampagne zu beginnen, da es dann beim Ergebnis von 100000 € bleibt.

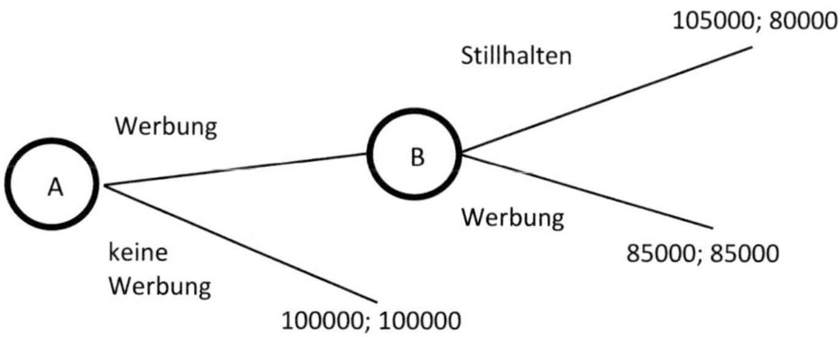

Abb. 17: Spielbaum

Die allgemeine **Spielempfehlung** lautet: Überlege, wohin dich deine Entscheidung letzten Endes führen wird, wenn dein Gegenspieler rational seinen Eigeninteressen folgt. Schaue voraus und schließe von dort zurück.

Man versucht, die möglichen Züge und Gegenzüge bis zum Spielende vorherzusehen, und schließt dann von dort wieder zurück auf den besten ersten Zug. Für jedes Spiel mit einer endlichen Anzahl sequenzieller Züge gibt es im Prinzip eine beste Strategie (vgl. *Dixit/Nalebuff* [Spieltheorie] 459).

Natürlich ist die Situation außerordentlich vereinfacht. Das hier unterstellte Dyopol ist eine seltene Marktform. Die typische Marktform, bei welcher die Aktionen eines Unternehmens spürbare Auswirkungen auf die anderen Unternehmen haben, ist eher das Oligopol, also ein Markt mit mehreren großen Wettbewerbern. Die Spielsituation wird erheblich unübersichtlicher, wenn A die Reaktionen von bspw. drei Konkurrenten einschätzen muss, die auch noch Koalitionen bilden können. Auch die Annahme von nur zwei möglichen Spielzügen für A ist eine starke Vereinfachung. Wenn es darum geht, B Marktanteile abzujagen, dann könnte A auch die Preise senken, zusätzlich günstige Finanzierungen anbieten, die Lieferkonditionen für die Kunden verbessern, eine bessere Platzierung im Handel anstreben usw. Gewagt ist auch die Annahme, dass beide Spielerinnen die Auszahlungen für die Strategien kennen und auch von den gleichen Zahlen ausgehen. A prognostiziert, dass sie durch die Werbekampagne 20.000 € Umsatz dazugewinnt. Aber das ist nur eine subjektive Schätzung. Vielleicht schätzt B die Wirkungen viel geringer oder viel drastischer ein und stimmt ihre Reaktion auf ihre Annahmen ab. Ebenso unsicher sind die B unterstellten Reaktionsmöglichkeiten. Vielleicht kann B bspw. gar nicht mit einer eigenen Werbekampagne antworten, weil dafür kein Geld da ist. Oder es kommen andere Motive zum Tragen als die Auszahlungssumme. Selbst wenn es sich für B nicht auszahlen würde, eigene Werbeanstrengungen zu unternehmen, könnte B schon aus Rache auf eine von A angezettelte Kampagne reagieren. Oder rationaler: B will mit ihrer Gegenaktion ein Signal an A senden, dass sie auch in Zukunft nicht still halten wird, wenn A ihr zu schaden versucht. Es kann durchaus rational sein, sich ein solches Signal etwas „kosten" zu lassen, wenn man weitere Spielrunden ins Kalkül zieht. In diesem Beispiel ist ja die Partie bereits nach einem Zug und einem Gegenzug beendet.

In der wirtschaftlichen Realität ist man weit davon entfernt, komplette Spielbäume mit exakten Auszahlungssummen aufstellen zu können. Aber die grundsätzliche Empfehlung bleibt: Versuche mögliche Reaktionen der Gegenspieler auf deine Aktionen vorherzusehen und schätze ab, was das wiederum für deine Situation bedeutet. Durchdenke mögliche Spielpfade so gut wie möglich bis zum Ende und schließe vom Ende her auf den besten Anfang zurück.

Der entscheidende Unterschied zwischen sequenziellen und simultanen Spielen ist, dass der später Ziehende das Spielverhalten des früher Ziehenden kennt und seine Aktionen darauf abstimmen kann. Kann Spieler 2 nicht beobachten, wie Spieler 1 sich entscheidet, dann spielt es keine Rolle, ob die Spielzüge gleichzeitig oder nacheinander ausgeführt werden.

Als Erster zu ziehen, kann Vorteile und Nachteile mit sich bringen.

Beispiele: Beim Spiel „Stein, Schere, Papier" wäre es fatal, zuerst wählen zu müssen, denn der Gegenspieler könnte dann immer gewinnen. Beim „Nim-Spiel" (vgl. *Bamberg/Coenenberg/Krapp* [Entscheidungslehre] 163) kann dagegen Spieler 1 immer gewinnen, wenn er einer bestimmten Strategie folgt.

Das Nim-Spiel läuft folgendermaßen ab: Zu Beginn gibt es einen Stapel mit 20 Hölzchen. Dann muss der erste Spieler von diesem Stapel 1, 2, 3, 4 oder 5 Hölzchen wegnehmen. Im nächsten Zug nimmt Spieler zwei auch zwischen 1 und 5 Hölzchen weg. Dann ist wieder Spieler 1 am Zuge. Es gewinnt, wer das letzte Hölzchen wegnimmt. Spieler 1 kann den Sieg erzwingen, wenn er nach einem bestimmten Plan spielt. Er nimmt im ersten Zug 2 Hölzchen. Danach antwortet er immer auf die Züge seines Gegners nach dem Muster „nehme 6 Hölzchen abzüglich der Anzahl der Hölzchen, die dein Gegner in der Vorrunde gezogen hat". Ein Spiel könnte dann bspw. folgenden Verlauf nehmen: A zieht 2 Hölzchen. B zieht 5 Hölzchen. A zieht 6 – 5 also 1 Hölzchen. B zieht 2 Hölzchen. A zieht 6 – 2 also 4 Hölzchen. Es sind dann noch 6 Hölzchen übrig und Spieler B kann höchstens 5 Hölzchen wegnehmen, so dass Spieler A auf jeden Fall das letzte Hölzchen ziehen und gewinnen kann.

In der Wirtschaft sind ebenso Vor- und Nachteile möglich. Das Unternehmen, welches zuerst bspw. eine neue Technologie entwickelt, kann dadurch erhebliche Vorteile haben: Es sammelt schneller Erfahrungen und kann dadurch die Kosten senken (Erfahrungskurveneffekt), es hat zumindest eine Zeit lang eine Monopolstellung, es kann Kunden an sich binden. Man spricht auch vom „First Mover Advantage“. Andererseits muss der Pionier auch die Kosten für die Entwicklung tragen, Fehler ausbügeln, das Risiko einer Fehlentwicklung eingehen. Die Konkurrenten können beobachten, ob sich die Innovation lohnt. Lässt sich das Know-how nicht geheim halten und ist die Kundenloyalität gegenüber dem Pionierunternehmen schwach, dann hat die Konkurrenz gute Chancen mit einer Nachahmung des Pioniers. Der gesetzliche Patentschutz ist ein Indiz dafür, dass man im Allgemeinen mit Nachteilen für die „First Mover“ rechnet, denn er soll den Pionier schützen und es attraktiver machen, sozusagen als Erster zu ziehen.

Als Nächstes werden nur noch simultane (statische) Spiele betrachtet. Sie unterscheiden sich danach, ob die Interessen der Spieler gänzlich oder teilweise konträr oder harmonisch sind.

6.4 Konträre Interessen: Zwei-Personen-Nullsummenspiele

Zwei Personen sind an dem Spiel beteiligt. Für Nullsummenspiele gilt: $u_2 = -u_1$, d. h. der Gewinn des ersten Spielers ist genau gleich dem Verlust des zweiten Spielers, die Summe der Auszahlungen ist Null. Die Interessen der Spieler sind somit gegensätzlich, eine Kooperation ist nicht sinnvoll. Die meisten Gesellschaftsspiele und Sportarten, bei denen um den Sieg gespielt wird, sind solche Nullsummenspiele. Einer gewinnt, der andere verliert oder es gibt ein Unentschieden.

Dargestellt wird ein Spiel in Normalform, eine Partie, simultane Spielzüge. Spieler 2 kann also nicht mehr beobachten, wie Spieler 1 sich entschieden hat und dann reagieren. Er kann nur noch Hypothesen darüber aufstellen, wie dieser sich vermutlich entscheiden wird. Spieler 1 versucht gleichzeitig zu erraten, wie sich Spieler 2 wohl entscheiden wird. Das Denken wird quasi zirkulär: Ich denke, dass B seine Strategie 1 wählt. Wenn B aber denkt, dass ich denke, dass er seine Strategie 1 wählt, dann wählt er vielleicht doch Strategie 2. Wenn B denkt, dass ich denke, dass er Strategie 2 wählt, dann wählt er aber vielleicht doch Strategie 1 usw.

Das Spiel kann durch die Auszahlungsmatrix U (Spielmatrix) vollständig beschrieben werden. Der Einsatz der Strategie a_i durch Spieler 1 entspricht der i-ten Zeile der Auszahlungsmatrix und der Einsatz der Strategie b_j durch Spieler 2 entspricht der j-ten Spalte der Auszahlungsmatrix. Am Kreuzungspunkt von a_i und b_j wird der Gewinn von Spieler 1 und der Verlust von Spieler 2 eingetragen. Wenn Spieler 1 seine Strategie a_1 wählt und Spieler 2 seine Strategie b_1, dann erhält Spieler 1 im unten dargestellten Beispiel eine Auszahlung von 7 und Spieler 2 macht entsprechend einen Verlust von 7. Mit dieser Matrix unterstellt man also vollständige Information.

Spieler 2 Strategien / Spieler 1 Strategien	b_1	b_2	b_3	Minimum a_i
a_1	7/-7	1/-1	3/-3	1
a_2	3/-3	2/-2	6/-6	2
a_3	-4/4	0/0	1/-1	-4
Maximum b_j	7	2	6	

Da sich u_2 (das Ergebnis von Spieler 2) aus u_1 (das Ergebnis von Spieler 1) unmittelbar ergibt, schreibt man diese Matrix oft verkürzt, indem man nur die u_1 angibt.

$$U = \begin{matrix} 7 & 1 & 3 \\ 3 & 2 & 6 \\ -4 & 0 & 1 \end{matrix}$$

Wie soll man entscheiden?

Ein sinnvoller Lösungsansatz ist die Maximin- bzw. Minimax-Strategie.

Spieler 1 schaut sich die Auszahlungen für seine 3 Strategien a_1, a_2 und a_3 an und bestimmt jeweils das Zeilenminimum. Dann wählt er die Alternative mit dem maximalen Minimum hier also a_2 mit der minimalen Auszahlung von 2. Diese Auszahlung, die der Spieler 1 aus eigener Kraft garantieren kann, wird als **unterer Spielwert** bezeichnet.

Spieler 2 schaut sich die Auszahlungen für seine 3 Strategien b_1, b_2 und b_3 an und bestimmt das Spaltenmaximum, also die jeweils maximalen Verluste bei einer Strategie. Dann wählt er die Strategie, bei welcher der maximale Verlust minimal wird. Hier also b_2 mit dem Verlust von 2. Dieser Verlust, den der Spieler 2 maximal riskiert, wird als **oberer Spielwert** bezeichnet.

Die resultierende Auszahlung liegt auf jeden Fall zwischen dem unteren und dem oberen Spielwert, im sog. Indeterminiertheitsintervall.

Stimmen oberer und unterer Spielwert überein, dann ist die Lösung eindeutig, das Spiel ist determiniert. Das ist in dem Beispiel der Fall. Verwirklicht wird die Kombination a_2/b_2.

Da beide Spieler in diesem Punkt jeweils ihre beste Strategie sehen, besteht dort ein sog. Gleichgewichtspunkt. Zu Ehren des Mathematikers *John Nash*, der dieses Konzept entwickelte, spricht man auch vom **Nash-Gleichgewicht**. Keiner der Spieler kann sinnvollerweise davon abweichen, ohne zu riskieren, dass er weniger Gewinn bzw. mehr Verlust macht. Es handelt sich um eine wechselseitig beste Antwort und eine stabile Lösung.

Wechselseitig beste Antwort heißt: Spieler 1 bestimmt zu jedem möglichen b_j seine beste Antwort. Wählt Spieler 2 bspw. b_2, dann ist der beste Zug für Spieler 1 a_2, denn dann bekommt er die Auszahlung 2, ansonsten aber nur 1 oder sogar 0. Spieler 2 bestimmt zu jedem möglichen a seine beste Antwort. Wählt Spieler 1 a_2, dann ist b_2 die beste Antwort, weil er damit nur einen Verlust von 2 macht, bei b_1 oder b_3 wäre der Verlust dagegen 3 bzw. 6.

> Von einem **(Nash-)Gleichgewicht** spricht man dann, wenn es eine Strategienkombination gibt, in der kein Spieler einen Anreiz hat, als Einziger von der Kombination abzuweichen.

Wenn es einen Gleichgewichtspunkt gibt, ist es für beide Spieler sinnvoll, diesen anzustreben.

Bei der folgenden Matrix gibt es allerdings keinen solchen Gleichgewichtspunkt.

Spieler 2 Strategien / Spieler 1 Strategien	b_1	b_2	Minimum a_i
a_1	20/-20	1/-1	1
a_2	0/0	300/-300	0
a_3	500/-500	0/0	0
Maximum b_j	500	300	

Spieler 1 wählt a_1, unterer Spielwert ist 1.

Spieler 2 wählt b_2, oberer Spielwert ist 300.

a_1/b_2 ist aber kein Gleichgewichtspunkt. Warum?

Rechnet Spieler 1 mit der Minimax-Strategie von Spieler 2, und erwartet also, dass dieser b_2 wählt, dann würde er besser a_2 wählen und einen Gewinn von 300 einstreichen. a_2 wäre seine beste Antwort auf b_2. Da Spieler 2 in diesem Fall einen Verlust von 300 erleiden würde, will er diese Situation vermeiden und legt sich lieber nicht auf b_2 fest. Allerdings darf er sich auch nicht auf b_1 festlegen, denn dann könnte Spieler 1 wiederum a_3 wählen und ihm sogar einen Verlust von 500 zufügen. a_3 wäre die beste Antwort auf b_1. Die Situation wird sehr instabil, es ist unmöglich, eine optimale Entscheidung zu treffen.

Man geht dann zu sog. **gemischten Strategien** über, d. h. alle möglichen reinen Strategien kommen mit einer gewissen Wahrscheinlichkeit in Betracht. Gemischte Strategie bedeutet: Die Entscheidung überlässt man einem Zufallsmechanismus, der die Wahrscheinlichkeitsverteilung abbildet. Die Entscheidung könnte bei zwei Strategiemöglichkeiten, die gleich wahrscheinlich sein sollen, bspw. durch Münzwurf getroffen werden.

Der Vorteil ist die **Unberechenbarkeit** der Strategiewahl für den Gegner.

Unberechenbarkeit ist immer dann von Vorteil, wenn der Gegner das Wissen um die Entscheidung des anderen ausnutzen könnte. Wenn bspw. bei einem Elfmeter im Fußball der Torwart vorher wüsste, dass der Elfmeterschütze in die linke obere Ecke zielt, dann könnte er den Ball mit viel größerer Wahrscheinlichkeit abwehren. Beim Spiel „Stein, Schere, Papier" könnte Spieler 2 immer gewinnen, wenn er die Strategie von Spieler 1 wüsste. Daher spielt man am besten jede Möglichkeit zu einem Drittel, aber so unregelmäßig, dass kein Muster erkennbar wird.

Jeder Spieler ist immer auf der Suche nach Informationen, was der andere vermutlich tun wird, um sich mit seinen Entscheidungen darauf einzustellen. Es ist daher ungünstig, wenn man in seinen Entscheidungen zu durchschaubar wird. Überlässt man die Entscheidung einem Zufallsmechanismus, dann ist die Geheimhaltung der Strategie optimal, denn man weiß ja nicht einmal selbst, welche Strategie man wählen wird.

In der Praxis bewährt sich die zufällige Auswahl der eigenen Strategie insbesondere bei Kontrollen. Es ist bspw. zur Sicherung der Regeltreue sehr vorteilhaft, wenn die Kontrollen von Polizei, Finanzamt, Ordnungsamt etc. unberechenbar sind, man sich also nicht darauf einstellen kann. Würden die Kontrollen vorher bekannt gegeben, dann könnten alle diejenigen die Regeln verletzen, die wissen, dass sie nicht kontrolliert werden. Darum ist es bspw. verboten, im Auto ein Radarwarngerät zu installieren. Da man nicht flächendeckend die Geschwindigkeit kontrollieren kann, soll die Unberechenbarkeit der Kontrollen die Autofahrer disziplinieren. Weiß nicht einmal der Kontrolleur vorab, wer wann kontrolliert wird, dann vermeidet man zugleich die Gefahr des Verrats der Kontrollen gegen eine entsprechende Bestechungssumme.

Für eine Fluglinie kann es wichtig sein, dass die Anzahl der Last-minute-Tickets unberechenbar bleibt für die Kunden, sonst könnten sich die Kunden ihre Chancen ausrechnen, noch einen stark verbilligten Last-minute-Flug zu bekommen, und auf den Kauf eines regulären Tickets zum vollen Preis verzichten. Durch die Unberechenbarkeit wird vielen Kunden die Gefahr zu groß, evtl. keinen Platz mehr zu bekommen und sie kaufen vorsichtshalber ein reguläres Ticket. Bei konkurrierenden Discountern ist es sinnvoll, Rabattaktionen nicht nach einem feststehenden Muster zu veranstalten, damit der andere der Aktion nicht zuvorkommen kann (vgl. *Dixit/Nalebuf* [Spieltheorie] 187f.)

6.5 Harmonische Interessen: Reine Koordinationsspiele

In der Spieltheorie geht man fast immer von einer Konstellation aus, in welcher die Ziele der Spieler zumindest teilweise im Konflikt liegen. Es gibt aber auch Spiele, bei denen die Interessen harmonisch sind, durch die Situation simultaner Spielzüge und fehlender Absprachemöglichkeiten aber dennoch ein Problem entsteht. Das klassische Beispiel ist das „Treffen in New York", das durch den Ökonomen *Thomas Schelling* berühmt wurde (vgl. [Strategy]). Er stellte seine Studierenden vor das Problem, dass sie jemanden in New York treffen sollen, aber weder den Ort noch die Uhrzeit besprochen haben. Was würden sie tun? Viele entschieden sich für den Informationsstand in der Grand Central Station und für 12.00 Uhr. Da überraschend viele diese Lösung wählten, wäre es erstaunlich oft tatsächlich zu einem gelungenen Treffen gekommen, trotz der denkbar schlechten Ausgangslage. Solche Punkte, die für die Menschen eine besondere Bedeutung haben und hervorstechen, nennt man **Fokuspunkte** oder auch „Schelling Points".

Eine Koordination mit Hilfe solcher Fokuspunkte kann gelingen, wenn es gesellschaftliche Konventionen über Fokuspunkte gibt, die von den Spielern geteilt werden. Ein Koordinationsspiel könnte allgemein so konstruiert werden, dass zwei Personen unabhängig voneinander eine Wahl treffen müssen und gemeinsam einen Gewinn einstreichen können, wenn ihre Wahl übereinstimmt. Nehmen wir an, die Spieler sollen ohne Absprache miteinander wählen, an welchem Tag sie nicht heiraten würden: Am Samstag dem 4. oder am Freitag dem 13. Die meisten würden wohl auf Freitag den 13. tippen, weil dieses Datum in unserer Kultur als Unglückstag gilt. Sie müssen nicht mal selbst abergläubisch sein. Es reicht zu wissen, dass viele Menschen abergläubisch sind und deshalb dieses Datum meiden. Es geht darum, zu erraten, was der andere denkt, was ich denke. Die Koordination wird schwieriger, wenn Menschen aus unterschiedlichen Kulturen beteiligt sind. Für strenggläubige Juden kommt eine Heirat am Samstag (Sabbat) nicht in Frage. Für Japaner ist die 4 eine Unglückszahl. Die Abstimmung würde vermutlich nicht mehr gelingen.

Folgende Auszahlungsmatrix steht für ein Koordinationsspiel:

Spieler 2 Strategien / Spieler 1 Strategien	b_1 (rechts)	b_2 (links)
a_1 (rechts)	10,10	0,0
a_2 (links)	0,0	10,10

Man stelle sich bspw. vor, dass sich zwei Autos auf einer engen Straße begegnen. Jeder Fahrer hat die beiden Strategien, nach rechts oder nach links auszuweichen. Wenn jeder aus seiner Blickrichtung nach rechts bzw. nach links ausweicht, kommen die Autos aneinander vorbei. Daher sind die Strategiekombinationen a_1/b_1 und a_2/b_2 Gleichgewichtspunkte. Fährt dagegen der eine nach rechts und der andere nach links (jeweils aus der Blickrichtung des Fahrers), dann kommt es zum Zusammenstoß. Da eine Absprache nicht möglich ist, können Konventionen helfen. In Deutschland herrscht Rechtsverkehr und die beiden Fahrer würden wohl deshalb automatisch nach rechts ausweichen. Treffen ein deutscher und ein britischer Autofahrer aufeinander, könnte es schon eher eine Kollision geben.

Koordinationsspielsituationen könnten innerhalb einer Unternehmung bspw. zwischen einzelnen Mitarbeitern, Abteilungen oder Niederlassungen auftreten. In der Regel wird es die Gelegenheit zu Absprachen geben, aber auch für die unternehmensinterne Koordination gilt, dass eine gemeinsame Kultur mit geteilten Konventionen die Abstimmung erheblich erleichtert. Die Unternehmens- oder Organisationskultur wird deshalb auch zu den Koordinationsmechanismen gerechnet. Hilfreich ist auch eine standardisierte Ausbildung, da dann jeder „Profi" weiß, was er vom anderen zu erwarten hat. „Professionalisierung" gehört daher auch zum Kanon der Koordinationsinstrumente (vgl. *Bea/Göbel* [Organisation] 307ff.).

6.6 Konfliktäre und harmonische Interessen: Kampf der Geschlechter

Zugrundegelegt wird eine Zwei-Personen Spielsituation, die allgemein als „Kampf der Geschlechter" bezeichnet wird. Die Auszahlungsmatrix hat allgemein folgende Form:

Spieler 2 Strategien / Spieler 1 Strategien	b_1	b_2
a_1	a,b	c,c
a_2	c,c	b,a

a = bestes Ergebnis

b = zweitbestes Ergebnis

c = schlechtestes Ergebnis

Zur Konkretisierung wird häufig folgendes Beispiel gewählt:

Spieler 2: Mann / Spieler 1: Frau	Theater	Boxkampf
Theater	2,1	-1,-1
Boxkampf	-1,-1	1,2

Eine Ehefrau (Spieler 1) und ihr Ehemann (Spieler 2) wollen abends gemeinsam ausgehen. Zwei Abendveranstaltungen kommen in Frage: Eine Theatervorstellung und ein Boxkampf. Die Frau präferiert den Theaterabend (Auszahlung 2), der Mann den Boxkampf (Auszahlung 2). Für den Mann hat das Theater den Wert 1, für die Frau hat der Boxkampf den Wert 1. Beide finden es aber am schlechtesten, getrennt voneinander auszugehen (-1). Das bedeutet, es gibt ein Interesse an einer kooperativen Lösung. Anders als bei einem reinen Koordinationsspiel gibt es aber auch konfliktäre Interessen.

Beide stehen vor der Entscheidung im Laufe des Tages entweder eine Theaterkarte zu besorgen oder eine Karte für den Boxkampf, ohne sich absprechen zu können. Wie sollen sie sich entscheiden?

Keine der möglichen Partien ist eine Lösung, denn für beide ist es ineffizient, wenn sie verschiedene Karten besorgen (a_1,b_2 und a_2,b_1). Kaufen aber beide eine Theaterkarte bzw. eine Karte für den Boxkampf, dann sind die Auszahlungen unsymmetrisch. Jeweils einer müsste ein „Opfer" bringen und auf eine Auszahlung von 1 verzichten. Es gibt kein Gleichgewicht, das von beiden angestrebt wird.

Lässt man Kooperationsmöglichkeiten zu, dann wird das Spiel lösbar. Die Kooperation kann verschieden aussehen:

- Die Spieler haben die Möglichkeit, ihren Mitspielern kompensierende Zahlungen (Seiten- oder Nebenzahlungen) zu versprechen, wenn diese sich auf die für sie ungünstigere Strategie einlassen.
- Es sind nur verbindliche Absprachen, aber keine Seitenzahlungen zulässig.

Die erste Möglichkeit ist besonders vielversprechend, wobei in der Praxis die Probleme des interpersonellen Nutzenvergleichs und Nutzentransfers durchaus schwer wiegen können. Was könnte es in dem Beispiel von den Eheleuten konkret bedeuten, dass der „Sieger" dem anderen jeweils eine Seitenzahlung von ½ gibt, um damit das Gleichgewicht herzustellen? Vielleicht könnte bspw. der Mann versprechen, dass er die Frau nach dem Boxkampf noch zum Essen ausführt, um ihr den Verzicht auf das Theater schmackhaft zu machen.

Sind keine Seitenzahlungen zulässig, dann muss einer von beiden einen Nachteil in Kauf nehmen. Das wird nur dann akzeptabel erscheinen, wenn die Auswahl der Strategie dem Zufall überlassen wird. Bspw. könnten die beiden sich darauf einigen, durch Münzwurf zu entscheiden, ob man gemeinsam ins Theater oder zum Boxkampf geht. Sich auf diese Zufallsauswahl einzulassen, kann deshalb sinnvoll sein, weil sonst die Gefahr relativ groß ist, dass die für beide noch schlechtere Situation eintritt, bei welcher der eine Spieler eine Theaterkarte hat und der andere eine für den Boxkampf.

Eine betriebswirtschaftliche Interpretation könnte etwa so aussehen, dass zwei Unternehmen eine Kooperation eingehen wollen. Für beide wäre es besonders schlecht, wenn die Kooperation nicht zustande kommt. Aber es gibt unterschiedliche Vorstellungen vom Kooperationsvertrag. In der einen Variante würde Unternehmen 1 bevorzugt, in der anderen Unternehmen 2. Vermutlich würde man sich in Verhandlungen dann über kompensierende Zahlungen einigen, die insgesamt ein Nutzengleichgewicht für beide Seiten herstellen.

6.7 Konfliktäre und harmonische Interessen: Das Gefangenendilemma

Spiele vom Typ „Gefangenendilemma“ spielen in der BWL eine besondere Rolle und werden darum ausführlich vorgestellt. Es handelt sich um ein nicht-kooperatives Spiel mit zwei Personen, jeder entscheidet für sich und simultan und kann Vorteile auf Kosten des anderen erreichen. Aber es ist kein reines Nullsummenspiel, d. h. Kooperation könnte beiden Vorteile bringen, die Interessen sind nicht streng gegensätzlich. Es gibt Interessenharmonien und -konflikte gleichzeitig.

6.7.1 Allgemeine Darstellung

Allgemein sind solche Spiele gekennzeichnet durch eine Auszahlungsmatrix folgenden Typs:

Spieler 2 Strategien / Spieler 1 Strategien	b_1	b_2
a_1	b,b	c,a
a_2	a,c	d,d

mit a = bestes Ergebnis

b = zweitbestes Ergebnis

c = schlechtestes Ergebnis

d = drittbestes Ergebnis

Das beste Ergebnis kann größer oder kleiner sein als die schlechteren Ergebnisse, das kommt auf den konkreten Fall an. Stehen in der Matrix als Auszahlungen bspw. Jahre im Gefängnis, dann ist eine kleinere Zahl natürlich besser als eine größere. Stehen in der Matrix mögliche Gewinne als Auszahlungen, dann ist eine größere Zahl besser als eine kleinere.

Bei dem klassischen Beispiel, von dem das Spiel auch seinen Namen hat, geht es um die Länge einer Haftstrafe. Kleinere Zahlen stehen also für ein besseres Ergebnis.

Beispiel:

Spieler 2 Strategien / Spieler 1 Strategien	nicht gestehen	gestehen
nicht gestehen	2,2	10,0
gestehen	0,10	6,6

Die übliche Interpretation hinter dieser Auszahlungsmatrix ist folgende:

Zwei des schweren Raubes Verdächtige werden festgenommen und getrennt verhört. Sie haben keine Gelegenheit, sich abzusprechen. Beide Verdächtige haben zwei mögliche Strategien: nicht gestehen (a_1, b_1) oder gestehen (a_2, b_2). Allgemein werden a_1, b_1 als kooperative Strategien und a_2, b_2 als defektive Strategien bezeichnet (to defect = abtrünnig werden, überlaufen).

Die Zahlen in der Matrix sind so zu verstehen: Gestehen beide nicht, dann kann man sie nur wegen unerlaubten Waffenbesitzes verurteilen und sie bekommen beide zwei Jahre.

Gestehen beide, dann bekommen sie beide 6 Jahre Gefängnis.

Gesteht nur einer, dann kommt dieser als Kronzeuge ungestraft davon, während der andere für 10 Jahre ins Gefängnis wandert, weil er so hartnäckig geleugnet hat.

Wichtig ist, dass sich beide bei einer Kooperation (nicht gestehen) besser stellen würden, als wenn sie einander verraten; konkret: Sie gehen nur zwei Jahre ins Gefängnis statt sechs Jahre.

Am besten aber ist derjenige dran, der Verrat übt (defektiert), während der andere dicht hält.

Es gibt einen **Gleichgewichtspunkt**.

Spieler 1 überlegt: Wenn ich nicht gestehe (a_1) und der andere gesteht (b_2), dann lande ich bei 10 Jahren und mein Kumpel geht nach Hause. Das ist schlecht. Also gestehe ich besser. Hält mein Kumpel dicht (b_1), dann könnte ich durch mein Geständnis frei kommen. Also gestehe ich besser. Gestehen ist die dominante Strategie.

Da beide wissen, dass der jeweils andere einen großen Anreiz hat, zu gestehen, werden tatsächlich beide gestehen. Denn keiner will in die Situation des „Ausgebeuteten" kommen, der selbst dicht hält und dann alleine für 10 Jahre ins Gefängnis muss. Bei a_2, b_2 besteht ein Nash-Gleichgewicht.

Das Dilemma liegt also darin, dass beide durch die Wahl ihrer jeweiligen besten Strategie zwangsläufig bei einer Situation landen, die für beide eindeutig schlechter ist als eine andere. Der Gleichgewichtspunkt ist also nicht zugleich die beste Lösung für die Spieler.

Diese Grundfigur kann man auf vielerlei Situationen übertragen:

Beispiele

Für zwei Unternehmen im Dyopol wäre es besser, wenn sie beide ihre Preise beibehalten. Noch besser wäre für den einzelnen, sein Unternehmen könnte einseitig den Preis senken und damit Marktanteile von dem Konkurrenten abziehen. Da beide befürchten, Marktanteile zu verlieren, senken sie beide die Preise und machen weniger Gewinn, ohne dafür Marktanteile zu gewinnen.

Bei der drohenden Überfischung der Weltmeere wäre es für alle Beteiligten besser, vorschriftsmäßige Netze mit weiten Maschen zu benutzen, damit der Fischnachwuchs im Meer bleibt. Für jeden einzelnen Fischer ist es aber noch lukrativer, wenn die anderen sich an die Vorschriften halten und er selbst fischt mit engmaschigen Netzen und holt sich einen besonders großen Fang. Da die anderen das befürchten müssen, fischen schließlich alle mit engmaschigen Netzen und schaden sich letztlich selbst massiv, indem sie sich die Lebensgrundlage zerstören.

Zwei Parteien, die um die Wählergunst buhlen, trauen sich nicht, Sparmaßnahmen anzukündigen, um das Haushaltsdefizit zurückzufahren. Für jede Partei wäre es besser, die andere würde schmerzhafte Einschnitte propagieren, während man selbst sich großzügig erweist. Denn dann kann man die meisten Stimmen erwarten. So kommt es zu einer Situation, in der nicht gespart wird, obwohl beide Parteien wissen, dass das eigentlich notwendig und sinnvoll wäre.

6.7.2 Erwünschte und unerwünschte Dilemmata

Wie man an den Beispielen schon sieht, kann es manchmal erwünscht sein, dass ein Gefangenendilemma auftritt. So im Falle der Räuber, welche getrennt verhört werden, und auch im Falle des Wettbewerbs unter Konkurrenten. Da will man ja gerade Absprachen verhindern, um zu Geständnissen zu kommen bzw. um überhöhte Preise für die Konsumenten zu vermeiden. Die Kartellbehörde wacht darüber, dass es nicht zu Absprachen der Konkurrenten kommt.

Häufig aber ist eine solche Spielsituation fatal, weil sie die kollektiv rationale Lösung verhindert. Weil jeder für sich persönlich das Maximum herausholen will, führt das gerade zu einer Situation, in der sich alle schlechter stellen als wenn sie zusammenarbeiten würden.

Beispiele

Umweltschutz scheitert, wenn einseitige Umweltausbeutung hohe Gewinne verspricht. Doping kann nicht verhindert werden, weil jeder Sportler Angst hat, der Gegner könne durch Doping einen Leistungsvorsprung erreichen. Ein Subventionswettlauf zwischen Regionen und Gemeinden findet statt. Keiner will einseitig auf Subventionen verzichten, aber letztlich schaden sich alle dadurch, weil es bspw. viel zu viele Gewerbegebiete gibt. Alle Unternehmen müssen massiv Geld für Werbung ausgeben, obwohl sich die Marketinganstrengungen gegeneinander aufheben. Aber wer nicht mitmacht, kann in die Position des Ausgebeuteten kommen usw.

6.7.3 Gibt es Auswege aus dem Dilemma?

Im Grunde müsste beiden Spielern daran gelegen sein, zu einer kooperativen Lösung zu kommen. Da beide etwas zu gewinnen haben, wenn sie dem Dilemma entkommen, Kooperation sich also lohnt im Vergleich mit der beidseitig unkooperativen Lösung, werden sie kooperieren, solange sie sicher sein können, dass der andere auch kooperiert. Könnte man das nicht einfach erreichen, indem man Absprachen zwischen den Spielern zulässt? Bei den Gefangenen war ja die Voraussetzung, dass sie getrennt verhört werden. Würde sich die Situation verbessern, wenn sie sich verständigen könnten?

Nicht unbedingt, denn auch wenn sie sich auf dem Flur kurz besprechen können und sich gegenseitig versprechen „die Klappe zu halten", ist anschließend die Versuchung wieder groß, doch zu gestehen und als Kronzeuge frei zu kommen. Aus demselben Grund gelten auch Kartelle als instabil. Die Absprachen halten die Konkurrenten eine gewisse Zeit davon ab, bspw. die Preise einseitig zu senken, aber stets ist der Anreiz groß, durch Preissenkungen Marktanteile von den anderen abzuziehen. Die einfache Absprache ohne weitere Sicherungsmaßnahmen ist nicht sehr vielversprechend, da für beide der Anreiz zum Defektieren hoch bleibt.

Beispiel: Vor kurzem wurde ein Bierkartell aufgedeckt. Die Beteiligten hatten Preise abgesprochen. Während Bitburger, Krombacher, Veltins und Warsteiner mit hohen Geldbußen belegt wurden, kam Anheuser-Busch (Beck's) als Kronzeuge straffrei davon.

Anders sieht es aus, wenn der Verräter entdeckt und bestraft werden kann. Allerdings betrachtet man dann die Zeit nach Ende der „Partie" und verändert dadurch das ursprüngliche Spiel. Es nimmt sequenzielle Züge an. Der Verräter könnte bspw. überlegen, wie der Verratene reagieren wird, wenn er von dem Verrat erfährt. Dieser könnte selbst nach Ablauf der Gefängnisstrafe den Verräter bestrafen oder auch schon während seiner Gefängniszeit irgendwelche Kumpels mit der Bestrafung beauftragen. Die Strafe rechnet der Spieler in seine „Auszahlungen" ein und kommt vielleicht zu dem Schluss, dass es sich nicht lohnt, durch einen Verrat aus dem Gefängnis freizukommen, wenn man dann mit großer Sicherheit schwer verletzt oder sogar getötet wird. Am besten wirkt diese Drohung, wenn die Bestrafung garantiert werden kann. Die Mafia hat sich in dieser Hinsicht eine traurige Reputation erworben.

Im Geschäftsleben funktioniert garantierte Bestrafung bspw. folgendermaßen: Jeder Konkurrent gibt eine Niedrigpreisgarantie an seine Kunden: Wenn sie ein Produkt bei der Konkurrenz billiger bekommen, dann erstatten wir ihnen die Preisdifferenz und legen nochmals 25 % der Differenz oben drauf. Jeder der Konkurrenten weiß dann, dass er durch eine Preissenkung nichts gewinnen kann, denn die anderen würden sofort mit der gleichen Preissenkung kontern, um ihren Kunden nicht die Differenz + 25 % zahlen zu müssen. D. h. der „Angreifer" würde nur sich selbst schaden, indem er die eigene Gewinnmarge reduziert, ohne dabei Marktanteile zu gewinnen. Auf diese Art kann man Preiskartelle stabilisieren.

Außer den Spielern selbst könnten auch Dritte versuchen, das Dilemma zu lösen. Der Staat könnte bspw. anstreben, einseitige Umweltausbeutung zu entdecken und zu bestrafen, um so eine Situation zu erzeugen, in welcher die Unternehmen zugunsten der Umwelt kooperieren. Bei unerwünschten Absprachen (bspw. Preiskartellen) versucht er umgekehrt, durch die Kronzeugenregelung bzw. Entdeckung und Strafen die Kooperation zu verhindern.

Eine gewisse Absicherung könnte auch durch Verträge erreicht werden, in denen sich die Beteiligten zu kooperativem Verhalten verpflichten. Allerdings darf dann der Anreiz zum Vertragsbruch nicht zu groß werden. Das heißt, es müssen wiederum Strafen vereinbart werden, die den möglichen Gewinn aus einem Vertragsbruch überkompensieren.

Schließlich kann auch die Persönlichkeit der Beteiligten helfen, das Dilemma zu lösen. Wenn bspw. beide sich schon lange kennen und wissen, dass sie einander vertrauen können, dann könnten sie zu einer kooperativen Lösung kommen. Auch die Moral, im Fall der Gefangenen die „Ganovenehre", könnte die Kooperation begünstigen. Experimentelle Untersuchungen des Spielverhaltens führten jedenfalls zu einer erstaunlichen Kooperationsrate von 56 % bei Gefängnisinsassen (vgl. *Lange/Khadjavi* [Prisoners]).

6.7.4 Wiederholtes (iteriertes) Gefangenendilemma

Das Entdecken und Bestrafen von unkooperativem Verhalten wird deutlich leichter bei wiederholten Partien mit den gleichen Spielern, weil dann eine Partei auf das Verhalten der anderen antworten kann. Auch die glaubwürdige Selbstbindung an eine kooperative Strategie wird leichter, weil man eine Reputation aufbaut, die man nicht verlieren möchte. Der Volksmund kennt für diese Situation den Spruch: „Man sieht sich immer zweimal." Gemeint ist damit, dass das eigene Verhalten wahrscheinlich irgendwann „beantwortet" wird, sei es, dass sich jemand für einen Verrat rächt, sei es, dass kooperatives Verhalten belohnt wird.

Ist die Anzahl der Spielrunden ex ante genau bekannt, dann fällt den nutzenmaximierenden Individuen allerdings die Kooperation wieder schwer. In der letzten Runde müsste nämlich jeder rationale Spieler defektieren, weil ja darauf keine Bestrafung mehr folgen kann. Dann wird aber auch der Spieler in der vorletzten Runde defektieren, weil er sich nicht ausbeuten lassen will. Dann wird aber auch in der vorvorletzten Runde defektiert usw. Das geht so weiter bis zum Spielbeginn und es kommt keine Kooperation zustande.

Am förderlichsten für kooperative Strategien sind also wiederholte Spiele mit unbekanntem Ende.

Bei einem von *Robert Axelrod* (vgl. [Evolution]) veranstalteten Turnier mit verschiedenen Strategien in zufällig oft wiederholten Spielen nach Art des Gefangenendilemmas schnitt das Vorgehen nach der Tit-for-tat-Strategie im Durchschnitt am besten ab. In der ersten Runde wird kooperiert, dann spielt man immer so, wie der Gegner in der Vorrunde gespielt hat, also kooperativ, wenn er kooperativ war und nicht kooperativ, wenn er defektiert hat. Man könnte auch von der „Wie du mir, so ich dir"-Strategie sprechen.

Tit-for-tat gilt als eine besonders gute Strategie, weil sie folgende Eigenschaften aufweist:

- sie ist klar und einfach, auch für den Gegenspieler schnell durchschaubar,
- sie ist nett, weil sie mit Kooperation beginnt,
- sie ist provozierbar, d. h. sie bestraft Defektieren des anderen sofort,
- sie ist nachsichtig, denn wenn der andere wieder kooperiert, dann kooperiert man auch wieder.

Allerdings hat auch diese Strategie Nachteile. Zunächst mal muss man im ersten Schritt sozusagen in Vorleistung gehen und mit Kooperation beginnen. Bei manchen Problemsituationen kann man sich das schlecht vorstellen. Etwa bei einer einseitigen Abrüstung ist das sicher ein Riesenschritt.

Ein großes Problem liegt auch darin, dass ein einziges Missverständnis genügen kann, um die Kooperation völlig zusammenbrechen zu lassen, wenn beide Spieler nach dieser Strategie spielen. Denn auf das (vermeintliche) Defektieren des anderen antwortet man selbst auch wieder mit Kooperationsverweigerung und dieser dann wieder usw. Man spricht auch davon, dass die Strategie Echos erzeugt.

Die Tit-for-tat-Strategie war auch nur im Durchschnitt am besten. Im direkten Paarvergleich mit anderen Strategien hat sie oft ein Unentschieden erreicht, aber praktisch nie gewonnen. Was waren die anderen Strategien? Ein paar Beispiele:

- Immer defektieren; egal wie der andere spielt, man defektiert immer (extrem ausbeuterisch)
- Immer kooperieren; egal wie der andere spielt, man kooperiert immer (extrem gutmütig)
- Ganz zufällig defektieren oder kooperieren, bspw. nach Münzwurf
- Mit Kooperation beginnen, aber nach nur einer Defektion des anderen nie mehr kooperieren (extrem rachsüchtig)
- Im Prinzip tit-for-tat spielen, aber ab und zu mal probieren, ob man nicht mit einer Defektion durchkommt (bspw. in 10 % der Fälle auf Kooperation mit Defektion antworten) (begrenzt ausbeuterisch)
- Tit-for-n-tat; erst wenn der andere n-mal defektiert hat, reagiert man auch mit Defektion (begrenzt gutmütig)

Die Ergebnisse der verschiedenen Spielstrategien sind in folgender Auszahlungsmatrix dargestellt.

Paarvergleich 5 Spielrunden	Auszahlung Spieler 1	Auszahlung Spieler 2	Summe
1: immer defektieren 2: immer defektieren	30	30	60
1: immer kooperieren 2: immer kooperieren	10	10	20
1: immer defektieren 2: immer kooperieren	0	50	50

1: manchmal defektieren (2. Runde) 2: tit-for-tat	20	30	50
1: manchmal defektieren (2. Runde) 2: tit-for-2-tat	8	18	26

Die „Auszahlungen" sind Gefängnisjahre, bezogen auf das vorgestellte klassische Beispiel des Gefangenendilemmas. Wenn bspw. Spieler 1 und Spieler 2 in allen 5 Runden immer defektieren, bekommen sie jeder 5 x 6 also 30 Jahre Gefängnis, gemeinsam 60 Jahre. Wenn sie dagegen immer kooperieren, bekommen sie nur je 5 x 2 also 10 Jahre Gefängnis, gemeinsam 20 Jahre. Eine eindeutig beste Strategie gibt es nicht, denn die Ergebnisse kommen ja immer im Zusammenspiel mit der Strategie des anderen zustande. Eine extrem ausbeuterische Strategie kann sehr erfolgreich sein, wenn sie auf einen extrem gutmütigen Gegner trifft, der eisern bei der Kooperation bleibt und sich ausbeuten lässt. Der Ausbeuter kommt mit 0 Jahren davon, während der andere 50 Jahre Gefängnis anhäuft. Trifft sie auf sich selbst oder auf tit-for-tat oder auf die rachsüchtige Strategie, dann kommt keinerlei Kooperation zustande und das Ergebnis ist für beide Spieler schlecht.

Insgesamt schneiden die freundlichen Strategien besser ab, die mit Kooperation beginnen und auf die Defektion begrenzt nachsichtig reagieren. Sehr erfolgreich können extrem gutmütige Strategien sein, wenn sie auf sich selbst treffen oder auf tit-for-tat. Sie sind aber auch durch Ausbeutung besonders gefährdet. *Axelrod* gibt allgemein folgende Empfehlungen für das Spiel:

- **Sei nicht neidisch!**

  Denke daran, dass es nicht wie bei einem Nullsummenspiel um das Besiegen des anderen geht, sondern dass ihr gemeinsam etwas gewinnen könnt.

- **Defektiere nie als erster!**

  Das erzeugt nur Vergeltung und schadet letztlich auch dir selbst.

- **Erwidere sowohl Kooperation als auch Defektion!**

  Sei nicht zu rachsüchtig und kehre zur Kooperation zurück, wenn der andere es auch tut. Lasse dich aber auch nicht endlos ausnutzen.

- **Sei nicht zu raffiniert!**

  Erlaube dem anderen, deine Strategie zu durchschauen und sich darauf einzustellen. Ganz im Gegensatz zu den Nullsummenspielen ohne Gleichgewichtspunkt ist Undurchschaubarkeit hier kein Vorteil, sondern im Gegenteil ein Nachteil. Soll z.B. die extrem rachsüchtige Strategie abschreckend wirken, dann gelingt das nur, wenn der andere die Strategie kennt und weiß, was ihn erwartet. Klare Signale zu geben, kann ganz entscheidend sein für die Kooperation.

6.7.5 Beispiel für eine betriebswirtschaftliche Anwendung

Viele Unternehmen betreiben ein systematisches Wissensmanagement, weil sie sich klar darüber sind, dass es für den Erfolg der Unternehmung sehr wichtig sein kann, dass die Mitarbeiter ihr jeweiliges Expertenwissen austauschen und weitergeben. Kooperation würde für alle Beteiligten das beste Ergebnis hervorbringen. Für den Einzelnen kann es aber noch attraktiver sein, zwar das Wissen der anderen mitgeteilt zu bekommen, selbst aber mit seinem Wissen hinter dem Berg zu halten. Einmal, weil die Weitergabe von Wissen mit Arbeit verbunden ist (bspw. einen Erfahrungsbericht verfassen) und zum zweiten, weil Wissen oft als „Herrschaftswissen" auch ein Machtinstrument darstellt. Wenn jeder rational seinen Eigennutz maximiert, dann werden alle versuchen, die Trittbrettfahrerposition einzunehmen. Sie werden ihr Wissen nicht weitergeben und landen bei der unkooperativen Lösung, bei der niemand vom Wissen des anderen profitieren kann. Das ist die klassische Situation eines Gefangenendilemmas (vgl. *Borchert/Röhling/Heine* [Wissensweitergabe]).

Was kann das Unternehmen dagegen machen?

Das Unternehmen könnte bspw. im Arbeitsvertrag die Wissensbereitstellung verpflichtend machen und Konsequenzen androhen, falls das nicht geschieht, bzw. Belohnungen in Aussicht stellen, falls es besonders gut gemacht wird.

Das bereitet allerdings Probleme. Es ist schwierig, die Wissensweitergabe zu beobachten und zu messen, insbesondere die Güte des weitergegebenen Wissens ist schwer zu bewerten.

Bestrafung in Form des tit-for-tat, also durch Ausschluss vom bereitgestellten Wissen der anderen ist schwer durchzusetzen, wenn das Wissen einmal bereitgestellt worden ist. Außerdem schadet sich das Unternehmen ja quasi selbst, wenn es Mitglieder bewusst im Dunkeln lässt.

Da sich bei wiederholten Spielen eher Kooperation einstellt und die Belohnung und Bestrafung leichter wird, wird empfohlen, langfristige Beschäftigungsverhältnisse anzustreben und das bspw. durch lange Kündigungsfristen und interne Arbeitsmärkte auch deutlich zu signalisieren. Weitere Maßnahmen sind:

- Eher kleinere Gruppen von Mitarbeitern bilden, da bei zunehmender Gruppengröße das Trittbrettfahrerverhalten wahrscheinlicher wird. Die soziale Kontrolle funktioniert dann nicht mehr so gut.
- Den Mitarbeitern durch organisatorische Maßnahmen Möglichkeiten zum Austausch geben, bspw. in Qualitätszirkeln und Communities of Practice. Die Erfahrung von Kooperation stimuliert weitere Kooperation.
- Sorgfältige Mitarbeiterauswahl, Pflege einer offenen Unternehmenskultur, Schulung der Führungskräfte.

Die Vorschläge sind weit von einer mathematischen Lösung entfernt, aber die spieltheoretische Aufarbeitung kann dennoch helfen, das Problem zu klären.

6.7.6 Gefangenendilemma und Unternehmensethik

Für manche Wirtschaftswissenschaftler ist die Existenz von Gefangenendilemmata der Beweis dafür, dass die Forderung nach mehr Wirtschafts- und Unternehmensethik unsinnig ist, weil sich jedes Unternehmen, welches einseitig höhere moralische Standards akzeptiert, in eine ausbeutbare Situation begeben würde. Die anderen könnten davon profitieren, ihrerseits diese Standards zu unterbieten und bspw. keine fairen Preise an die Lieferanten zu zahlen oder die Umwelt zu verschmutzen. In einer Wettbewerbswirtschaft sei so der Ruin von Unternehmen vorprogrammiert, die besonders verantwortlich handeln. Darum müssten sich alle zwangsläufig bei der Defektionsstrategie treffen, also bspw. als Fischereiunternehmen selbst engmaschige Netze benutzen, als Arbeitgeber Dumpinglöhne zahlen, bei Ölbohrungen auf Sicherheitsmaßnahmen verzichten usw. Solange der Markt dies erzwinge, sei es für die Unternehmen legitim, so zu handeln (vgl. bspw. *Homan/ Blome-Drees* [Unternehmensethik] 29ff.).

Zunächst ist die Diagnose insofern richtig, als sie ein Grundproblem der Marktwirtschaft offenlegt:

> Es ist nicht so, dass sich individuell nutzenmaximierendes Verhalten grundsätzlich zum Besten der Allgemeinheit auswirkt, wie es die Lehre von der unsichtbaren Hand des Marktes behauptet. Vielmehr sind relativ häufig individuelle und kollektive Rationalität unvereinbar.

Beispiele

Es ist für den einzelnen Spediteur vorteilhaft, wenn er das zulässige Gesamtgewicht bei seinen Lastern überschreitet und die Ruhezeiten für die Fahrer nicht einhalten lässt. Das senkt seine Kosten und erhöht den Gewinn. Kollektiv entstehen dadurch große Schäden durch Spurrillen in den Autobahnen und vermehrte Unfälle.

Für den einzelnen Schweinemäster ist es vorteilhaft, seine Schweine unter Einsatz von Antibiotika zu mästen, weil sie dann schneller fett werden. Kollektiv ist das eine Katastrophe, weil die Keime gegen alle gängigen Antibiotika resistent werden und sich gefährliche Infektionskrankheiten immer schwerer bekämpfen lassen.

Für den einzelnen Arbeitgeber rechnet es sich, wenn er Lohnkosten sparen kann, indem er Dumpinglöhne zahlt. Für die Volkswirtschaft ist es sehr nachteilig, weil die Binnennachfrage zusammenbricht, wenn die Kunden kein Geld mehr haben und mehr Steuern für Transfereinkommen aufgebracht werden müssen.

Die Liste an Beispielen ließe sich endlos fortsetzen. Was sich betriebswirtschaftlich rechnet ist häufig keineswegs die beste Lösung für die Allgemeinheit.

Aber wie entkommt man diesen Situationen, in denen sich die Eigennutzmaximierer zwanghaft selbst schaden? *Homann* schlägt vor, die Lösung ganz in die Hände des Staates zu legen. Dieser müsse eben durch Gesetze, Kontrollen, Anreize und Sanktionen dafür sorgen, dass sich das „Defektieren“ für das einzelne Unternehmen nicht mehr auszahlt. Alle sollen die kollektiv bessere Entscheidung treffen, weil die Auszahlungsmatrix genau das belohnt. Innerhalb einer solchen Rahmenordnung könnten, ja sollten dann alle Spieler wieder einer reinen Gewinnmaximierungsstrategie folgen. Irgendwelche Appelle an die Moral seien dagegen völlig sinnlos.

Was könnte man dagegen einwenden?

- **Gesetzeslücken**: Die gesetzlichen Regelungen können niemals vollständig alle möglichen schädlichen Handlungsweisen verhindern. Schon alleine wegen der langen Gesetzgebungsverfahren wird es immer wieder zumindest zu zeitweisen Gesetzeslücken kommen, die strikt gewinnmaximierende Unternehmen natürlich ausnutzen. Beispiel: Gesetze gegen Internetbetrug.
- **Schwammige und auslegungsbedürftige Gesetze**: Viele Gesetze enthalten schwammige und auslegungsbedürftige Regelungen, z. B. wahre und klare Bilanzierung, gewissenhafte Beratung von Anlegern, Vertragsauslegung nach Treu und Glauben, angemessene Vorstandsvergütung etc.

Strikte Eigennutzmaximierer werden solche Regelungen in ihrem Sinne auslegen, auch auf Kosten anderer.

- **Ausweichen in weniger regulierte Länder**: Sind bei uns bspw. die Umweltschutz- oder Arbeitsschutzgesetze streng, verlegen Unternehmen ihren Firmensitz ins weniger regulierte Ausland. Damit geraten die Länder in ein Gefangenendilemma, denn es ist für das einzelne Land attraktiv, einseitig laschere Gesetze zu haben und damit viele Unternehmen anzulocken. Obwohl es für alle besser wäre, strenge Gesetze bspw. gegen Umweltverschmutzung zu haben, kann dieses kollektiv rationale Ergebnis von den Eigennutzmaximierern nicht erreicht werden. Vielmehr findet vermutlich eine Abwärtsspirale statt, bei der sich die Länder gegenseitig unterbieten.
- **Kalkulierte Gesetzesverstöße**: Strikte Eigennutzmaximierer werden die Gefahr des Erwischtwerdens und die Höhe der möglichen Strafe einkalkulieren und gegen die möglichen Erträge aus Gesetzesverstößen aufrechnen. Sehr häufig rechnet sich auch ein klarer Gesetzesbruch, weil die Gefahr des Erwischtwerdens sehr gering ist und auch die Strafen kaum an die möglichen Gewinne heranreichen. Entscheidungstheoretisch gesprochen ist der Erwartungswert des Gesetzesverstoßes höher als die Auszahlung bei Gesetzestreue.
- **Moral muss bei Politikern und Kontrolleuren vorausgesetzt werden**: Warum sollten die Gestalter der Rahmenbedingungen die besseren Menschen sein? Wenn man sich die Wirtschaftsakteure nur als strikte Eigennutzmaximierer vorstellen kann, bei denen es völlig sinnlos erscheint, an den Gemeinsinn zu appellieren, woher kommt dann auf einmal der Optimismus hinsichtlich der politischen Akteure und der Kontrolleure? Wieso sollten die Politiker auf einmal uneigennützig an der Gestaltung einer gemeinwohlförderlichen Rahmenordnung interessiert sein? Warum sollten sich die Kontrolleure nicht von der Wirtschaft kaufen lassen und sich ebenfalls als Eigennutzmaximierer verhalten? Fordert man eine Kontrolle der Kontrolleure, dann kommt es zu einer unendlichen Kontrollspirale.
- **Aufbau von Bürokratie**: Kann man nicht einen guten Willen und eine gewisse Vertrauenswürdigkeit (Moral) bei den meisten Akteuren voraussetzen, dann muss ein enormer Aufwand in Regelungen und Kontrollen gesteckt werden. Die Wirtschaft würde endgültig von der Bürokratie erstickt, weil man ja keinerlei Schlupfloch lassen darf, wenn die Akteure sich nur eigennutzmaximierend verhalten und nicht prinzipiell regeltreu.

Gegen die Sichtweise von der Unmöglichkeit von Unternehmensethik lässt sich auch einwenden, dass damit ja keineswegs immer automatisch ein Gefangenendilemma verbunden sein muss. Es wird unterstellt, dass ein besonders verantwortungsvolles Handeln immer mit Nachteilen (bspw. höheren Kosten) für das verantwortungsvolle Unternehmen verbunden ist und die anderen sich wirtschaftlich besser stellen, wenn sie selbst die unkooperative Strategie verfolgen. Der „einseitige Verräter" ist immer am besten dran. Aber stimmt das überhaupt?

- Verantwortungsbewusstes Entscheiden kann für ein Unternehmen unmittelbar mit Kosteneinsparungen einhergehen, bspw. bei fast allen Maßnahmen zur Ressourcenschonung, also bspw. energieeffizienterer Produktionsweise, weniger Verpackung, Recycling von Wertstoffen, kürzeren Transportwegen etc.
- Selbst wenn es mit Zusatzkosten verbunden sein sollte, können andere Marktpartner diese Anstrengungen honorieren und so die Nachteile aufheben oder sie sogar in Vorteile verwandeln. Bspw. sind Konsumenten bereit, für Eier aus biologischer Haltung höhere Preise zu zahlen; mehr und mehr Anleger wollen ihr Geld nur in Firmen investieren, die sich verantwortungsbewusst verhalten; Mitarbeiter honorieren eine faire Behandlung durch das Unternehmen ihrerseits durch besondere Motivation; langfristig faire Zusammenarbeit mit Lieferanten gibt diesen mehr Grund, sich ihrerseits fair zu verhalten und bspw. bei Zahlungsengpässen des Kunden eine Stundung zuzulassen usw.

Man kommt nicht umhin, auch ein gewisses Maß an Individualmoral bei den Wirtschaftsakteuren vorauszusetzen und einzufordern, wenn man aus der Falle der kollektiven Selbstschädigung durch strikte Eigennutzmaximierer herauskommen will. Damit ist nicht gesagt, dass es nicht absolut sinnvoll ist, eine Auszahlungsmatrix nach Art des Gefangenendilemmas am besten zu verhindern, also niemand in die Versuchung kommen zu lassen, sich quasi auf Kosten des kollektiven Nutzens individuell bereichern zu können. Natürlich ist es deshalb sinnvoll, wenn es deutlich mehr und schärfere Kontrollen gibt gegen Wirtschaftsvergehen und wenn auch die Strafen sehr viel höher ausfallen. Der Erwartungswert aus einem Gesetzesverstoß darf eigentlich nicht höher sein als der Erwartungswert aus Gesetzestreue. Die Unternehmen können auch selbst etwas dafür tun, solche Möglichkeiten zur Ausbeutung zu verhindern, indem sie kollektive Selbstbindungen eingehen, sich also bspw. als Branche insgesamt auf die Einhaltung bestimmter Standards verpflichten. Glaubwürdigkeit können solche Selbstverpflichtungen u. a. dadurch erreichen, dass man sich öffentlich dazu bekennt, neutrale Kontrollinstanzen akzeptiert und bei Verstößen seinen guten Ruf aufs Spiel setzt (vgl. auch *Göbel* [Unternehmensethik]).

6.8 Was bringt die Spieltheorie?

Insgesamt kann man feststellen, dass die Spieltheorie betriebswirtschaftlich relevante Konfliktsituationen anschaulich beschreiben kann. Für Unternehmer sind sog. strategische Situationen sehr wichtig, denn oft ist das Verhalten der Konkurrenten (oder auch der Kunden oder Lieferanten oder anderer Akteure) die wichtigste Einflussgröße auf die Ergebnisse einer Entscheidung. Die formale Modellierung klärt die Probleme der sozialen Interaktion und bildet sie in einfacher Form ab. Dabei gibt es verschiedene Modelle für unterschiedliche Spielsituationen. Eine Optimallösung gibt es zwar nur für determinierte Nullsummenspiele, aber es gibt eine Reihe von Empfehlungen, wie man sich in strategischen Situationen am besten verhält. Man kann sich in der Kunst des strategischen Denkens üben. Das langfristige Vorausdenken wird vor allem in sequenziellen Spielsituationen gefordert und gefördert.

Durchschaut man eine Spielsituation, dann kann man hoffen, durch die gezielte Änderung der Auszahlungen oder durch die Selbstverpflichtung auf ein bestimmtes Spielverhalten den anderen zu einem bestimmten Verhalten zu bewegen.

Es gibt allerdings auch einige Gefahren und Schwächen.

In der Realität findet man keine genau definierte Spielsituation vor, sondern muss erst einmal herausfinden, um welche Art Spiel es sich handelt und wer mitspielt. Hat man es mit einem Nullsummenspiel zu tun oder ist Kooperation sinnvoll? Sind Spielwiederholungen zu erwarten? Sind die Spielzüge simultan oder sequenziell? Ist es vorteilhaft durchschaubar zu sein oder sollte man unberechenbar sein? Während die Theorie gerne von einmaligen Spielen mit zwei Parteien und simultanen Spielzügen ausgeht, dürften in der Wirtschaft sequenzielle Spiele und wiederholte Spiele mit mehreren Akteuren eine viel größere Rolle spielen. Man sammelt über längere Zeit Erfahrung mit dem Verhalten der anderen Akteure. Die Interaktion bekommt eine Geschichte und verändert sich im Laufe der Zeit. Man hat mehr Informationen, aber das Spiel wird auch erheblich komplexer.

Sehr künstlich erscheint auch die vielen Spielen zugrunde liegende Annahme, dass die Spieler nicht miteinander kommunizieren können. Selbst Wettbewerber kommunizieren in der Regel miteinander, zumindest indirekt über Marktsignale (vgl. *Porter* [Wettbewerbsstrategie] 110ff.). Wettbewerber versuchen, den anderen ihre Ziele, Motive und Vorhaben zu signalisieren, sie warnen, drohen oder bieten Kooperation an, sie kündigen geplante Maßnahmen an und testen die Reaktion der anderen Akteure, sie kommentieren die Branchensituation oder das Verhalten der anderen. Verständliche Signale zu senden und Signale richtig zu interpretieren, ist eine wichtige Fähigkeit in strategischen Situationen. Den anderen die eigene Strategie klar zu machen, kann verhindern, dass man in die Falle kollektiver Selbstschädigung tappt.

Auch dürften anders als bei den Gesellschaftsspielen und Sportspielen die reinen Nullsummenspiele eher die Ausnahme sein. Selbst bei Lohnverhandlungen hat man es oft nicht mit einer Nullsummensituation zu tun, weil beide Parteien durch eine schnelle Einigung gewinnen bzw. durch einen langen Arbeitskampf verlieren werden. Schließlich können die Beteiligten jedenfalls zum Teil die Spielregeln selbst bestimmen und sozusagen während des laufenden Spiels ändern. Die Komplexität der Realität lässt sich nur durch extreme Vereinfachungen soweit reduzieren, dass man eine Matrix oder einen Spielbaum mit Auszahlungen aufstellen kann.

Problematisch erscheint auch das Menschenbild. Hinter dem harmlos klingenden Begriff des „Spiels“ verbirgt sich meist die Vorstellung eines „Kampfes“ oder sogar eines „Krieges“. Man wird sozusagen darin geschult, im anderen immer den Gegner zu sehen, der einen zu überlisten und zu übervorteilen versucht. Kooperation ist unwahrscheinlich. Ein Kooperationsangebot kann auch nur ein Bluff sein. Das gegenseitige Misstrauen verhindert dann tatsächlich eine Kooperation im Sinne einer „selffulfilling prophecy“. Denn wenn der andere nicht kooperiert (was man voraussetzt), dann wäre man dumm, selbst zu kooperieren. Das erinnert ein wenig an *Watzlawick* (vgl. [Anleitung] 37f.), der folgende Situation beschreibt: Ein Mann will ein Bild aufhängen und möchte sich dafür vom Nachbarn einen Hammer ausleihen. Er überlegt, dass der Nachbar ihm den Hammer vielleicht nicht ausleihen wird, dass er vielleicht etwas gegen ihn hat und unfreundlich auf die Bitte reagieren könnte. Er steigert sich immer mehr in die Vorstellung rein, dass der Nachbar ihm feindlich gesonnen ist und stürmt schließlich rüber, läutet, der Nachbar öffnet und wird sofort beschimpft: „Behalten Sie doch Ihren blöden Hammer, Sie Rüpel!“. Vermutlich wird sich diese Nachbarschaft dann tatsächlich nicht gerade freundschaftlich gestalten.

Fragwürdig ist schließlich die Annahme der strikt rationalen Spieler, die nur auf die Auszahlungen der Partien achten. Geht man von längeren Interaktionen aus, dann kann es sogar besonders rational sein, auf Auszahlungen zu verzichten, bspw. um einen Angriff zu bestrafen oder um die eigene Kooperationsbereitschaft zu signalisieren. Man investiert quasi in den weiteren Spielverlauf. In der Regel spielen immer auch persönlichkeitsbedingte Daten wie Sympathie und Antipathie, Verhandlungsgeschick, weltanschauliche

Einstellung, Versöhnlichkeit oder Sturheit usw. eine große Rolle für den Ausgang eines Spiels. Während die ökonomische Spieltheorie nur den Eigennutzmaximierer kennt, unterscheidet der Organisationspsychologe *Adam Grant* bspw. die Typen der Geber, Nehmer und Tauscher (vgl. *Grant* [Geben]). Nehmer würden bei einem iterierten Gefangenendilemma vermutlich immer defektieren, Tauscher wären bereit tit-for-tat zu spielen, aber nur Geber gehen mit ihrem kooperativen Verhalten in Vorleistung und stimulieren so eine Kooperation, die letztlich allen nutzt. Die Spieler hätten dann die zusätzliche Aufgabe, die Persönlichkeit ihres Gegenübers richtig einzuschätzen.

Sicherlich kann man nicht hoffen, im Wirtschaftsalltag die richtige Strategie durch das Aufstellen einer Bimatrix oder eines Spielbaumes einfach berechnen zu können. Die exemplarisch aufgeführten Spielsituationen können aber als eine Art Heuristik dienen.

7 Entscheidungen in Gruppen

„Allein ist besser als mit schlechten im Verein,
mit guten im Verein ist besser als allein." Friedrich Rückert

Wie bei der Spieltheorie ist bei den Entscheidungen in Gruppen der Unterschied zur „normalen Entscheidungstheorie", dass man es nicht mit einem Akteur zu tun hat, sondern mit mehreren. Die Akteure stehen sich aber nicht als Spieler gegenüber, die oft von vornherein als Gegner verstanden werden. Bei Gruppenentscheidungen wollen/sollen die Teilnehmer sich auf eine gemeinsame Entscheidung einigen. Bspw. will der Vorstand einer AG sich über die zukünftige Strategie des Unternehmens einigen, oder eine Berufungskommission muss sich auf eine Berufungsliste einigen.

Zunächst soll genauer geklärt werden, was Gruppenentscheidungen kennzeichnet und wo Unterschiede zur Spieltheorie bestehen (7.1). Es werden dann zwei Typen von Gruppenentscheidungen vorgestellt (7.2). Zum einen kann der gesamte Entscheidungsprozess von den Gruppenmitgliedern gemeinsam durchlaufen werden. Zum anderen kann jeder für sich entscheiden und man versucht, daraus eine Entscheidung der Gruppe zu aggregieren (bspw. durch Mehrheitsbeschluss). Beide Typen der Entscheidungsfindung werden näher erläutert (7.3–7.5). Schließlich wird diskutiert, welche Vor- und Nachteile Gruppenentscheidungen mit sich bringen und wie man sie verbessern könnte (7.6).

7.1 Was kennzeichnet Gruppenentscheidungen?

Das wichtigste Merkmal der Gruppenentscheidung ist, dass mehrere Akteure gemeinsam zu einer Entscheidung kommen müssen. Gruppenentscheidungen haben viele **Vorteile**. Verschiedene Experten können ihr Wissen einbringen. Betroffene können zu Beteiligten gemacht werden, was gerade bei unpopulären Entscheidungen auch die Durchsetzung erleichtert. Eine Gruppe kann kreativer sein bei der Suche nach Alternativen und die Mitglieder können sich gegenseitig korrigieren und auch die Verantwortung teilen. Gerade in einer Kultur, die sich als demokratisch versteht, gilt es überdies als fair, Gruppenentscheidungen zu treffen und bspw. über einen Plan abzustimmen.

Wie kann man solche Gruppenentscheidungen von der **Spieltheorie abgrenzen**? Bei der Spieltheorie werden die verschiedenen Akteure zunächst als Gegner verstanden, die nur unter besonderen Umständen auch mal kooperieren. Es handelt sich im Wesentlichen um eine Konflikttheorie. Im Folgenden geht es eher darum, wie verschiedene Akteure zu einer gemeinsam getragenen Entscheidung kommen. Die Abgrenzung ist aber nicht immer einfach.

Natürlich können auch Gruppen sich wiederum als Spieler begegnen, bspw. Arbeitgeberverband und Gewerkschaft in einem Tarifkonflikt. Im letzten Kapitel wurden solche Entscheidungen wie Zwei-Personen-Spiele behandelt, die Gruppen also als einheitlicher Block betrachtet. Bei der jetzt im Vordergrund stehenden Gruppenentscheidung geht es darum, wie die beiden Seiten jeweils zu ihren Entscheidungen kommen. Wie entscheidet bspw. die Gewerkschaft über einen Streik? Oder der Arbeitgeberverband über eine Aussperrung? Der gemeinsame „Gegner" beeinflusst möglicherweise auch die Entscheidung innerhalb der Gruppe. Man einigt sich bspw. leichter, wenn es gegen einen gemeinsamen „Gegner" zu entscheiden gilt. Aber es können sich auch innerhalb der Gruppen einzelne Mitglieder wiederum als Gegenspieler verstehen und strategisch vorgehen, bspw. gezielt Informationen zurückhalten, sich mit „Seitenzahlungen" die Zustimmung anderer Gruppenmitglieder sichern oder mit Strafen drohen (wenn du mich hier nicht unterstützt, dann unterstütze ich dich auch nicht mehr bei deinem Projekt). Oft spielen neben der Sachentscheidung noch ganz andere private Interessen eine Rolle. Man will vielleicht in erster Linie, dass ein anderes Gruppenmitglied nicht mit seinem Vorschlag durchkommt und „gewinnt". Dafür nimmt man dann sogar Abstriche bei den eigenen Wünschen in Kauf und verhält sich so gesehen irrational.

Nach einer Unterscheidung von *March* und *Simon* (vgl. [Organizations] 149ff.) gibt es vier Entscheidungstypen:

[1] **Problemlösung** (problem solving): Die Gruppe teilt gemeinsame Ziele und sucht einvernehmlich nach der besten Lösung. Die Gruppe soll Informationen zusammenführen und neue Alternativen generieren.

[2] **Überzeugung** (persuasion): Es gibt gemeinsame Fundamentalziele aber unterschiedliche Vorstellungen über den richtigen Weg dahin, also über Instrumentalziele. Differenzen können argumentativ überwunden werden.

[3] **Verhandlung** (bargaining): Es gibt Interessenkonflikte zwischen den Teilnehmern, die nicht durch Überzeugung zu beseitigen sind. Drohungen, falsche Behauptungen und Kuhhandel zwischen den Teilnehmern

finden statt. Die Gruppe kann allenfalls eine Kompromisslösung finden, nicht unbedingt die sachlich beste.

[4] **Politik** (politics): Es bestehen offene Zielkonflikte und das Entscheidungsproblem ist unklar. Die Beteiligten suchen sich auch externe Verbündete.

Die ersten beiden Entscheidungstypen interessieren im Moment, während die beiden letzten eher in Richtung Spieltheorie gehen, weil die Konflikte im Vordergrund stehen.

Wir gehen also im Folgenden eher von einer harmonischen Zusammenarbeit aus. Aber selbst wenn alle Beteiligten ernsthaft daran interessiert sind, eine gute gemeinsame Entscheidung zu treffen, man also mit dem Entscheidungstyp „Problemlösung" zu tun hat, treten doch unvermeidlich besondere Probleme auf. Ob bei der Auswahl der Ziele, der Zielgewichtung, den Vorstellungen von brauchbaren Alternativen, den Bewertungen von Ergebnissen, der Berücksichtigung von Umweltfaktoren, der Einschätzung von Risiken oder der Bewertung von Risiken, es wird an allen Stellen des Entscheidungsmodells zu unterschiedlichen Vorstellungen kommen können. Wer sich mit seinen Vorstellungen durchsetzt, kann dann von Macht- und Statusdifferenzen abhängen oder sogar von Zufälligkeiten, wie der Reihenfolge der Argumente. Bei einer längeren Diskussion bleiben nämlich die zuletzt genannten Argumente besser in Erinnerung und haben dann mehr Gewicht bei der Entscheidung.

Eine Gruppenentscheidung kann aber auch dann schlecht sein, wenn zu viel Harmonie herrscht. Ein Übermaß an Gruppenkohäsion (Gruppenzusammenhalt) führt zum „Groupthink" genannten Phänomen, dass eine Gruppe sich aus Harmoniebedürfnis sehr schnell und unkritisch auf eine Alternative einigt und alle Einwände von außen abwehrt. Die Einigkeit in der Gruppe ist wichtiger als die sachlich beste Lösung (vgl. *Janis* [groupthink]).

Aufgabe der präskriptiven Entscheidungstheorie ist es, Vorschläge zu machen, wie solche Entscheidungen rationaler, d. h. besser ablaufen könnten. Zwei grundsätzliche Vorgehensweisen können unterschieden werden.

7.2 Zwei Vorgehensweisen zum Treffen von Gruppenentscheidungen

Grundsätzlich kann man auf zwei Arten an die Lösung herangehen:

[1] Die Teilnehmer generieren gemeinsam das Entscheidungsmodell, einigen sich also über Ziele, Alternativen, Wertfunktionen, Wahrscheinlich-

keiten von Umweltzuständen und entscheiden dann aufgrund dieses Modells. Konflikte werden im Entscheidungsprozess aufgearbeitet und idealerweise bis zu einem Konsens ausdiskutiert. Gelingt das nicht, findet man zumindest Kompromisse, mit denen alle leben können. Man arbeitet dann bspw. mit Durchschnittswerten weiter.

[2] Jeder Teilnehmer entscheidet für sich alleine und anschließend aggregiert man die Einzelentscheidungen zu einer Gruppenentscheidung. Das geschieht über Abstimmungsregeln (bspw. welcher Vorschlag bekommt die einfache Mehrheit). Konflikte werden in die Phase der endgültigen Entscheidung verlagert.

Es sind auch Mischungen beider Vorgehensweisen denkbar. Bspw. einigt man sich über Zielkriterien und Alternativen, aber dann bewertet jeder Beteiligte für sich die Alternativen. Die endgültige Entscheidung wird per Abstimmung getroffen. Die beiden Vorgehensweisen zu unterscheiden stellt also eine typisierende Vereinfachung dar.

Zunächst wollen wir uns mit der ersten Vorgehensweise beschäftigen.

7.3 Die gemeinsame Strukturierung des Entscheidungsproblems

Bei dieser Vorgehensweise werden alle Schritte zur Modellierung des Entscheidungsproblems von allen Beteiligten gemeinsam durchlaufen.

7.3.1 Die Generierung eines gemeinsamen Zielsystems

Direkt zu Beginn steht ein schwieriges Unterfangen an, nämlich sich auf gemeinsame Ziele zu einigen. Zunächst kann man alle Ziele sammeln. Es ist sogar darauf zu achten, dass alle Ziele explizit genannt werden, damit sie nicht im Verborgenen die Entscheidungen einzelner Mitglieder bestimmen. Dann sollte man nach gleichen und sich überschneidenden Zielen suchen, um die Menge der Ziele so schon einmal zu reduzieren. Bei einer Personalauswahl könnte bspw. einer das Ziel „Berufserfahrung“ und der andere das Ziel „mehrjährige einschlägige Praxis“ nennen, was das gleiche nur in anderer Formulierung ist. Bei anderen Kriterien gibt es zumindest Überschneidungen, etwa bei „soziale Kompetenz“ und „Kommunikationsfähigkeit“. Man kann dann eine gemeinsame Formulierung finden.

Durch Zielstrukturierung lassen sich Fundamental- und Instrumentalziele unterscheiden, was zur Entschärfung von Zielkonflikten führen kann, wenn man feststellt, dass man gemeinsame Fundamentalziele verfolgt und nur unterschiedlicher Meinung über den Weg dahin ist. So könnte man sich bei Uneinigkeit über eine Wachstumsstrategie auf jeden Fall einig sein, dass man Wachstum als Fundamentalziel sieht. Ähnlich wie bei der Entscheidung durch einen einzelnen Akteur können Differenzen auch durch Zielgewichtung entschärft werden. Konfliktäre Ziele können so gleichzeitig berücksichtigt werden, allerdings mit unterschiedlichen Gewichten. Natürlich verlagert sich der Konflikt dann auf die Bestimmung der Höhe der Zielgewichte. Besonders schwierig wird es, wenn einzelne Mitglieder Ziele ganz ablehnen, die anderen wichtig erscheinen, und wenn heimlich andere Ziele verfolgt werden (bspw. persönliche Interessen).

Die Anforderungen an ein ideales Zielsystem (Vollständigkeit, Überschneidungsfreiheit, Präferenzenunabhängigkeit usw.), sind bei der Generierung von gemeinsamen Zielsystemen noch schwerer zu erfüllen, als bei einem einzelnen Akteur.

In der Praxis versucht man oft, Zielkonflikte zu verschleiern, indem man die Ziele bewusst schwammig und vage formuliert oder mal das eine und dann wieder das andere Ziel in den Vordergrund rückt.

7.3.2 Die Alternativensuche

Bei der Alternativensuche können Gruppenvorteile besonders zum Tragen kommen, weil mehreren Personen gewöhnlich auch verschiedene Lösungsmöglichkeiten für ein Problem einfallen. Unterstützt werden kann die Alternativensuche in der Gruppe noch durch spezielle Kreativitätstechniken, wie bspw. das Brainstorming. Man kann auch die Gruppe aufteilen in Untergruppen, damit verschiedene Alternativen erzeugt werden und man sich nicht vorschnell auf nur eine Lösung einigt.

7.3.3 Die Erzeugung von Gruppenwertfunktionen

Angenommen es konnte ein gemeinsames Zielsystem entwickelt werden und es wurden messbare Zielkriterien entwickelt, mit deren Hilfe die Alternativen bewertet werden sollen. Für die Auswahl von Bewerbern um eine Stelle hat man sich bspw. darauf geeinigt, die Berufserfahrung, die Abschlussnote und den persönlichen Eindruck als Auswahlkriterien zu benutzen. Nach einer Vorauswahl stehen auch die Alternativen, also die aussichtsreichsten Bewerber, fest. Es handelt sich also um eine Entscheidung bei Sicherheit und mehreren Zielen. Als nächstes braucht man dann eine Wertfunktion.

Wir erinnern uns: Bei der Wertfunktion ging es darum, aus den verschiedenen Zielerträgen der Alternativen Werte zu berechnen, die man dann addieren kann, um zu einer Gesamtbewertung für die Alternative zu kommen.

Beispiel: Zwei Bewerber um eine Stelle haben nach den unterschiedlichen Kriterien je ein eigenes Profil:

Herr Müller	**Frau Meier**
3 Jahre Berufserfahrung	1 Jahr Berufserfahrung
Abschlussnote 2,3	Abschlussnote 1,3
freundliches Auftreten	forsches Auftreten

Man muss die unterschiedlichen Bewertungskriterien in eine gemeinsame Größe umrechnen, wenn man pro Bewerber eine Größe bekommen will, anhand derer dann eine Entscheidung getroffen werden kann. Diese gemeinsame Größe ist der „Wert". Jeder Entscheider muss also sagen, wie viel sind mir bspw. 3 Jahre Berufserfahrung wert, wie viel ist mir eine Abschlussnote von 2,3 wert, wie viel ist mir freundliches Auftreten wert usw. Die individuellen Unterschiede zwischen den Mitgliedern einer Gruppe werden sich darin zeigen, wie sie die Kriterien bewerten. Beim dritten Kriterium besteht vielleicht nicht mal Einigkeit über das Ergebnis.

Mitglied 1 sagt bspw.: Für mich haben 3 Jahre Berufserfahrung den Wert 0,7

Mitglied 2 sagt: Für mich haben 3 Jahre Berufserfahrung den Wert 0,6.

Leichter wird es, wenn die Mitglieder ein Bewertungsintervall angeben, also bspw. sagen, der Wert von 3 Jahren Berufserfahrung liegt für mich zwischen 0,65 und 0,75 (Mitglied 1), bzw. zwischen 0,55 und 0,65 (Mitglied 2). Die individuellen Bewertungen sind kompatibel, wenn es eine Schnittmenge zwischen den Intervallen gibt. Hier könnten sich die Mitglieder bspw. auf 0,65 als Bewertung einigen. Formal muss das Minimum der individuellen Wertobergrenzen (0,65) größer oder gleich dem Maximum der individuellen Wertuntergrenzen (0,65) sein.

Schwierig wird es bei eindeutigen und weit auseinander liegenden Bewertungen. So könnten gerade beim qualitativen dritten Kriterium die Meinungen weit auseinander gehen, wie bspw. ein forsches Auftreten zu bewerten ist. Kann man sich nicht auf eine gemeinsame Bewertung einigen, dann bleibt noch die Möglichkeit einer Durchschnittsbildung. Je weiter die Meinungen auseinandergehen, desto unbefriedigender ist allerdings eine solche Durchschnittsbildung. Scherzhaft kann man das verdeutlichen mit dem Spruch:

„Wenn man mit dem Kopf im Kühlschrank liegt und mit den Füßen im Feuer, hat man es noch lange nicht im Durchschnitt angenehm warm." Man behält dann besser die unvollständige Bewertung bei und rechnet mit einem Wertintervall weiter.

Ganz ähnliche Probleme treten bei der Generierung gemeinsamer Zielgewichte auf. Auch hierbei ist es leichter, wenn die Mitglieder Intervalle angeben. Gibt es Überschneidungen in den Intervallen, dann kann man eine für alle zulässige Gewichtung durchführen. Ansonsten bestehen auch hier die Möglichkeiten der Durchschnittsbildung oder der Beibehaltung von Gewichtungsintervallen. Die Durchschnittsbildung ist nicht zu empfehlen, wenn die Meinungen weit auseinander gehen.

Beispiel: Zwei Entscheider, zwei Alternativen

Folgende Entscheidungstabelle sei aufgestellt worden:

	Z1 (Berufserfahrung)	Z2 (Abschlussnote)	Z3 (persönlicher Eindruck)
Entscheider 1			
Herr Müller	0,65–0,75	0,1–0,15	0,75
Frau Meier	0,25–0,3	0,3–0,4	0,25
Gewicht	0,5	0,3	0,2
Entscheider 2			
Herr Müller	0,55–0,65	0,15–0,2	0,35
Frau Meier	0,15–0,25	0,4–0,5	0,65
Gewicht	0,3	0,3	0,4

Gemeinsame Werte ergeben sich durch Schnittbereiche bei den Intervallen und/oder Durchschnittsbildung. Hier existieren Schnittbereiche bei den Werten für Z1 und Z2. Bei den Zielgewichten bildet man Durchschnitte. Bei Z3 rechnet man mit einem Wertintervall weiter.

	Z1 (Berufserfahrung)	Z2 (Abschlussnote)	Z3 (persönlicher Eindruck)
Gemeinsame Werte			
Herr Müller	0,65	0,15	0,35–0,75
Frau Meier	0,25	0,4	0,25–0,65
Gewicht	0,4	0,3	0,3

Das größte Problem dürfte sein, sich bei den weit auseinanderliegenden Bewertungen hinsichtlich des persönlichen Eindrucks auf eine gemeinsame Wertung zu einigen. Die Durchschnittsbildung wäre keine gute Lösung, weil sie keinem gerecht wird. Besser ist eine erneute Diskussion.

Damit auch jeder seine wirkliche persönliche Wertung nennt, wird empfohlen, dass Personen mit hohem Status nicht zu Beginn ihre Bewertungen nennen sollten. Zu jedem Vorschlag sollte ein Advocatus diaboli eine Gegenposition vertreten (vgl. *Eisenführ/ Weber/Langer* [Entscheiden] 365). Nicht zu vermeiden ist vermutlich, dass ein Entscheider unsachliche persönliche Bewertungen einfließen lassen kann, ohne das nach außen zu dokumentieren. So könnte jemand, der insgeheim keine Frau will, dieses Vorurteil versteckt einfließen lassen, indem er die Wichtigkeit der Abschlussnote abwertet und die Berufserfahrung als zentrales Auswahlkriterium vertritt.

7.3.4 Die Schätzung von Wahrscheinlichkeiten

Auch bei der Einschätzung von Wahrscheinlichkeiten für das Eintreten bestimmter Ergebnisse bei Risikoentscheidungen können Differenzen auftreten zwischen den Akteuren. Als einfachste Möglichkeit wird empfohlen, den Durchschnitt über die verschiedenen Wahrscheinlichkeiten zu bilden. Eventuell kann man die Schätzungen verschiedener Personen noch gewichten, wenn man sich einig ist, dass sie verschiedene Fachkompetenz besitzen hinsichtlich der Schätzung. Bei der Einschätzung des Wetters wird man sicher die Meinung eines Meteorologen höher gewichten als die eines Laien.

Die Durchschnittsbildung ist immer dann keine gute Idee, wenn die Schätzungen sehr weit auseinander liegen. So könnte bei der Entscheidung über ein neues Produkt der Techniker von einem Riesenerfolg überzeugt sein, weil er die Wahrscheinlichkeit auf der Grundlage technischer Daten schätzt. Die Marketingexpertin könnte dagegen von einem Flop überzeugt sein, weil sie sicher ist, dass die Kunden nicht bereit sind, den nötigen hohen Preis zu zahlen. Es ist dann wenig sinnvoll von einem mittleren Erfolg als wahrscheinlichstem Ergebnis auszugehen. Die Experten könnten sich dann zusammensetzen und versuchen, zu einer gemeinsamen Einschätzung zu kommen. Können sie sich nicht einigen, dann erscheint es besser, es bei unterschiedlichen Schätzungen belassen und für beide Schätzungen das Modell durchzurechnen.

7.3.5 Gemeinsame Risikopräferenzen

Bei einer Entscheidung unter Unsicherheit muss sich die Gruppe auch noch hinsichtlich der Risikopräferenz einigen. Ein relativ häufig beobachtetes Phänomen ist der „risky shift“, das ist die Erhöhung der Risikobereitschaft in der Gruppe gegenüber der Risikobereitschaft der einzelnen Gruppenmitglieder je für sich. Dass Gruppen zu riskanteren Entscheidungen tendieren, wird unterschiedlich erklärt:

- Die Verantwortung wird auf mehrere Schultern verteilt, so dass der Einzelne weniger Angst hat, alleine für ein mögliches schlechtes Ergebnis verantwortlich gemacht zu werden.
- In der Diskussion setzen sich die risikofreudigeren Gruppenmitglieder durch, weil Scheu vor dem Risiko – vor allem unter Managern – weniger akzeptiert wird als Risikofreude. Keiner will als „Angsthase“ dastehen.
- Durch die Gruppendiskussion kommen mehr Informationen über die Entscheidungssituation zusammen, so dass sich die Mitglieder subjektiv sicherer fühlen bei der Entscheidung.

Andere Forscher verallgemeinern das Risikoschubphänomen in der Weise, dass sie ganz allgemein den Gruppen eine Tendenz zu extremeren Entscheidungen nachsagen (vgl. *Moscovici/Zavalloni* [group]). Dominieren zu Beginn der Diskussion die vorsichtigen Entscheider, dann tendiert die Gruppe insgesamt zu besonders risikoscheuen Entscheidungen. Die Polarisierung hin zu extremen Entscheidungen ist zurückzuführen auf den Konformitätsdruck in Gruppen. Es ist den meisten Menschen unangenehm, sich gegen die Mehrheit zu stellen. Sobald sich eine Tendenz herauskristallisiert, beeilt sich jeder, die Meinung der anderen zu unterstützen.

Steht das Entscheidungsmodell, dann kann ganz analog zu Entscheidungen von Einzelpersonen die endgültige Entscheidung getroffen werden. Können sich die Gruppenmitglieder nicht auf gemeinsame Zielgewichte, Wertungen und/oder Wahrscheinlichkeiten und Risikopräferenzen einigen und gibt es keine eindeutig dominante Alternative, dann ist eine von allen geteilte Entscheidung unmöglich. In diesem Fall muss man zur zweiten Form der Gruppenentscheidung übergehen und die verschiedenen Einzelentscheidungen zu einer Entscheidung zusammenführen.

7.4 Aggregation individueller Entscheidungen: Abstimmungsregeln

Jeder entscheidet zunächst für sich, auf der Basis seines persönlichen Entscheidungsmodells. Dann wird daraus eine Entscheidung der Gruppe abgeleitet. Es wird vorausgesetzt, dass jedes Gruppenmitglied eine vollständige und transitive Präferenzordnung hinsichtlich der Alternativen hat und dass diese wahren Präferenzen auch offenbart werden. Ist das nicht der Fall, spricht man von strategischem Abstimmungsverhalten, was wiederum eher in die Spieltheorie gehört.

In den meisten Fällen reicht es, wenn das Gremium zu einer Entscheidung kommt, also einen Spitzenreiter bestimmt. Noch besser wäre allerdings, es gäbe eine vollständige und transitive Gruppenpräferenzordnung.

Die einzelnen Entscheidungen werden über Abstimmungsregeln aggregiert.

Verschiedene Abstimmungsregeln sind möglich. Näher betrachtet werden

[1] einfache Mehrheit

[2] absolute Mehrheit

[3] Regel der Mehrheit der Paarvergleiche

[4] Regel der sukzessiven Paarvergleiche

[5] Borda-Regel

[6] Approval-Voting

Die verschiedenen Regeln kann man am besten an einem Beispiel illustrieren.

	Fraktion 1 4 Personen	Fraktion 2 3 Personen	Fraktion 3 2 Personen
beste Alternative	A	B	C
zweitbeste Alternative	E	C	D
drittbeste Alternative	D	E	E
viertbeste Alternative	C	D	B
schlechteste Alternative	B	A	A

Ein neun Personen umfassendes Gremium muss sich zwischen fünf Alternativen (A-E) entscheiden. Die Gruppe zerfällt in 3 Fraktionen, die in sich jeweils einig sind über die Reihung der Alternativen, die aber untereinander in ihren Präferenzen differieren. Die Alternativen seien Personen, die sich um einen Posten bewerben. Es gibt drei Präferenzordnungen (für jede Fraktion eine), die zusammen das Präferenzordnungsprofil der Entscheidung bilden. Die Frage lautet: Nach welchen Regeln soll das Gremium aus diesem Präferenzordnungsprofil eine kollektive Präferenzordnung herstellen?

(1) Regel der einfachen Mehrheit

Nach der Regel der **einfachen Mehrheit** gewinnt Kandidat **A**, da sich die Fraktion 1 mit 4 Stimmen für ihn entscheidet, während B 3 Stimmen bekommt und C 2 Stimmen, D und E bekommen keine Stimme. Die kollektive Präferenzordnung lautet: A > B > C > D = E.

(2) Regel der absoluten Mehrheit

Bei der Regel der **absoluten Mehrheit** müsste ein Kandidat mehr als 50 % der Stimmen auf sich vereinigen, hier also mindestens 5 Stimmen bekommen. In der ersten Abstimmungsrunde gelingt das nicht. Die Kandidaten mit den meisten und den zweitmeisten Stimmen kommen in eine Stichwahl, während die Alternativen mit den geringeren Stimmen ausscheiden (Hare-Regel benannt nach *Thomas Hare*). A erhält wieder 4 Stimmen. Da für die Fraktion 2 und 3 Kandidat A die schlechteste Alternative ist, werden sie sich bei der Stichwahl für **B** entscheiden, der dann mit 5 Stimmen gewinnt. Die kollektive Entscheidung lautet:

B; es kann nur ein Spitzenreiter ermittelt werden, es gibt keine vollständige Präferenzordnung über alle Kandidaten.

(3) Regel der Mehrheit der Paarvergleiche

Bei der Regel der **Mehrheit der Paarvergleiche** werden zunächst alle Alternativen paarweise verglichen. Die beim paarweisen Vergleich am häufigsten präferierte Alternative gewinnt.

Paarvergleich	Stimmenzahl	präferierte Alternative
A : B	4 : 5	B
A : C	4 : 5	C
A : D	4 : 5	D
A : E	4 : 5	E
B : C	3 : 6	C
B : D	3 : 6	D
B : E	3 : 6	E
C : D	5 : 4	C
C : E	5 : 4	C
D : E	2 : 7	E

In diesem Fall gewinnt Alternative **C**. Die bei der einfachen Mehrheit bevorzugte Alternative A gewinnt keinen einzigen direkten Paarvergleich, die nach der Regel der absoluten Mehrheit bevorzugte Alternative B nur einen Paarvergleich. Die kollektive Präferenzordnung lautet: C > E > D > B > A.

(4) Regel der sukzessiven Paarvergleiche

Bei der Regel der **sukzessiven Paarvergleiche** beginnt man mit irgendeinem Paarvergleich und vergleicht dann die überlegene Alternative weiter mit einer anderen Alternative, die bei diesem zweiten Vergleich überlegene Alternative wieder mit der nächsten, bis alle Alternativen abgearbeitet sind. Die im letzten Paarvergleich bevorzugte Alternative ist die ermittelte beste Alternative.

Man beginnt bspw. mit dem Vergleich A : B. B wird bevorzugt, weil 5 Personen B gegenüber A präferieren. Damit scheidet A aus der weiteren Auswahl aus. Dann vergleicht man B mit C. Der Vergleich wird von C gewonnen. Dann C mit D, was ebenfalls von C gewonnen wird und schließlich C mit E, wobei ebenfalls C gewinnt. **C** ist die beste Alternative. Die kollektive Präferenzordnung ist:

C; es kann nur der Gewinner ermittelt werden, keine vollständige Präferenzordnung.

(5) Borda-Regel (benannt nach dem französischen Ingenieur *Jean Charles Borda*)

Jedes Gruppenmitglied vergibt Punkte an die Alternativen, wobei die Punktzahl die Präferenzen zum Ausdruck bringt. Die beste Alternative bekommt (k – 1) Punkte bei k Alternativen. Die zweitbeste (k – 2) Punkte und die schlechteste schließlich 0 Punkte. Die für jede Alternative vergebenen Punkte werden addiert und die Alternative mit der höchsten Punktzahl gewinnt. Diese Regel nennt man „positional“, weil die Positionen der Alternativen in der Rangfolge in die Gruppenpräferenz eingehen.

	Fraktion 1 4 Personen	Fraktion 2 3 Personen	Fraktion 3 2 Personen
beste Alternative	A = 16	B = 12	C = 8
zweitbeste Alternative	E = 12	C = 9	D = 6
drittbeste Alternative	D = 8	E = 6	E = 4
viertbeste Alternative	C = 4	D = 3	B = 2
schlechteste Alternative	B = 0	A = 0	A = 0

A bekommt 16 Punkte, nämlich 4 x 4 aus Fraktion 1 und ansonsten 0.

B bekommt 14 Punkte, nämlich 3 x 4 aus Fraktion 2 und 2 x 1 aus Fraktion 3.

C bekommt 21 Punkte, nämlich 2 x 4 aus Fraktion 3, 3 x 3 aus Fraktion 2 und 4 x 1 aus Fraktion 1.

D bekommt 17 Punkte, nämlich 4 x 2 aus Fraktion 1, 3 x 1 aus Fraktion 2 und 2 x 3 aus Fraktion 3.

E bekommt 22 Punkte, nämlich 4 x 3 aus Fraktion 1, 3 x 2 aus Fraktion 2 und 2 x 2 aus Fraktion 3.

Nach dieser Regel gewinnt also Kandidat **E**. Die Gruppenpräferenzordnung ist: E > C > D > A > B.

(6) Approval-Voting

Jedes Gruppenmitglied bekommt mehrere Stimmen, höchstens so viele wie es Alternativen gibt. Man kann mit diesen Stimmen die Alternativen nur akzeptieren (1 Stimme) oder nicht akzeptieren (keine Stimme). Die Alternative mit den meisten Stimmen gewinnt. Die Regel der einfachen Mehrheit kann als Sonderfall des Approval-Voting verstanden werden, bei dem jeder Entscheider nur eine Stimme hat.

Für unser Beispiel sei das Abstimmungsverhalten folgendermaßen: Die Fraktion 1 gibt den nach ihrer Ansicht besten drei Kandidaten je eine Stimme: A, E und D haben damit je 4 Stimmen. Die Fraktionen 2 und 3 geben nur den beiden besten Alternativen je eine Stimme. B und C erhalten damit 3 Stimmen aus Fraktion 2 und C und D 2 Stimmen aus Fraktion 3.

Alternative **D** gewinnt mit 6 Stimmen. D > C > A, E > B.

7.5 Gibt es eine beste Abstimmungsregel?

Das Ergebnis ist insgesamt betrachtet nicht sehr ermutigend. Die Anwendung unterschiedlicher Abstimmungsregeln führt bei unveränderten individuellen Präferenzen zu fünf unterschiedlichen Entscheidungen. Welche Entscheidungsregel soll man dann anwenden? Kann man Entscheidungen manipulieren, indem man die Entscheidungsregel geschickt wählt? Wie entscheidet man über Entscheidungsregeln? Gibt es eine beste Abstimmungsregel?

Kann man überhaupt aus den vollständigen, transitiven Präferenzordnungen der einzelnen Gruppenmitglieder eine sinnvolle vollständige, transitive Präferenzordnung der Gruppe herstellen, also eine mathematische Funktion finden, die jeder möglichen Kombination von individuellen Präferenzen genau eine kollektive Präferenz zuordnet?

Dieser Frage ist der Ökonom *Kenneth Arrow* (vgl. [choice]) nachgegangen. Er hat für einen sinnvollen Aggregationsmechanismus vier Anforderungen formuliert:

[1] Bedingung U: Uneingeschränkter Definitionsbereich. Der Aggregationsmechanismus muss für alle möglichen individuellen Präferenzordnungen definiert sein.

[2] Bedingung P: Pareto-Bedingung. Wenn alle Gruppenmitglieder eine Alternative einer anderen vorziehen, dann muss diese Alternative auch in der kollektiven Präferenzordnung der anderen Alternative vorgezogen werden.

[3] Bedingung I: Unabhängigkeit von irrelevanten Alternativen. Die kollektive Präferenzordnung bezüglich zweier Alternativen a und b darf nur von den individuellen Präferenzen bezüglich a und b abhängen und nicht von einer dritten Alternative.

[4] Bedingung D: Diktator-Bedingung. Es soll keinen Diktator geben, dessen Präferenz automatisch zur Gruppenpräferenz erklärt wird.

Außerdem soll die Gruppenpräferenzordnung wiederum vollständig und transitiv sein.

Arrow hat nachgewiesen, dass es bei mehr als zwei Alternativen keine Abstimmungsregel gibt, die alle diese Bedingungen erfüllt und zu einer transitiven kollektiven Präferenzordnung führt. Das wird **Unmöglichkeitstheorem** genannt (vgl. *Bamberg/Coenenberg/Krapp* [Entscheidungslehre] 224f.).

Die Borda-Regel verstößt bspw. gegen die Bedingung I. Wird eine Alternative hinzugefügt oder weggenommen, dann kann sich die kollektive Präferenz zwischen zwei Alternativen ändern, ohne dass sich die individuellen Präferenzen geändert hätten.

Hier wird die Alternative D aus der Auswahl herausgenommen. Die individuellen Präferenzen bezüglich der anderen Alternativen bleiben erhalten.

Man entscheidet wieder nach der Borda-Regel, d. h. die beste Alternative bekommt (k – 1) = 3 Punkte, die zweitbeste 2 Punkte, die drittbeste 1 Punkt und die schlechteste keinen Punkt von den Entscheidern.

Entscheidung mit Alternative D	Fraktion 1 4 Personen	Fraktion 2 3 Personen	Fraktion 3 2 Personen
beste Alternative	A = 16	B = 12	C = 8
zweitbeste Alternative	E = 12	C = 9	D = 6
drittbeste Alternative	D = 8	E = 6	E = 4
viertbeste Alternative	C = 4	D = 3	B = 2
schlechteste Alternative	B = 0	A = 0	A = 0
Entscheidung ohne Alternative D	**Fraktion 1 4 Personen**	**Fraktion 2 3 Personen**	**Fraktion 3 2 Personen**
beste Alternative	A (12)	B (9)	C (6)
zweitbeste Alternative	E (8)	C (6)	E (4)
drittbeste Alternative	C (4)	E (3)	B (2)
schlechteste Alternative	B (0)	A (0)	A (0)

In der ersten Abstimmung, einschließlich D, gewinnt E mit 22 Punkten.

In der zweiten Abstimmung, ohne D, gewinnt C mit 16 Punkten, während E nur 15 Punkte bekommt. Es hängt also von der Alternative D ab, ob C oder E gewinnt, was eigentlich nicht passieren darf. Das ist so, als ob ich Schnitzel oder Fisch lieber mag, je nachdem ob auf der Speisekarte auch noch Bohneneintopf angeboten wird oder nicht.

Der Paarvergleich kann zu einer intransitiven Gruppenpräferenz führen, also dass gilt A > B, B > C und C > A.

	Person 1	Person 2	Person 3
beste Alternative	A	B	C
mittlere Alternative	B	C	A
schlechteste Alternative	C	A	B

Beim Paarvergleich gewinnt A gegenüber B mit 2 : 1, d. h. 2 Personen finden A besser als B, eine Person findet B besser als A. B gewinnt gegenüber C mit 2 : 1 und C gewinnt gegenüber A mit 2 : 1. Die kollektive Präferenzordnung ist also intransitiv. Das nennt man **Condorcet-Paradoxon** oder **Wählerparadoxon.**

Das Condorcet-Paradoxon zeigt, dass bei einem sukzessiven Paarvergleich die Reihenfolge des Paarvergleichs das Endergebnis beeinflusst. Lässt man zuerst über A und B abstimmen, dann bleibt A als Sieger der ersten Runde übrig. Im Vergleich von A und C gewinnt dann C. Stimmt man zuerst über

A und C ab, dann geht C als Sieger der ersten Runde hervor und im Vergleich von C und B gewinnt dann B.

Als weiteres Qualitätskriterium für Abstimmungsregeln wurde u. a. definiert, dass eine gute Abstimmungsregel auf keinen Fall zur Wahl der Alternative führen sollte, die im paarweisen Vergleich als schlechteste Alternative abschneidet. Das wird Condorcet-Kriterium genannt. Die Regel der einfachen Mehrheit verletzt diese Bedingung, denn sie führt zur Wahl von A, wobei A im paarweisen Vergleich kein einziges Mal gewinnt.

Fazit: Es gibt keine Abstimmungsregel, die man eindeutig empfehlen könnte, weil sie zuverlässig eine gerechte und transitive Gruppenpräferenzordnung erzeugt.

Erschwerend kommt hinzu, dass die Gruppenmitglieder sich auch noch strategisch verhalten können und damit das Endergebnis manipulieren können. Vor allem in kleineren Gruppen, bei denen man das Abstimmungsverhalten der anderen kennt oder zumindest sehr gut einschätzen kann, ist die Gefahr der Manipulation groß. Eine solche Manipulation kann bspw. darin bestehen, dass man nicht auf der Grundlage seiner wahren Präferenzen entscheidet, sondern strategisch, damit beim sukzessiven Paarvergleich oder bei mehreren Wahldurchgängen nach der Hare-Regel schließlich eine Lösung herauskommt, die einem lieber ist. Oder man versucht, Personen hinsichtlich ihres Abstimmungsverhaltens auf die eigene Seite zu ziehen. Es gibt leider keine manipulationsresistente Entscheidungsregel mehr sobald mehr als zwei Alternativen im Spiel sind.

Ein ähnliches Ergebnis hatten wir auch schon bei der Spieltheorie, insbesondere bei n-Personen-Spielen. Da in der Realität Entscheidungen mit bewussten Gegenspielern und Gruppenentscheidungen häufiger auftreten als die idealtypische Entscheidung durch einen einzelnen Akteur, ist eine mathematische Optimierung des Entscheidungsverhaltens oft keine wirkliche Option.

7.6 Kann man Gruppenentscheidungen verbessern?

In den Unternehmen werden häufig Entscheidungen durch Gruppen getroffen, vor allem auch die schwierigen und unsicheren strategischen Entscheidungen. Gruppenentscheidungen haben Vorteile. Geht es um Kreativität, dann gelten Gruppen als den Einzelpersonen überlegen, vor allem heterogen zusammengesetzte Gruppen. In Gruppen kommen überdies viele Informationen zusammen, die in der Summe die Entscheidung verbessern können. In kontroversen Diskussionen ist der Einzelne gezwungen, den Anderen Gründe für seine Einschätzung oder Bewertung zu nennen, so dass die Entscheidung transparenter wird. Fehleinschätzungen werden so schon bei der Entscheidungsvorbereitung bekannt. Gruppenentscheidungen genießen überdies im Allgemeinen eine höhere Legitimation und Akzeptanz. Wer an der Entscheidung beteiligt wurde, ist eher bereit sie auch umzusetzen, jedenfalls wenn er den Entscheidungsprozess als fair empfindet.

Allerdings wurden auch schon einige Nachteile und Gefahren genannt. Gruppen neigen zu extremeren Entscheidungen, vor allem zu höheren Risiken. Bei kleinen eingeschworenen Gruppen kann auch der Konformitätsdruck so hoch sein, dass Kreativität gerade unterdrückt und eine kontroverse Diskussion gar nicht zugelassen wird. Das Phänomen des „group-think" (vgl. *Janis* [groupthink]) führt dazu, dass zu wenige Alternativen geprüft werden, dass man sich zu schnell und unkritisch auf eine Alternative einigt, dass die Ziele nicht ausdiskutiert werden, dass Risiken ausgeblendet werden. Die Meinung von Außenstehenden wird nicht beachtet, die Informationsbeschaffung ist selektiv und die Mitglieder sind vor allem daran interessiert, schnell Einmütigkeit herzustellen.

Zu viel Harmonie ist die eine Gefahr. Aber auch die Bildung von Lagern kann zu einer schlechten Entscheidung führen. Bilden sich in Gruppen feindliche Koalitionen kann die Sachentscheidung darunter leiden, dass man vor allem die anderen „besiegen" will. Man findet sich mit einer schlechten Alternative ab, wenn nur die Gegenseite ihren Favoriten nicht durchbringt. Manche Abstimmungsregeln sind sehr „strategieanfällig", d. h. das Ergebnis kann von geschickten Gruppenmitgliedern manipuliert werden. In der Gruppe kann der Einzelne auch versucht sein, sich als Trittbrettfahrer zu verhalten und weniger als die anderen beizutragen. Grundsätzlich dauern Gruppenentscheidungen länger und die Zuweisung von Verantwortung an Einzelne fällt schwerer.

Es lässt sich schwer allgemein sagen, ob man Entscheidungen durch Gruppen vorziehen sollte. Dazu spielen auch zu viele Kontextfaktoren eine Rolle: Größe der Gruppe, Gruppenstruktur, Dauer der Zusammenarbeit, Unterschiede in der Qualifikation, der Persönlichkeit, der Kultur der Gruppenmitglieder, Art des Entscheidungsproblems, Zeitdruck, Struktur des Entscheidungsprozesses.

Man kann versuchen, die Gefahren und Nachteile der Gruppenentscheidung durch die Kontextgestaltung etwas abzumildern (vgl. *Eisenführ/Weber/Langer* [Entscheiden] 365f.). So sollten Personen mit hohem Status nicht zu Beginn ihre Präferenzen offenlegen, um nicht ungewollt die Richtung vorzugeben. Man kann die Gruppe auch in Untergruppen aufteilen, die zunächst getrennt Alternativen erarbeiten sollen, damit man nicht vorschnell nur eine Lösung durchdenkt. Die Gruppenmitglieder sollten explizit aufgefordert werden, auch Kritik und Bedenken gegen Alternativen vorzubringen. Man kann externe Berater dazu holen, um eine frische, unvoreingenommene Sicht zu erhalten. Ein Gruppenmitglied kann als „Advocatus diaboli" explizit mit der Aufgabe betraut werden, immer die Gegenposition zu vertreten und Gegenargumente zu finden. Der Entscheidungsprozess sollte strukturiert und angeleitet werden, wobei allerdings zugleich der Moderator nicht zu dominant sein darf. Technische Unterstützung bieten sog. Group Decision Support Syteme (GDSS). Die Diskussion mit Hilfe von GDSS findet in erster Linie online statt. Es können anonym Vorschläge und Kritik eingebracht werden, was Statusdifferenzen und Konformitätsdruck mildert. Eine für alle zugängliche Datenbank sichert den gleichen Informationsstand aller Teilnehmer. Die Software kann auch die Aggregation zu einer Gruppenentscheidung übernehmen. Ein großer Vorteil ist auch, dass die Mitglieder der Gruppe nicht alle zur gleichen Zeit am gleichen Ort sein müssen. Andererseits fehlt dann auch der „face to face" Kontakt, der in einer Gruppendiskussion so stimulierend wirken kann.

III. Deskriptive Entscheidungstheorie

8 Grundlagen der deskriptiven Entscheidungstheorie

„Too great an emphasis on goal achievement, and obsession with efficiency and effectiveness, can mean that we are not explaining how organizations really operate. So while decision-making has often been thought of as a rational process, in reality managers do not act jointly to resolve problems in a purely unproblematic way – decision-making is also a human process constrained by the limits on peoples's abilities."

Fincham/Rhodes[Organization] 425

Wir haben uns sehr ausführlich mit der präskriptiven oder normativen Entscheidungstheorie beschäftigt, weil das im Rahmen der Betriebswirtschaftslehre als der wichtigere Zweig gilt. Schließlich, so wurde im ersten Kapitel definiert, ist BWL im Kern eine Lehre vom rationalen Entscheiden in Betrieben, speziell in Unternehmen. In vielen Lehrbüchern zur Entscheidungstheorie dominiert die präskriptive Theorie eindeutig oder wird sogar ausschließlich behandelt. Im Folgenden sollen aber auch die wichtigsten Merkmale und Befunde der deskriptiven Entscheidungstheorie vorgestellt werden, weil die deskriptive Theorie viel mehr mit der Realität in den Unternehmen zu tun hat und in den letzten Jahren eine Aufwertung erfahren hat.

Vor allem seit 2002 der Psychologe *Daniel Kahnemann*, der systematisch das reale Entscheidungsverhalten der Menschen untersucht, den Nobelpreis für Wirtschaftswissenschaften gewonnen hat, ist das Thema der realen Entscheidungs- und Urteilsprozesse populär geworden. Auch der zweite Nobelpreisträger von 2002, *Vernon L. Smith*, beschäftigt sich mit dem realen Entscheidungsverhalten. *Kahnemann* veröffentlichte 1974 gemeinsam mit *Amos Tversky* (gestorben 1996) einen wegweisenden Aufsatz mit dem Titel „Judgment under Uncertainty: Heuristics and Biases", in welchem sie Abweichungen vom rationalen Entscheidungsverhalten beschrieben. Als weiterer Meilenstein gilt die ebenfalls von *Tversky* und *Kahnemann* entwickelte „Prospect Theory" oder „neue Erwartungstheorie", die eine der Grundlagen der „Verhaltensökonomik" darstellt. Dass reales Entscheidungsverhalten höchstens „begrenzt rational" ist, hat allerdings schon in den 1950er Jahren *Herbert A. Simon* herausgefunden (vgl. [Theories]). Auch er erhielt für seine Forschungen den Nobelpreis.

Im Folgenden sollen zunächst grundsätzliche Unterschiede zwischen der normativen und der deskriptiven Theorie herausgestellt werden (8.1). Sodann werden die wichtigsten Gründe betrachtet, warum das reale Entscheiden von den Idealvorstellungen der normativen Theorie abweicht (8.2). Mit dem „Papierkorb-Modell" der Entscheidung wird illustriert, wie stark sich reale Entscheidungen in Organisationen vom Modell rationaler Entscheidung entfernen (8.3). Die realen Menschen haben aber nicht nur Defizite in Bezug auf Entscheidungen. Sie haben auch besondere Stärken, die von der normativen Entscheidungstheorie ignoriert werden. Durch diese besonderen Fähigkeiten und durch die Unterstützung von Institutionen kommen sie insgesamt erstaunlich häufig zu brauchbaren Entscheidungen (8.4).

8.1 Unterschiede zwischen normativer und deskriptiver Entscheidungstheorie

Was sind die grundsätzlichen Unterschiede zwischen der präskriptiven und der deskriptiven Entscheidungstheorie?

Wie die Adjektive „präskriptiv" und „deskriptiv" schon besagen, geht es bei der präskriptiven Entscheidungstheorie um Normen (Vorschriften, Regeln), wie man idealerweise entscheiden sollte im Sinne des Homo-oeconomicus-Modells. Man spricht auch von der normativen Theorie. Die deskriptive Theorie ist dagegen beschreibend und untersucht empirisch, wie normale Menschen tatsächlich Entscheidungen treffen.

Der deskriptive Zweig ist Realwissenschaft und gewinnt seine Erkenntnisse durch empirische Forschungsmethoden wie Befragung, Beobachtung oder Experiment. Eine typische Methode funktioniert so, dass die Probanden vor eine hypothetische Wahl gestellt werden, bspw. ob sie eine Lotterie oder einen sicheren Betrag vorziehen (vgl. *Kahnemann/Tversky* [Prospect] 264). In der normativen Theorie bilden dagegen die Formalwissenschaften Logik und Mathematik die Grundlagen. Man kann die mathematischen Modelle zwar durchaus auf reale Entscheidungen in Unternehmungen beziehen, es wird aber nicht beschrieben, wie im Unternehmen tatsächlich entschieden wird, sondern aus Prämissen abgeleitet, was die optimale Entscheidung wäre.

Das Hauptinteresse liegt bei der präskriptiven Theorie darauf, aus einem zuvor aufgestellten Entscheidungsmodell die beste Alternative abzuleiten (rational choice). Das Modell ist oft einfach „gegeben", d. h. über die Prozesse und Probleme bspw. bei der Suche nach Zielen und Alternativen erfährt man wenig. Die deskriptive Theorie beschäftigt sich dagegen mit dem gesamten Prozess der Entscheidung, einschließlich der Probleme der Modellbildung.

Die reale Entscheidungsfindung ist eher eine Domäne der Soziologie und Psychologie, mit der normativen Theorie beschäftigen sich dagegen Mathematiker und Wirtschaftswissenschaftler. Es gab allerdings schon vor Jahrzehnten auch Forschungen im Schnittbereich von Betriebswirtschaftslehre und Psychologie/Soziologie, bspw. empirische Untersuchungen zu realen Entscheidungsprozessen in Organisationen (vgl. bspw. *Cyert/ March* [Theory]).

	präskriptive Entscheidungstheorie	**deskriptive Entscheidungstheorie**
Zielsetzung	Verbesserung des Entscheidungsverhaltens realer Akteure (vorschreibend; der Akteur sollte …)	Beschreibung und Prognose des realen Entscheidungsverhaltens (beschreibend; der Akteur handelt so …)
Wissenschafts-kategorie	Formalwissenschaft	Realwissenschaft
Theoriebildung	Modellanalyse und deduktive Ableitung von Folgerungen aus Prämissen	Experimente, Befragung, Beobachtung und induktive Verallgemeinerung
Hauptinteresse	Auswahl der optimalen Alternative (rational choice)	gesamter Entscheidungsprozess
wissenschaftliche Disziplinen	Mathematik, Wirtschaftswissenschaften	Psychologie, Soziologie, Kognitionswissenschaften, Philosophie

Abb. 18: Grundlegende Unterschiede zwischen präskriptiver und deskriptiver Entscheidungstheorie

Zentral sind die Erkenntnisse, dass die realen Entscheidungen viel komplexer, unsicherer und konfliktbeladener sind als die Modellentscheidungen. Zugleich sind die Menschen sowohl in ihrem Wollen als auch in ihrem Wissen und Können einerseits viel eingeschränkter als es das Modell vom Homo oeconomicus vorsieht, andererseits verfügen sie aber auch über bisher wenig beachtete Fähigkeiten und Techniken, um schnell gute Entscheidungen zu treffen.

Im Folgenden sollen einige wesentliche Erkenntnisse der empirischen Entscheidungsforschung vorgestellt werden. Dabei werden zuerst die Grenzen rationaler Entscheidung aufgezeigt, also alles das, was gemessen am normativen Ideal problematisch und fehlerhaft erscheint (8.2). Dann wird überlegt, in welcher Weise die tatsächlich ablaufenden Entscheidungsprozesse auch besondere Stärken des Menschen offenbaren (8.3). Es geht in diesem Kapitel zunächst um grundlegende Erkenntnisse der empirischen Entscheidungsforschung. Erst im nächsten Kapitel werden spezifische Abweichungen vom Modell rationaler Entscheidung detaillierter betrachtet.

8.2 Grenzen rationaler Entscheidung

Als wichtige frühe Vertreter einer verhaltenswissenschaftlichen, empirischen Entscheidungsforschung gelten vor allem *Herbert Simon* (1916–2001) mit seinem Buch „Administrative Behavior. A Study of Decision-Making Processes in Administrative Organizations" (1. A. 1945, 3. A. 1976) sowie *James March* (*1928) und *Richard Cyert* (*1921) mit ihrem Buch „A Behavioral Theory of the Firm" (1963, 2. A. 1992).

Diese verhaltenswissenschaftliche Entscheidungstheorie wird in der BWL in der Regel als Organisationstheorie wahrgenommen und eingeordnet, weil sie sich systematisch mit Entscheidungen in Organisationen, bspw. in Unternehmen, beschäftigt. Sie ist verhaltenswissenschaftlich, weil sie nicht von einer vorgegebenen Entscheidungslogik ausgeht, sondern beschreiben will, wie tatsächlich in Organisationen entschieden wird. Die Forschungen von *Kahnemann* und *Tversky* beschäftigen sich dagegen mit dem Urteilen und Entscheiden von Individuen und vor allem mit den systematischen Fehlern, die sie dabei begehen. Diese kognitiven Fehler und Verzerrungen werden im nächsten Kapitel genauer beschrieben. Sie erweitern und präzisieren das Konzept der begrenzten Rationalität, welches von *Simon* schon in den 1950er Jahren entwickelt wurde.

8.2.1 Grenzen der Aufmerksamkeit, Rationalität und Willenskraft

Untersuchungen des realen Entscheidungsverhaltens führten zur Erkenntnis, dass die Menschen normalerweise weit davon entfernt sind, optimierende Entscheidungen im Sinne der normativen Theorie zu treffen. Die Probleme bei der realen Entscheidung fasste *Simon* unter dem Begriff der „bounded rationality", der begrenzten Rationalität, zusammen (vgl. [Models]). Seine These: Die Menschen wollen durchaus rational entscheiden (intendierte Rationalität), scheitern aber regelmäßig daran.

Was die Gründe für dieses Scheitern sind und wie die „begrenzte Rationalität" zu verstehen ist, kann verschieden interpretiert werden:

- Die Entscheider können oft die nötigen Informationen für eine optimierende Entscheidung gar nicht beschaffen. Das Wissen ist aufgrund der Zukunftsbezogenheit der meisten Entscheidungen viel unvollständiger, als es die normative Theorie vorsieht.
- Die Entscheider könnten im Prinzip mehr Informationen beschaffen, aber sie scheuen den Aufwand an Zeit und Geld.

Diese beiden Einwände lassen sich im Grunde noch mit dem Modell des Homo oeconomicus vereinbaren. Bei Unsicherheit rechnet der Entscheider eben mit Wahrscheinlichkeiten und Risikonutzen weiter. Wenn die Informationsbeschaffung Zeit und Geld kostet, dann erscheint es auch durchaus rational, über den Aufwand bei der Informationsbeschaffung nochmals eine eigene Investitionsentscheidung zu treffen. Faktisch ist es natürlich außerordentlich schwierig, zu bestimmen, ob sich eine weitere Informationsbeschaffung lohnen würde, weil man die Qualität der Information ja erst beurteilen kann, wenn man sie schon erhoben hat. Das Problem liegt aber mehr in der Situation als in der mangelnden Rationalität der Entscheider. Eine begrenzte Rationalität der Entscheider wird eher mit folgenden Beobachtungen verbunden:

- Aufmerksamkeit, Energie, Motivation und Informationsverarbeitungskapazität sind begrenzt. Informationen werden nur selektiv wahrgenommen, ignoriert, falsch verstanden, verzerrt und vereinfacht. Die Modelle, welche die Entscheider ihren Entscheidungen zugrunde legen, sind keine vereinfachten Abbilder der Realität, sondern weichen strukturell und sehr deutlich von der Realität ab.
- Die Präferenzen sind unklar und inkonsistent. Die Entscheider versuchen oft gar nicht zu optimieren, sondern suchen nur eine zufriedenstellende Lösung.
- Sie haben keine konsistenten Risikonutzenfunktionen, sondern mischen risikofreudiges und risikoscheues Verhalten.

Bazerman/Moore (vgl. [Judgment] 6) unterscheiden die begrenzte Rationalität (bounded rationality) explizit von der begrenzten Aufmerksamkeit (bounded awareness). Begrenzte Rationalität besteht hinsichtlich der Informationsverarbeitung, während begrenzte Aufmerksamkeit Fehler bei der Wahrnehmung von Informationen beschreibt. *Thaler/Shefrin* (vgl. [Self-Control]) beschreiben zusätzlich noch die Grenzen der Willenskraft (bounded willpower). Der Mensch plant einerseits langfristig und verfolgt vernünftige

Ziele, ändert aber andererseits immer wieder kurzfristig seine Pläne, wenn im Moment andere Ziele wichtiger erscheinen. Der zu Silvester gefasste Vorsatz, nicht mehr zu rauchen, wird bspw. schon an Neujahr wieder gebrochen, wenn die Lust auf eine Zigarette zu groß wird.

Wie sieht der Entscheidungsprozess unter Berücksichtigung dieser Grenzen tatsächlich aus?

(a) Zielfindung

Die normative Theorie sieht vor, dass der Entscheidung ein vollständiges, stabiles, konsistentes und operationales Zielsystem zugrunde liegt. Als typische Höhenpräferenz wird in der normativen Theorie die Extremierung angesehen, also bspw. Gewinnmaximierung oder Kostenminimierung. Bei mehreren Zielen können die Entscheider den Zielen entsprechend ihren Präferenzen Zielgewichte zuordnen. Konfliktäre Ziele werden durch die Spezifizierung von Austauschbeziehungen kompatibel gemacht. Die beste Alternative wird objektiv auf der Basis der Zielerträge bzw. Zielwerte bestimmt. Handeln ist zielgerichtet.

Tatsächlich sind nicht nur zukünftige Umweltzustände, sondern auch zukünftige Präferenzen ungewiss. Vorlieben ändern sich. Menschen tun auch nicht immer das, was sie nach ihren eigenen Zielen eigentlich tun sollten, weil ihnen die nötige Willenskraft fehlt. Viele Präferenzen können nicht in einer präzise messbaren Form angegeben werden. Statt nach der optimalen Lösung sucht man tatsächlich viel häufiger lediglich nach einer zufriedenstellenden Lösung, die einem gewissen Anspruchsniveau entspricht. Das Anspruchsniveau kann im Laufe des Entscheidungsprozesses gehoben oder gesenkt werden. Findet man bspw. keine Lösung, die das angestrebte Ziel erreichen lässt, dann senkt man einfach das Anspruchsniveau. Findet man schnell eine zufriedenstellende Lösung, wird nicht nach weiteren Alternativen gesucht. D. h. Ziele und Mittel beeinflussen sich wechselseitig. Vorlieben sind teilweise endogen determiniert, also durch den Entscheidungsprozess selbst beeinflusst. Statt mehrerer Ziele wird oft nur ein Ziel gewählt, welches als das subjektiv wichtigste erscheint.

In der Realität wird auch häufig zuerst entschieden und man begründet nachträglich, warum etwas gemacht wurde. Man „rationalisiert" die Entscheidung, wie es heißt. Man erklärt das so, dass „directional goals" die Entscheidung unbewusst steuern. Man will, dass eine bestimmte Alternative die beste ist, und sucht dann nur nach bestätigenden Informationen. Wahrnehmungen, Erinnerungen und Theorien, Annahmen über sich selbst und die Umwelt sind verzerrt von dem Wunsch, die präferierte Alternative möge die beste sein (vgl. *Kunda* [Case]). Informationen, die dagegen sprechen, werden übersehen. Man überschätzt die eigenen Fähigkeiten, man unterschätzt Probleme und Risiken, um bspw. „objektiv" zu der Entscheidung zu kommen, dass es eine vielversprechende Option ist, sich selbständig zu machen.

(b) Alternativensuche

Nach der normativen Entscheidungstheorie bildet der Entscheider den Alternativenraum vollständig ab und sucht nach möglichst vielen und auch ganz neuen Lösungen. Er ist aktiv an einer Verbesserung seiner Situation interessiert, will die optimale Lösung finden.

Tatsächlich wird eine große Menge an Möglichkeiten eher als lästig empfunden (Qual der Wahl). Man erwägt nur wenige Alternativen und zwar auch noch möglichst in der Nähe bisheriger Lösungen. Es gibt eine starke Tendenz zur Beibehaltung des Bewährten. Pläne beruhen fast immer auf den Daten der Vergangenheit mit marginalen Anpassungen. Meist wird überhaupt erst durch drängende Probleme ein Suchprozess in Gang gebracht, also reaktiv statt aktiv. Sobald eine zufriedenstellende Lösung auftaucht, wird nicht weiter gesucht. Statt weiter nach besseren Alternativen zu suchen, wird u. U. eher das Anspruchsniveau gesenkt. Die Menschen haben ein starkes Bewusstsein für den Trade-off zwischen der Qualität der Entscheidung und der Anstrengung im Entscheidungsprozess und erwägen Kosten und Nutzen der Anstrengung. Man gibt sich schnell mit einer Alternative zufrieden, die „gut genug" ist, um höheren Aufwand zu vermeiden.

(c) Umweltanalyse

Nach der normativen Entscheidungstheorie erforscht der Entscheider mit angemessenem Aufwand, welche Umweltdaten bzw. Gegenspieler die Ergebnisse seiner Alternativen beeinflussen und schätzt objektiv mit welcher Wahrscheinlichkeit sie eintreten bzw. mit welcher Wahrscheinlichkeit sie welche Strategie wählen. Die Unsicherheit einer Entscheidungssituation hängt nur vom unsicheren Eintreten gewisser Umweltdaten bzw. Spielzüge ab, während die Ergebnisse bei Eintreten eines Umweltzustandes/Spielzuges sicher sind.

Die Suche nach Umweltdaten kann durch begrenzte Aufmerksamkeit, selektive Wahrnehmung und „directional goals" verzerrt sein. Man zieht in Erwägung, was in das eigene Wahrnehmungsschema passt, was vertraut und bestätigend ist und lässt anderes beiseite. Durch die eingeschränkte Aufmerksamkeit übersieht man wichtige Informationen, bspw. über die Anzahl und Qualität der Wettbewerber. Die Wahrnehmung ist in Unternehmen auch gefiltert durch das Erfordernis, bestimmte Berichte abzuliefern und verzerrt durch spezifische Abteilungsziele. Da man es häufig mit Spielsituationen zu tun hat, lässt sich auch oft sehr schwer prognostizieren, was die anderen rationalen Gegenspieler tun werden. Man versucht dann häufig, die Unsicherheit aktiv zu senken, indem man sich mit den Gegenspielern abspricht.

Risiken werden vor allem von Experten gerne unterschätzt. Bei der Schätzung von Wahrscheinlichkeiten machen die Entscheider viele systematische Fehler. Sie schätzen bspw. die Wahrscheinlichkeit eines Ereignisses umso höher ein, je leichter sie sich ein Beispiel dafür vorstellen können. (Solche und andere systematische Fehler werden wir im nächsten Kapitel noch genauer kennenlernen.)

Tatsächlich sind auch häufig keine Ergebnisfunktionen bekannt, also welche Alternative bei welchem Umweltzustand zu welchen Ergebnissen führt. Man hat es also tatsächlich mit einer doppelten Unsicherheit zu tun: Tritt Umweltzustand U ein oder nicht? und: Was passiert, wenn Umweltzustand U eintritt? Die Unsicherheit der Ergebnisse schlägt auf die Unsicherheit der Entscheidung durch, so dass im Grunde fast alle Entscheidungen von Ungewissheit geprägt sind (vgl. auch *Gigerenzer* [Risiko] 37). Die Vorstellung bekannter Risiken ist oft eine Illusion.

(d) Bewertung und Entscheidung

Die Entscheider haben nach der normativen Entscheidungstheorie klare und konsistente Präferenzen. Sie können alle Alternativen in eine transitive Ordnung bringen und haben eine klare Risikoeinstellung. Sie wählen die beste Alternative.

Tatsächlich sind die Präferenzen oft unklar und inkonsistent. Die Menschen ändern ihre Präferenzen im Laufe der Zeit, nicht selten sogar innerhalb eines Tages. Die Entscheider lassen sich in ihrem Urteil stark von der Präsentation der Ergebnisse beeinflussen. Eine andere Darstellung der objektiv gleichen Entscheidung kann zu einer Präferenzumkehr führen. Alternativen können nicht immer in eine transitive Ordnung gebracht werden. Sehr hohe und sehr niedrige Wahrscheinlichkeiten werden übermäßig gewichtet. Manchmal wird bewusst nicht die Alternative gewählt, die eigentlich die besten Ergebnisse verspricht, weil man die Enttäuschung antizipiert, die eintritt, wenn das prognostizierte Ergebnis doch nicht erreicht wird. Oft hat man einfach keine Lust zu entscheiden und behält deshalb die bisherige Lösung bei oder macht, was alle machen. Auch diese Effekte werden wir im nächsten Kapitel noch genauer betrachten.

Die Menschen der normativen Entscheidungstheorie sind rational, entscheidungsfreudig, optimierend, aktiv, zielorientiert, sehr gut informiert, unbegrenzt aufmerksam und motiviert.

Reale Menschen sind träge und bequem, lassen lieber alles beim alten, reagieren höchstens notgedrungen auf Probleme, wissen vieles nicht, sind unsicher über ihre eigenen Präferenzen, entscheiden heute so, morgen so, lassen sich stark von ihren Mitmenschen und der aktuellen Situation beeinflussen. Sie werden von der normativen Theorie in ihrer Kompetenz zur rationalen Entscheidung systematisch überschätzt.

8.2.2 Entscheiden in Organisationen

Die präskriptive Entscheidungstheorie geht meist von einem Entscheider aus. Wenn es um Entscheidungen in Unternehmen geht, dann wird die Unternehmung quasi als ein Entscheider angesehen. Tatsächlich ist eine Entscheidung in einer Organisation aber etwas ganz anderes als die Entscheidung einer Einzelperson. Sowohl *Simon* als auch *Cyert/March* beschäftigten sich mit Entscheidungsverhalten in Organisationen und arbeiteten die Unterschiede heraus.

Es gibt zunächst mal keine Ziele der Unternehmung sondern unterschiedliche, teilweise konkurrierende Ziele für die Organisation und teils auch private Ziele der Organisationsteilnehmer. Es ist ein mühsamer Verhandlungsprozess, sich auf gemeinsame Ziele zu einigen. Entscheidungen in Unternehmen sind meistens Entscheidungen von mehreren Akteuren, also n-Personen-Spiele oder Gruppenentscheidungen, häufig auch noch mit wechselnden Teilnehmern. Ziele werden nicht selten bewusst vage gehalten, um Zielkonflikte nicht zu deutlich werden zu lassen. Es gibt häufig kein konsistentes Zielsystem aus einem Guss. Vielmehr verfolgt man unterschiedliche Ziele, auch teils widersprüchliche Ziele, entweder gleichzeitig aber in verschiedenen Teilbereichen der Unternehmung (lokale Rationalität) oder nacheinander (sequenzielle Zielverfolgung). Selbst bei einer vordergründigen Einigung auf gemeinsame Ziele, bleiben abweichende und private Ziele im Hintergrund bestehen. Weil die Ziele Grundlage späterer Bewertungen sind, werden sie häufig zu niedrig angesetzt, um sie auf jeden Fall erreichen oder sogar übertreffen zu können.

Der Hang, nur wenige Alternativen zu erwägen und bekannte Lösungen beizubehalten, wird in der Organisation noch verstärkt durch die zahlreichen Mechanismen, die einer Organisation Kontur und Stabilität verleihen. Es sind in der Vergangenheit bestimmte strategische Pfade eingeschlagen worden, was die Entscheidungsmöglichkeiten für die Zukunft erheblich einengt.

Es gibt zahlreiche „Austrittsbarrieren“, seien es langlebige und spezialisierte Aktiva, vertragliche Verpflichtungen, eingespielte Routinen, langjährige Kontakte oder einfach die emotionale Bindung an das Bewährte. Da die Alternativensuche in engem Zusammenhang mit der Problemdefinition steht, ist auch noch zu bedenken, dass schon hinsichtlich der Definition des zu lösenden Problems große Uneinigkeit herrschen kann. Zumal wenn mit der Problemdefinition auch Verantwortlichkeiten und Schuldzuweisungen verbunden sind.

In der normativen Entscheidungstheorie spielt der rationale Umgang mit Risikosituationen eine große Rolle. Entscheider suchen demnach aktiv nach unsicheren Umweltfaktoren mit Einfluss auf die Ergebnisse und ordnen ihnen objektive Wahrscheinlichkeiten zu. Tatsächlich versuchen die Entscheider eher, Unsicherheitssituationen zu vermeiden. Eine Maßnahme ist das kurzfristige reaktive Entscheiden auf der Grundlage aktueller Daten. Es gibt bspw. einen langfristigen Produktionsplan auf dem Papier, die tatsächlichen Produktionsentscheidungen werden aber von Tag zu Tag auf der Basis von aktuellen Zahlen bspw. aus dem Verkauf, dem Lager, der Maschinenverfügbarkeit etc. getroffen. Eine andere Maßnahme besteht darin, das Umfeld aktiv zu stabilisieren. Unternehmen schließen bspw. langfristige Verträge mit Lieferanten und Kunden ab, um bei Preisen und/oder Liefermengen auf Nummer sicher zu gehen, einigen sich mit Konkurrenten auf gemeinsame Verhaltensstandards und Preise. *Cyert/March* nennen das „negotiated environment“ (vgl. [Theory] 168). Das muss nicht bedeuten, dass sie verbotene Absprachen treffen. Es reicht aus, sich gegenseitig zu beobachten und die eigenen Absichten klar zu signalisieren.

Bei der eigentlichen Entscheidung müssen sich häufig mehrere Personen über die Bewertung der Ergebnisse und die Entscheidungslogik einigen. Die Diskussion in der Gruppe kann zu unerwarteten Ergebnissen führen. Das schon erwähnte Phänomen der „Polarisierung“ zeigt auf, dass eine Gruppenentscheidung etwas anderes ist als die Summe der Einzelentscheidungen (vgl. *Fincham/Rhodes* [Organization] 162f.). Die Gruppe entscheidet oft extremer als es jedes einzelne Mitglied tun würde. Gruppen nutzen häufig das Wissen ihrer Mitglieder nicht, weil sich die begrenzte Aufmerksamkeit schnell auf die Informationen konzentriert, die alle Mitglieder teilen. In Organisationen sind meist auch nicht alle Gruppenmitglieder gleich berechtigt. Sei es, dass einzelne Mitglieder Expertenmacht haben, sei es, dass sie in der Hierarchie höher angesiedelt sind. Derjenige, der zuerst spricht – meistens der Chef – hat einen starken Einfluss auf die gesamte Diskussion. Es ist oft schwer nachvollziehbar, welchen Anteil welches Mitglied an der Entscheidung hatte und wie die Entscheidung letztlich zustande gekommen ist.

Ob die beste Alternative gewählt wird, hängt auch mit der Fehlerkultur einer Organisation zusammen. Für viele Mitarbeiter in den Unternehmen ist es vor allem wichtig, Fehler zu vermeiden, um der eigenen Karriere nicht zu schaden. Das führt zu defensiven Entscheidungen. Man wählt nicht die Alternative, die man selbst für die beste hält, sondern die, bei der man am wenigsten angreifbar ist. Diese Kultur defensiven Entscheidens bescheinigt *Gigerenzer* bspw. vielen Medizinern (vgl. [Risiko] 77ff.). Da sie eher dafür haftbar gemacht werden, wenn sie zu wenig unternommen haben, neigen sie zu überflüssigen Tests, Medikamenten und Operationen. Aber auch in Unternehmen ist defensives Entscheiden weit verbreitet.

Der Entscheidungsprozess in der präskriptiven Entscheidungstheorie verläuft systematisch, zielorientiert, in logischen Einzelschritten. Man denkt weit in die Zukunft, erfasst viele relevante Umweltdaten, erwägt umfassend potenzielle Folgen und deren Wahrscheinlichkeit, wählt die optimale Alternative für das Unternehmen. Der tatsächliche Entscheidungsprozess gleicht viel mehr einem „Durchwursteln" (muddling through), springt vor und zurück, ist interdependent. Mittel und Ziele werden bspw. aneinander angepasst. Man entwirft nicht den großen Plan aus einem Guss, sondern tastet sich eher in kleinen Schritten vor und lernt aus Versuch und Irrtum. Entscheidungen werden meistens durch akute Probleme erzwungen. Lösungen werden in der Nähe bisheriger Lösungen gesucht und die weitere Suche wird eingestellt, wenn eine brauchbare Lösung gefunden wurde. Man lebt damit, dass die Einzelentscheidungen nicht gänzlich kompatibel sind.

8.2.3 Opportunismus

Zur Rationalität des Homo oeconomicus gehört es, den eigenen Nutzen zu maximieren. Das erzeugt oft Probleme, bspw. dass die Entscheider nur schwer aus dem „Gefangenendilemma" (vgl. Abschnitt 6.7) herausfinden. Allerdings ist die „schlichte Verfolgung von Eigeninteresse" (*Williamson* [Institutionen] 56) noch vergleichsweise harmlos, denn dann kann man die Interessen des Anderen voraussehen und sich vertraglich über bestimmte Verhaltensweisen einigen. Das ist die Welt der neoklassischen Wirtschaftstheorie.

Richtig schwierig wird es unter der Verhaltensannahme des Opportunismus. Gemeint ist „die Verfolgung des Eigeninteresses unter Zuhilfenahme von List" (*Williamson* [Institutionen] 54). Das bedeutet, dass die Menschen bewusst versuchen, andere irrezuführen, dass sie Informationen verbergen, verzerren, fälschen, Absichten verschleiern. Sie lügen, manipulieren, taktieren, nötigen, erpressen usw. Setzt man den Opportunismus voraus, dann nutzen vertragliche Absprachen wenig, da sie praktisch jederzeit auch gebrochen werden können. Man muss jedenfalls viel Aufwand an Kontrolle und Strafe betreiben, um die Opportunisten in Schach zu halten.

Solche Verhaltensweisen werden möglich durch Informations- und Machtasymmetrien. Während in den Modellen der Neoklassik jeder Marktteilnehmer über alles jederzeit vollständig informiert ist und jeder jederzeit und kostenlos den Marktpartner wechseln kann, sieht die Realität anders aus. Bei der Auswahl eines Marktpartners muss man bspw. ex ante damit rechnen, dass dieser bestimmte wichtige Informationen verschweigt oder verfälscht. Wer einen Kredit möchte, stellt bspw. seine Bonität besser dar, als sie ist, wer sich um einen Job bewirbt, schönt seinen Lebenslauf, wer einen Auftrag möchte, macht ein viel zu niedrig kalkuliertes Angebot mit der Absicht, später Kostensteigerungen geltend zu machen. Im letzten Fall spielt die Bindung an den Marktpartner eine Rolle, die man „lock-in" nennt. Anders als in den Modellen der Neoklassik vorgesehen, kann man den Marktpartner häufig nicht beliebig und kostenlos wechseln und ihn damit quasi „bestrafen". Vielmehr entstehen Bindungen, seien es Verträge, seien es spezifische Kenntnisse oder persönliche Beziehungen. Ein zunächst optimales Angebot kann sich durch die Möglichkeit zu Nachverhandlungen als sehr schlecht erweisen. Mit solchen Problemen beschäftigt sich die Neue Institutionenökonomik, vor allem die Principal-Agent-Theorie und die Transaktionskostentheorie (vgl. *Göbel* [Institutionenökonomik]).

Rationales Entscheiden wird dadurch in mehrfacher Hinsicht erschwert. Man weiß nicht, ob die Informationen, die in das Entscheidungsmodell einfließen nicht in irgendeiner Weise verzerrt oder gefälscht sind. Ein Bewerber um eine Stelle könnte bspw. verschweigen, dass er wegen eines versuchten Diebstahls aus der letzten Stelle entlassen wurde. Aus einem Gefangenendilemma findet man kaum heraus. Das Versprechen, sich an die kooperative Strategie zu halten, ist praktisch nichts wert. In Spielsituationen lässt sich das Verhalten der anderen Partei nur schwer abschätzen. Ein Spieler könnte bspw. bewusst irreführende Signale senden, um den anderen auf eine falsche Fährte zu locken. Bei Gruppenentscheidungen ist mit strategischem Abstimmungsverhalten und Manipulation zu rechnen. Und schließlich kann sich eine Entscheidung im Nachhinein als falsch erweisen, weil der Marktpartner nachverhandeln kann.

8.2.4 Das Papierkorb-Modell der Entscheidung

Ein besonders deutliches Gegenmodell gegen die Vorstellungen der normativen Entscheidungstheorie hat eine Forschergruppe um *James G. March* entwickelt: das sog. „garbage can model“ oder Papierkorb-Modell der Entscheidung (vgl. *Cohen/March/Olsen* [Papierkorb-Modell]).

Nach ihrer Beobachtung hat man es in Unternehmen häufig mit Situationen der Mehrdeutigkeit und Unklarheit zu tun:

- Beschränktes Wissen über die Umwelt, über Mittel zur Zielerreichung, über Ergebnisfunktionen und Wirkungen von vergangenen Handlungen,
- inkonsistente und wenig operationale Ziele, die sich im Laufe des Entscheidungsprozesses verändern oder überhaupt erst nachträglich erfunden werden,
- Entscheidungen mit mehreren Akteuren, die auch noch wechseln können
- und die nur über begrenzte Informationsverarbeitungskapazitäten und begrenzte Motivation und Aufmerksamkeit verfügen.

Solche Situationen werden als „organisierte Anarchien“ bezeichnet und kommen relativ häufig vor.

In solchen Situationen sind die Entscheidungsprozesse dann ebenfalls völlig ungeordnete Mülleimerprozesse (garbage can), in denen Probleme, Lösungen und Teilnehmer zufällig und unvorhersehbar zusammentreffen.

Probleme werden von verschiedenen Personen innerhalb und außerhalb der Unternehmung benannt und können aus allen möglichen Bereichen stammen: Arbeitsunzufriedenheit, defekte Maschinen, Ärger mit einem Lieferanten, Kundenbeschwerden, kritische Artikel in den Zeitungen usw.

Lösungen können auch Angebote sein, die sozusagen nach Problemen suchen. Neue Technologien, Angebote von Lieferanten, Managementtheorien, Ideen von Mitarbeitern usw. können quasi nach Anwendungsmöglichkeiten suchen.

Es ist nicht immer klar, wer an einem Entscheidungsprozess teilnimmt. Die Teilnehmer können auch im Laufe längerer Prozesse wechseln. Wie viel Zeit und Aufmerksamkeit sie in den Prozess einbringen, hängt von persönlichen Interessen ab und auch davon, wie viele Entscheidungsmöglichkeiten gleichzeitig ablaufen.

In Unternehmen gibt es laufend irgendwelche Entscheidungsprozesse: Abschluss von Verträgen mit neuen Lieferanten, Auswahl von Bewerbern, Kauf von Maschinen, Entlassungen, Beförderungen, Auswahl einer Werbekampagne usw. Diese Entscheidungsgelegenheiten sind die „Papierkörbe“, in die Teilnehmer, Lösungen und Probleme eingebracht werden, die nur zum Teil direkt mit der Entscheidung zu tun haben.

Es ist nicht sicher und dem Zufall überlassen, ob in dem Papierkorb ein Problem auf eine passende Lösung trifft und/oder auf Teilnehmer, die genügend Motivation und Aufmerksamkeit erübrigen. Wichtige Entscheidungen ziehen zwar viel Aufmerksamkeit auf sich, andererseits lagern sich dort auch viele Probleme an. Probleme, die lange nicht gelöst werden, „fliehen" zu anderen Entscheidungsgelegenheiten. Manchmal ist eine Lösung nur möglich, weil wichtige Probleme übersehen oder bewusst ausgeklammert werden. Eine gute Lösung ist jedenfalls eher ein Zufallsprodukt als die Regel.

8.3 Wie man trotzdem zu guten Entscheidungen kommt

Reale Entscheidungen leiden also unter der begrenzten Aufmerksamkeit und Rationalität der Menschen, unter ihrer Willensschwäche, ihrem Opportunismus und der Komplexität von Entscheidungen in Organisationen. Gemessen am Modell rationaler Entscheidung sind vor allem Fehler und falsche Entscheidungen zu erwarten. Wie schaffen es die Menschen trotzdem so häufig, Entscheidungen zu treffen, die vielleicht nicht optimal aber doch gut genug sind?

8.3.1 Intuition, Heuristiken und Erfahrung

Mit dem Konzept der begrenzten Rationalität bzw. der „Biases" in den Urteilen der Menschen werden vor allem ihre Defizite und Schwächen kritisiert. Das Ideal scheint dabei eine Art menschlicher Computer zu sein, der auch mit riesigen Informationsmengen und komplizierten Berechnungen souverän umgeht. Tatsächlich haben Menschen aber andere Möglichkeiten und Strategien, um gute Entscheidungen zu treffen. In mancher Hinsicht sind diese Entscheidungsweisen dem Ideal rationaler Entscheidung sogar überlegen. Wie *Kahnemann* konstatiert sind sie schnell und weitgehend mühelos (vgl. [Denken] 33). Im Verhältnis von Aufwand und Nutzen (effort-accuracy trade-off) schneiden sie daher häufig gar nicht so schlecht ab.

Meist werden verschiedene miteinander verbundene reale Entscheidungsarten dem rationalen Entscheiden gegenüber gestellt: Entscheiden auf der Basis von Intuition, mit Hilfe von Heuristiken und auf der Grundlage von Erfahrung.

Von **Intuition** oder „Bauchgefühl" spricht man, wenn ein Urteil „rasch im Bewusstsein auftaucht, dessen tiefere Gründe uns nicht vollkommen bewusst sind und es stark genug ist, um uns danach handeln zu lassen." (*Gigerenzer* [Risiko] 143)

Die Intuition genießt im Allgemeinen kein allzu hohes Ansehen. Sie wird – oft mit herablassendem Unterton – als typisch weibliche Art der Entscheidung angesehen. Dabei gibt es viele Entscheidungssituationen, die keine andere Art der Entscheidung zulassen. Immer, wenn eine sehr schnelle Entscheidung vonnöten ist, kann der Entscheider nicht lange Informationen sammeln und Modelle bauen. Bei einem Angriff muss man bspw. blitzschnell entscheiden, ob man lieber die Flucht ergreift oder sich zur Wehr setzt. Intuitiv urteilt man auch häufig über Personen. Man hat in den ersten Sekunden des Kennenlernens meist schon einen Eindruck über die Vertrauenswürdigkeit einer Person oder ihre Stimmung. Auch bei sehr komplexen unsicheren Entscheidungen kann die Intuition gute Dienste leisten, weil die Abbildung in einem Entscheidungsmodell viel zu schwierig wäre.

„Der intuitive Geist ist ein Geschenk und der rationale Geist ein treuer Diener. Wir haben eine Gesellschaft erschaffen, die den Diener ehrt und das Geschenk vergessen hat." Diese positive Bewertung der Intuition stammt von keinem Geringeren als *Albert Einstein*. In älteren betriebswirtschaftlichen Beiträgen zum Thema unternehmerische Entscheidungen heißt es noch, die Unternehmensführung „bedarf insbesondere der Intuition" (*Fürst* [Entscheidung] 100). Tatsächlich bestätigen gerade die hochrangigen Manager und Unternehmer in vertraulichen Befragungen, dass sie wichtige Entscheidungen häufig „aus dem Bauch heraus" treffen. Sie sehen sich aber genötigt, die Bauchentscheidung nach außen hin zu „rationalisieren", also sie mit Fakten und Zahlen nachträglich zu begründen. Es ist nach wie vor ein Tabu, Entscheidungen mit einem „Gefühl" zu begründen (vgl. *Gigerenzer* [Risiko] 152). Dabei ist die Intuition etwas anderes als reine Willkür. Sie ist „unbewusste Intelligenz" (ebenda, 147).

Neben der Intuition helfen Heuristiken bei der Entscheidung.

Eine **Heuristik** ist „ein einfaches Verfahren, das uns hilft, adäquate, wenn auch oftmals unvollkommene Antworten auf schwierige Fragen zu finden." (*Kahnemann* [Denken] 127).

Das Wort ist abgeleitet aus dem Griechischen Wort für „finden", „entdecken". Es sind also „Findeverfahren" bzw. „Faustregeln", die immer dann eingesetzt werden, wenn es entweder unmöglich ist oder zu aufwendig oder zu langsam erscheint, eine wohlfundierte Entscheidung auf der Basis aller erreichbaren Informationen zu treffen. Manche Heuristiken wenden wir intuitiv an. Wenn man bspw. einen Ball fangen will, der zugeworfen wird, dann rechnen wir nicht die Flugbahn nach physikalischen Gesetzen aus, sondern wenden die „Blickheuristik" an. Nach dieser Regel wird das bewegte Objekt fixiert und die eigene Geschwindigkeit so angepasst, dass der Blickwinkel konstant bleibt. Die meisten Menschen können das intuitiv, ohne sich bewusst zu machen, was sie da überhaupt tun. Sie sind darin besser als jeder Computer. Meistens unbewusst werden auch Heuristiken eingesetzt wie die Repräsentativitätsheuristik oder die Verankerung (vgl. Kapitel 9), um zu Schätzungen über bestimmte Werte zu kommen.

Heuristiken können aber als Verfahrensweisen nachvollzogen, bewusst gemacht und auch gezielt eingesetzt werden und sind darum nicht identisch mit Intuition. „Trial and error", also Versuch und Irrtum, ist bspw. eine bewusst eingesetzte Heuristik, die vor allem benutzt wird, wenn es um Innovationen geht. Produktentwicklungen laufen häufig nach dieser Heuristik ab. Einfache Regeln zur Beantwortung schwieriger Fragen sind in der Wirtschaft weit verbreitet. Eine gute Anlagestrategie kommt bspw. mit wenigen Regeln aus: Setze nie alles auf eine Karte. Kaufe Aktien von Unternehmen, die du kennst. Habe Geduld. Kaufe Aktien nie auf Kredit. Experimente haben gezeigt, dass Laien, die nach der einfachen Regel verfahren, nur Aktien zu ordern von Unternehmen, die sie kennen, erfolgreicher sind als Profis, die nach komplizierten Rechenmodellen verfahren. Um das Budget für Werbemaßnahmen festzulegen, wird einfach ein fester Prozentsatz vom Umsatz genommen oder man nimmt den Betrag, der in der Branche „üblich" ist. Um aktive Kunden von „Karteileichen" zu unterscheiden, ziehen Unternehmen den Zeitpunkt des letzten Kaufs heran. Nicht immer sind Heuristiken besser als komplexe Entscheidungsmodelle, aber sie sind schneller und weniger aufwendig und häufig zumindest gut genug.

Im Laufe der Zeit entsteht durch Lernprozesse ein teilweise unbewusstes, implizites Wissen, welches sich als „Erfahrung" in den Entscheidungen niederschlägt.

Erfahrung ist die Summe von Erlebnissen, Eindrücken, Erfolgen und Fehlern, die jemand in einem bestimmten Gebiet gemacht hat.

Langjährige Übung und Erfahrung kann wiederum die Intuition verbessern und zu guten Faustregeln führen. Was die normative Entscheidungstheorie nicht thematisiert, ist, ob wir eine Entscheidung zum ersten Mal oder zum zehnten Mal treffen. Das Wiederholen erzeugt aber einen Unterschied, weil Menschen lernen können. Es ist normal, dass man zu Beginn einer Tätigkeit zunächst Fehler macht, Umwege geht, sich irrt. Aber man kann besser werden. Das gilt nicht nur für handwerkliche Tätigkeiten, sondern auch für das Entscheiden. Nicht umsonst gehört die „Berufserfahrung" zu den häufigsten Anforderungen in Stellenausschreibungen.

8.3.2 Unterstützung durch Institutionen

Entscheidungen in Organisationen bringen gegenüber der Entscheidung eines Einzelnen viele zusätzliche Probleme mit sich. Gleichzeitig stellt aber die Organisation auch Hilfen für den Entscheider bereit.

Nach *Simon* (vgl. [Behavior]) hat die Organisation in einem Unternehmen sogar in erster Linie den Sinn, für die Entscheider die Komplexität und Veränderlichkeit der Umwelt zu reduzieren und Entscheidungen zu vereinfachen. Folgende Mechanismen sorgen dafür: Arbeitsteilung, Herrschaft, Hierarchie und Autorität, Kommunikation mit gefilterten und verdichteten Informationen, standardisierte Verfahren und Programme sowie der „organizational slack".

- Arbeitsteilung: Durch Arbeitsteilung muss sich jedes Organisationsmitglied nur um einen begrenzten Ausschnitt der Realität kümmern und kann viele andere Probleme ausklammern, um die sich andere kümmern. Allerdings führt diese Vereinfachung dann wieder zum Problem der Gesamtkoordination der Einzelentscheidungen. Bspw. muss ja eine Investitionsentscheidung zum Finanzplan und zum Absatzplan passen. Man kann aber auch mit „lokalen Optimierungen" leben, die sich nicht unbedingt zu einem Gesamtoptimum zusammenfügen.
- Herrschaft, Hierarchie und Autorität: Die Hierarchie unterteilt die Organisation in Vorgesetzte und Untergebene. Die untergebenen Organisationsmitglieder bekommen Ziele und Werte und teilweise auch Mittel vorgegeben, was für sie eine Entlastung bedeutet. Sie brauchen sich nicht selbst um die Zielbildung zu kümmern, u. U. auch nicht um die Generierung und Bewertung von Alternativen, weil das spezielle „Entscheidungsträger" übernehmen. Viele Organisationsmitglieder müssen eigentlich nur gehorchen und ausführen, was andere entschieden haben.

- Kommunikation: Informationen fließen in vorgegebener Form auf vorgegebenen Kanälen. Sie werden verdichtet und gefiltert, so dass Unsicherheit absorbiert wird und im Grunde eine Vielzahl von Vorentscheidungen getroffen wird. Dadurch gehen natürlich auch Informationen verloren.
- Standardisierte Verfahren und Programme: Das Organisationsmitglied muss oft überhaupt keine eigenen Entscheidungen treffen, sondern spult sozusagen ein vorgegebenes Programm ab (bspw. automatische Nachbestellung einer bestimmten Menge von Produkt x bei Unterschreitung der Mindestlagermenge). Sehr vieles in Unternehmen läuft einfach routiniert ab, ohne dass jedes Mal eine echte Entscheidung getroffen wird.
- In den meisten Unternehmen existiert ein gewisser Ressourcenüberschuss, organizational slack genannt, der als eine Art Puffer dient, damit die Entscheidungen verschiedener Abteilungen nicht allzu genau koordiniert werden müssen (bspw. Lager von Fertigwaren um die Abstimmung zwischen Produktion und Verkauf zu puffern).

Will eine Organisation trotz wechselnder Mitglieder eine gewisse Stabilität erhalten, müssen die Verhaltensweisen standardisiert werden. Es gibt Vorschriften, wie eine Aufgabe auszuführen ist, welche Informationen in welcher Form an wen weiterzugeben sind, wie Pläne erstellt werden und dass sie einzuhalten sind (vgl. *Cyert/March* [Theory] 122ff.). „Much of the decision making behavior we observe reflects the routine way in which people do what they believe they are supposed to do. Much of the behavior in an organization is specified by standard operating procedures, professional standards, cultural norms, and institutional structures … The terminology is one of duties, scripts, identities, and roles rather than anticipatory, consequential choice." (ebenda, 230). Koordinationsspiele nach Art des „Treffen in New York" können deshalb auch innerhalb einer Organisation leichter gelöst werden, weil es diese gemeinsame „Kultur" gibt. (Zu den Möglichkeiten, Entscheidungen in Unternehmen zu erleichtern, vgl. auch Kapitel 11.)

8.3.3 Jenseits des Eigeninteresses

Als zusätzliche Komplikation bei den Entscheidungen wurde der Opportunismus ins Feld geführt. Opportunismus ist die konsequente Steigerung des schlichten Selbstinteresses in Situationen, die es dem Homo oeconomicus erlauben, Vorteile durch „List" zu erlangen. In der neoklassischen Modellwelt des idealen Marktes wurden durch die Annahmen von vollständiger Transparenz, vollständigem Wettbewerb und der Möglichkeit, den Marktpartner jederzeit kostenlos wechseln zu können, einfach die Möglichkeiten zur Anwendung von „List“ wegdefiniert. In der realen Welt gibt es Informations- und Machtasymmetrien, die Opportunismus für den Homo oeconomicus lukrativ machen.

Glücklicherweise hat die empirische Entscheidungsforschung ergeben, dass die meisten Menschen keineswegs strikt selbstinteressiert entscheiden. Auch das Selbstinteresse ist begrenzt (bounded self-interest) (vgl. *Bazerman/Moore* [Judgment] 6).

Der Homo sapiens kennt die Kategorie der Gerechtigkeit. Er erwartet gerechte Behandlung und ist bereit, Unfairness zu bestrafen, auch wenn es ihn etwas kostet. Ebenfalls ist er bereit, in öffentliche Güter zu investieren (vgl. *Sigmund/Fehr/Nowak* [Teilen]).

Während in der Welt des Homo oeconomicus alle wirtschaftlichen Interaktionen von großem Misstrauen belastet sind, ist in der realen Welt **Vertrauen** die dominierende Attitüde. Man vertraut im Allgemeinen seinem Anwalt, Bankberater, Buchhalter, Steuerberater, Wirtschaftsprüfer etc.

Der Sinn für Gerechtigkeit und das Vertrauen schlagen sich auch in dem weit verbreiteten Handlungsprinzip der **„Reziprozität“**, also der Gegenseitigkeit, nieder (vgl. *Falk* [Reziprozität]). Wer mir bspw. einen Gefallen getan hat, kann auch von mir eine Gefälligkeit erwarten. Vertrauen wird meist mit Vertrauenswürdigkeit vergolten.

In der Realität finden Entscheidungen in einem sozialen Kontext statt und unter sozialer Kontrolle. Wie schon im Kapitel über die Spieltheorie argumentiert wurde, gibt es außerdem verschiedene Menschentypen, die man als Geber, Nehmer und Tauscher bezeichnen kann. Während die normative Entscheidungstheorie den Menschen als „Nehmer“, bestenfalls als „Tauscher“, modelliert, gibt es in der Realität auch viele „Geber“, die in ihren Entscheidungen die Interessen der anderen berücksichtigen, die vertrauensvoll in Vorleistung gehen, hilfsbereit sind. Das gilt insbesondere für Entscheidungen innerhalb einer Organisation. Zu den Stärken von Organisationen wird es gerechnet, dass sie Loyalität und Identifikation erzeugen können und die Kooperation damit sehr erleichtern (zur Bedeutung des sozialen Kontextes für Entscheidungen vgl. auch Kapitel 9).

9 Spezielle Ergebnisse empirischer Entscheidungsforschung

„Dieser Artikel zeigt, dass sich Menschen auf eine begrenzte Anzahl heuristischer Prinzipien stützen … Im Allgemeinen sind diese Heuristiken recht nützlich, aber manchmal führen sie zu schwerwiegenden, systematischen Fehlern.“

Tversky/Kahnemann [Urteile] 521

Wie bereits im letzten Kapitel dargestellt wurde, geht es bei der deskriptiven Entscheidungstheorie darum, das reale Entscheidungsverhalten von Menschen zu beschreiben, welches in vielen Fällen nicht den Annahmen und Voraussetzungen der präskriptiven Theorie entspricht.

Als **zentrale Rationalitätsforderungen** wurden in Kapitel 2 genannt:

- die Zukunftsorientierung, die besagt, dass man die Wahl einer Alternative nur von den zukünftigen Konsequenzen abhängig macht,
- die Transitivität, die besagt dass wenn a besser als b und b besser als c, dann auch a besser als c
- die Invarianz der Entscheidung gegenüber der Darstellungsweise eines Entscheidungsproblems sowie
- die Unabhängigkeit von irrelevanten Alternativen.

Außerdem wurde vorausgesetzt, dass die Entscheider klare und konsistente Präferenzrelationen haben bezüglich der Zielarten, der Höhe, des Risikos und der Zeit. Weiterhin sollen sie den Alternativenraum ausschöpfen und Risiken realistisch einschätzen. Die meisten Menschen verstoßen regelmäßig gegen dieses Forderungen und können nicht so souverän mit Entscheidungen bei mehreren Zielen und Entscheidungen bei Unsicherheit umgehen wie es die normative Theorie vorsieht. Das reale Entscheidungsverhalten ist meist **intuitiv**, d. h. es wird impulsiv und unbewusst, aus dem Bauch heraus entschieden. Die Entscheider benutzen häufig **Heuristiken** (einfache Problemlöseverfahren, Faustregeln). Das hat den Vorteil, dass ein solches Entscheiden schnell geht und relativ mühelos ist, aber aus Sicht der normativen Theorie machen Menschen viele **Fehler** bei diesen schnellen Entscheidungen. Regelmäßig erliegen sie ihren Vorurteilen (biases) und Irrtümern (fallacies).

Andererseits müssen die Menschen in der Realität auch mit viel komplexeren Entscheidungen und viel größerer Unsicherheit umgehen, als es die Modelle vorsehen. Die Wahrscheinlichkeiten für den Eintritt zukünftiger Ereignisse und Zustände sind meistens unbekannt. Außerdem müssen sie sich in der Realität oft mit anderen Menschen einigen, stehen unter Zeitdruck und müssen mehrere Dinge gleichzeitig tun.

Manche der Abweichungen erscheinen daher auch wieder rational. Es ist eine Art Notwehr gegen die hoffnungslose Überforderung durch die Anforderungen der normativen Theorie. Entsprechend unterschiedlich fällt die Bewertung aus: Vertreter der normativen Theorie sehen das reale Verhalten in erster Linie als fehlerhaft und verbesserungswürdig an, andere erkennen gerade in den intuitiven Entscheidungen und Heuristiken eine besondere Art von Intelligenz. Manchmal führt das aber auch zu eindeutig schlechten Entscheidungen und klaren Fehlern und es wäre gut, Entscheidungen noch einmal zu reflektieren. Im Folgenden dominiert die Sichtweise der „kognitiven Verzerrungen" und „systematischen Fehler", welche das automatische, intuitive, schnelle und mühelose Entscheiden mit sich bringt. Als Referenzmodell und Inbegriff rationalen Entscheidens dienen meist das Entscheiden auf der Basis des Erwartungsnutzens in Entscheidungssituationen bei Risiko und das Entscheiden mit Hilfe der Addition gewichteter Zielwerte in Entscheidungssituationen mit mehreren Zielen.

Einige der Abweichungen von den Idealvorstellungen der normativen Theorie sollen nun vorgestellt werden. Da die Erkenntnisse von verschiedenen Forschern mit unterschiedlichen Zielsetzungen und Begrifflichkeiten gewonnen wurden, sind die hier dargestellten kognitiven Verzerrungen oft nicht sauber voneinander zu trennen. Der von *Kahnemann* und *Tversky* im Rahmen der Prospect Theory beschriebene „Isolationseffekt" kann bspw. auch als „Framingeffekt" besprochen werden. Auch die „mentale Buchführung" kann zum „Framing" gerechnet werden. Auf der anderen Seite wird das „mental accounting" (*Thaler* [Mental]) aber auch als Oberbegriff benutzt, unter welchem dann verschiedene Fehler wie der Fehlschluss aus versunkenen Kosten, der Besitztumseffekt und Verlustaversion subsumiert werden (vgl. *Kahnemann* [Denken] 421ff.). Außerdem ist mittlerweile eine solche Fülle von Entscheidungsanomalien entdeckt worden, dass längst nicht alle besprochen werden können. Es wurde versucht, die wichtigsten Effekte grob gegliedert nach den Schritten im Entscheidungsprozess darzustellen: Fehler bei der Zielgewichtung (9.1), Fehler bei der Bildung subjektiver Wahrscheinlichkeiten (9.2), Fehler bei der Bewertung und Entscheidung (9.3). Es folgen allgemeine Merkmale des menschlichen Entscheidungsverhaltens, die im gesamten Entscheidungsprozess eine Rolle spielen können:

Vermeiden von Änderungen (9.4), Selbstüberschätzung (9.5) und soziale Effekte (9.6). Anschließend werden einige der beschriebenen Fehler speziell in Verbindung gebracht mit Entscheidungen, an denen mehrere Akteure beteiligt sind (9.7). Zum Schluss wird in einer Tabelle ein Überblick über die beschriebenen Effekte gegeben (9.8).

9.1 Fehler bei der Zielgewichtung

9.1.1 Bandbreiteneffekt

Bei multiattributiven Entscheidungsproblemen spielen die Bandbreiten der möglichen Ergebnisausprägungen eigentlich eine wichtige Rolle für die Zuordnung von Zielgewichten. Je näher die Ergebnisse für eine Zielgröße bei den verschiedenen Alternativen beieinander liegen, desto geringer sollte das Gewicht ausfallen. Im Extrem, wenn hinsichtlich einer Zielgröße alle Alternativen genau das gleiche Ergebnis aufweisen, dann spielt diese Zielgröße für die Entscheidung eigentlich gar keine Rolle mehr. Ist auf der anderen Seite die Bandbreite der Ergebnisse sehr hoch, dann muss das Kriterium höher gewichtet werden.

Beispiel
Beim Kauf einer Waschmaschine spielt die Energieeffizienz praktisch keine Rolle mehr, seit alle Maschinen die Klasse AA, also die bestmögliche, aufweisen.

Könnten dagegen sehr große Unterschiede festgestellt werden und wären manche der Alternativen wahre Stromfresser, dann müsste dem Kriterium ein hohes Gewicht zugeteilt werden, damit der Stromverbrauch nicht zu leicht durch die gute Ausprägung eines anderen Merkmals (bspw. Design) kompensiert werden kann.

Zu beobachten ist, dass die meisten Menschen diesen Zusammenhang nicht durchschauen und die Zielgewichtung nicht an das Ausprägungsintervall anpassen (vgl. *Eisenführ/Weber/Langer* [Entscheiden] 406).

9.1.2 Splitting-Bias

Bildet man eine Zielhierarchie und unterteilt ein Oberziel in Unterziele, dann wird die Gewichtung des Oberziels alleine aufgrund dieser Verfeinerung regelmäßig erhöht (vgl. *Weber/Eisenführ/Winterfeldt* [splitting]).

Beispiel
Wenn man das Ziel „Umweltfreundlichkeit“ der Waschmaschine unterteilt in die drei Unterziele „Stromverbrauch“, „Wasserverbrauch“ und

„Recyclingfähigkeit", dann fällt die Summe der Gewichte der Unterziele höher aus als die ursprüngliche Gewichtung des Oberziels.

Das passt zu dem Phänomen, dass man bei detaillierten Beschreibungen von Ereignissen deren Wahrscheinlichkeit höher schätzt. Das Mehr an Informationen führt anscheinend zu einer höheren Bewertung.

9.1.3 Dynamische Inkonsistenz

Welchem Ziel der Entscheider den Vorrang gibt, ändert sich laufend, oft sogar innerhalb eines Tages.

Beispiele

Man nimmt sich morgens vor, am Abend nichts zu essen, weil man unbedingt abnehmen will. Je näher der Abend kommt und je größer der Hunger wird, desto mehr tritt das Diätziel in den Hintergrund und das Bedürfnis zu essen in den Vordergrund. Oder wir nehmen uns vor, ab morgen jeden Tag früh aufzustehen und von 8 bis 12 diszipliniert zu arbeiten. Klingelt der Wecker, dann steht die Müdigkeit im Vordergrund und man bleibt liegen.

Treffe ich eine Entscheidung in einem „kalten" Zustand, bspw. wenn ich satt bin, dann dominiert die Vernunft. Komme ich aber in einen „heißen" Zustand, bspw. bekomme ich Hunger, dann wird die Versuchung übermächtig (vgl. *Loewenstein* [Control] 62f.). *Thaler/Shefrin* (vgl. [Self-Control]) sehen sogar zwei „Selbste" am Werk: den langfristig orientierten „planner" und den kurzfristig agierenden „doer". Der „planner" erwägt, was er tun sollte (should), der „doer" richtet sich nach seinen Wünschen (want). Hin und her gerissen zwischen dem was man sollte und dem was man will, trifft man immer wieder Entscheidungen, die gegen die eigenen rationalen Ziele verstoßen. Man kann versuchen, sich selbst gegen solche Inkonsistenzen zu schützen durch Selbstbindungsmechanismen, bspw. eine Wette, bei der man eine hohe Summe zahlen muss, wenn man gegen die eigenen Ziele verstößt.

9.1.4 Take-the-best und Tallying

Bei Entscheidungen mit mehreren Zielen vereinfachen die Entscheider häufig das Problem mit Hilfe von zwei Heuristiken: Take-the-best und Tallying (vgl. *Gigerenzer/Gaissmaier* [Heuristiken] 343ff.). Die Alternativen werden bei der Take-the-best-Heuristik zunächst nur hinsichtlich des Zieles verglichen, das man subjektiv für das wichtigste hält. Es erhält sozusagen das Gewicht 1. Schneiden mehrere Alternativen gleich gut ab, wird das nächste Ziel herangezogen. Die Bewertung wird gestoppt, wenn sich eine Alternative eindeutig als beste bewerten lässt. (Das entspricht der Zieldominanz bzw. der lexikografischen Ordnung.) Die Take-the-best-Heuristik ist in der Praxis weit verbreitet.

Beispiel

Eine Person soll sich zwischen den Aktien von zwei Unternehmen A und B entscheiden. Das Ziel ist, die Aktie zu nehmen, die mehr Gewinn abwirft. Um das Ziel zu operationalisieren, werden messbare Zielgrößen bestimmt (sog. cues = Hinweis, Fingerzeig, Grund). Das sind bspw. Größen wie die bisherige Aktienentwicklung, die finanziellen Reserven des Unternehmens, die Investitionssumme in neue Projekte, die Höhe der Mitarbeiterfluktuation oder der Bekanntheitsgrad des Unternehmens. Die Ergebnisse für A und B werden nacheinander verglichen, wobei man mit der subjektiv wichtigsten Zielgröße anfängt. Sobald A oder B bei einer Zielgröße besser abschneiden, wird die Entscheidung gefällt.

Als Tallying bezeichnet man die schlichte Addition von Zielwerten ohne eine Gewichtung der Ziele. Das heißt die Ziele werden überhaupt nicht nach Wichtigkeit geordnet.

Beispiel

Bei der Entscheidung zwischen den Aktien von Unternehmen A oder B wählt man beliebig viele Zielgrößen in beliebiger Reihenfolge und schaut, ob A oder B bei der jeweiligen Größe besser abschneidet. Die bessere Alternative bekommt eine 1, die schlechtere eine 0. Sind beide gleich gut, bekommen beide eine 1. Anschließend addiert man die Einsen und nimmt die Alternative mit der höheren Summe. Schneiden beide gleich gut ab, wird eine weitere Zielgröße hinzugezogen, solange bis ein Unterschied erkennbar wird.

Solche Vereinfachungen können nicht direkt als „Fehler“ bezeichnet werden, aus Sicht der präskriptiven Theorie wären aber bessere Entscheidungen möglich, wenn man mehrere nach ihrer Wichtigkeit geordnete Ziele gleichzeitig beachten und einen Gesamtnutzen errechnen würde. Diese Art der Entscheidung gilt als der „Goldstandard“ rationalen Entscheidens bei mehreren Zielen (vgl. *Shah/Oppenheimer* [Heuristics] 208).

9.2 Fehler bei der Bildung subjektiver Wahrscheinlichkeiten

In vielen Entscheidungssituationen kann man Umweltentwicklungen und Ergebnisse von Alternativen nicht sicher benennen, sondern nur schätzen. Bei solchen Schätzungen machen die Menschen sehr viele Fehler.

9.2.1 Repräsentativitäts-Heuristik

Wir haben für bestimmte Ereignisse oder Personen sozusagen Muster, Schemata, Idealtypen im Kopf und schließen dann aus einzelnen Merkmalen auf dieses Muster. Wir ergänzen sozusagen im Kopf das Bild, das wir vor Augen haben. Ein Merkmal oder wenige Merkmale sind in unseren Augen repräsentativ für eine bestimmte Grundgesamtheit. Sieht ein Personalchef eine junge Frau mit blondierten Haaren, Stretchmini und ultralangen Nägeln, dann wird er sie vermutlich nicht für eine promovierte Altphilologin halten. Die Einschätzung, dass ein einzelnes Merkmal repräsentativ für einen bestimmten Typus ist, macht uns blind für andere Informationen, die sich eigentlich auf die Wahrscheinlichkeitsschätzung auswirken sollten. Diese Heuristik führt zu Fehlern.

Basisraten-Fehler (base rate fallacy)

Es gibt objektive statistische Daten über die Häufigkeit bestimmter Berufe. Bspw. gibt es die Information, dass in Deutschland nur ca. 1,6 % der Erwerbstätigen im Bereich Land- und Forstwirtschaft tätig sind, während fast 19 % dem Wirtschaftsbereich „Produzierendes Gewerbe“ zugerechnet werden. Das ist die Basisrate oder A-priori-Wahrscheinlichkeit. Jemand soll jetzt einschätzen, ob Lukas Förster oder Industriearbeiter ist, und bekommt noch folgende Information über ihn: Er ist sehr naturverbunden und besitzt einen Münsterländer. Auf welchen Beruf würden Sie bei Lukas tippen?

Nach diesen Zusatzinformationen tippen vermutlich die meisten auf einen Förster, obwohl die Basis-Rate deutlich mehr für einen Industriearbeiter spricht. Aber einzelne Merkmale wie Naturverbundenheit und Jagdhund passen besser zu unserem Schema von einem Förster. Wir vertrauen dann lieber unseren Schemata als den statistischen Fakten. Die Basis-Rate oder a-priori-Wahrscheinlichkeit spielt eine zu geringe Rolle (vgl. *Kahnemann/Tversky* [Subjective]).

Unempfindlichkeit gegenüber dem Stichprobenumfang

Die Wahrscheinlichkeit eines bestimmten Ergebnisses in einer Stichprobe wird unabhängig von der Größe der Stichprobe immer gleich geschätzt. Weil man bspw. weiß, dass insgesamt bei den Geburten ungefähr gleich viele Mädchen und Jungen geboren werden, schätzt man auch bei kleinen Stichproben diese Verteilung als sehr wahrscheinlich ein. Man geht von der repräsentativen Verteilung aus (vgl. *Tversky/Kahnemann* [Urteile] 525). Je kleiner die Stichprobe, desto wahrscheinlicher sind aber Abweichungen von der Verteilung, wie sie für die Grundgesamtheit gilt. Bei einer Stichprobe von zehn Kindern können durchaus acht Jungen und zwei Mädchen dabei sein. Auch Forscher erliegen diesem Irrtum und ziehen Schlüsse aus zu kleinen Stichproben. Man spricht auch vom „Gesetz der kleinen Zahl", welches dem statistischen „Gesetz der großen Zahl" widerspricht (vgl. *Tversky/Kahnemann* [Belief]). Empirische Befunde aus kleinen Stichproben werden zu schnell generalisiert.

Falsche Zufallskonzepte

Ebenfalls zu dieser Fehlergruppe passt der **Spieler-Irrtum** (gambler's fallacy). Fast alle Spieler gehen davon aus, dass die Wahrscheinlichkeit, dass beim Roulette „rot" fällt, zunimmt, wenn zuvor mehrmals „schwarz" gefallen ist (vgl. *Tversky/Kahnemann* [Urteile] 527). Da die Kugel nicht weiß, dass jetzt mal wieder „rot" dran ist, ist das natürlich Unsinn. Aber man hat ein Muster vor Augen, wie eine typische Reihe von zufälligen Ergebnissen auszusehen hat und in diesem Muster kommt es eben nicht vor, dass fünfmal hintereinander „rot" fällt. Mathematisch ist die Wahrscheinlichkeit bei jedem neuen Spiel wieder genau 0,5.

Beim Spieler-Irrtum unterschätzt man die Wahrscheinlichkeit, dass auch der Zufall „Reihen" und „Muster" hervorbringen kann. Werden die Ergebnisse von einem Akteur bewusst angestrebt (bspw. Torwürfe in einem Ballspiel), dann überschätzt man dagegen die Wahrscheinlichkeit von Mustern und Reihen. Hartnäckig hält sich der Mythos von der „hot hand" eines Spielers. Damit ist gemeint, dass man die Wahrscheinlichkeit eines weiteren Treffers immer höher schätzt, je mehr Tore der Spieler bereits erzielt hat. Statistisch ist immer wieder nachgewiesen worden, dass es solche Muster nicht gibt (vgl. *Reifman* [Hot hand]). Statistisch gibt es bei allen Ergebnissen, bei denen neben den bewussten Aktionen auch der Zufall eine Rolle spielt, eine „Regression zur Mitte". D. h. wer in einem Jahr große Erfolge erzielt hat, wird im nächsten Jahr wahrscheinlich schlechter abschneiden, und wer in einem Jahr unterdurchschnittliche Erfolge hatte, hat gute Chancen auf eine Verbesserung im nächsten Jahr. Intuitiv neigen die Menschen dazu, die Zukunft direkt aus der Vergangenheit abzuleiten und stabile Reihen zu konstruieren (vgl. *Kahnemann/Tversky* [Prediction]). Vor allem bei Erfolgen wird der Einfluss des Zufalls ignoriert (siehe auch „Kompetenzillusion").

Konjunktionsfehlschluss

Ein klassisches **Beispiel** für den Konjunktionsfehlschluss ist folgendes:

Linda ist 31 Jahre alt, sie ist überdurchschnittlich intelligent und hat einen Doktor in Philosophie. Zudem hat sie sich während des Studiums gegen die Diskriminierung von Minderheiten eingesetzt und an Anti-Atom-Demos teilgenommen.

Welche Aussage halten sie für wahrscheinlicher:

a) Linda arbeitet in einer Bank

b) Linda arbeitet in einer Bank und setzt sich aktiv für Frauenrechte ein.

Die meisten Menschen halten b) für wahrscheinlicher, obwohl natürlich logischerweise eine zusammengesetzte Wahrscheinlichkeit für zwei mit „und" verbundene Ereignisse niemals höher sein kann als die Wahrscheinlichkeit für eines dieser Ereignisse.

Bei ähnlichen Experimenten wurde häufig das zusammengesetzte Ereignis für das wahrscheinlichste gehalten, weil es einem bestimmten Gesamtbild, einem Szenario, entspricht. Eigentlich müsste man die Einzelwahrscheinlichkeiten multiplizieren, wodurch die Gesamtwahrscheinlichkeit kleiner wird. Aber das verstößt gegen die Intuition, die eher nach plausiblen Mustern sucht (vgl. *Tversky/Kahnemann* [Extensional]).

9.2.2 Verfügbarkeitsheuristik (availability heuristic)

Man schätzt die Wahrscheinlichkeit/Häufigkeit eines Ereignisses höher ein, wenn man schnell ein Beispiel präsent hat (vgl. *Tversky/Kahnemann* [Urteile]). Das ist an sich keine dumme Heuristik, da ja etwas häufig vorkommendes auch schnell präsent ist. Andererseits haben wir etwas vielleicht nur deshalb im Kopf, weil es gerade in den Medien ein wichtiges Thema ist. Auch bleiben Ereignisse, die mit starken Emotionen verknüpft waren, besser hängen und sind präsenter. Wer selbst einen Autounfall hatte, überschätzt die Wahrscheinlichkeit von Autounfällen. Die Anschaulichkeit (vividness) und die Aktualität (recency) des Beispiels beeinflussen unser Urteil.

Beispiel

Bei der Bewertung eines Mitarbeiters erinnert sich die Chefin daran, dass dieser gestern einen ärgerlichen Fehler begangen hat. Dieser eine Fehler ist präsenter und daher für die Bewertung wichtiger als die vielen Tage, an denen der Mitarbeiter gut gearbeitet hat.

Einfluss hat darüber hinaus die „Rückrufbarkeit" (retrievability) von Beispielen. Wird man gefragt, wie häufig es im Englischen Wörter gibt, die mit einem „r" beginnen im Vergleich zu Wörtern, die mit einem „r" enden, dann schätzen die meisten die Anzahl der Wörter mit „r" am Beginn viel höher ein, weil im Kopf dafür ein effektiveres Suchverfahren präsent ist.

Dazu passt ein weiterer Fehler, nämlich dass man sich bei seinem Urteil oft nur auf ein Beispiel verlässt, das aber sofort präsent ist. Man schätzt bspw. die Gefahr des Rauchens deutlich zu gering ein, weil man einen Opa hat, der Kettenraucher, 90 Jahre alt und gesund ist.

9.2.3 Umkehrung bedingter Wahrscheinlichkeiten

Bedingte Wahrscheinlichkeiten sagen etwas darüber aus, wie hoch die Wahrscheinlichkeit eines Ereignisses ist, wenn eine bestimmte Bedingung erfüllt ist.

Beispiel

Wenn man heroinsüchtig ist (Bedingung), dann ist die Wahrscheinlichkeit sehr hoch, dass man in jungen Jahren auch Erfahrungen mit sog. weichen Drogen, bspw. Haschisch, gemacht hat.

Aber deshalb gilt im Umkehrschluss nicht:

Wenn jemand Haschisch konsumiert (Bedingung), dann ist die Wahrscheinlichkeit sehr hoch, dass er heroinabhängig wird.

Genau solche Umkehrschlüsse werden aber häufig gemacht und aus einer bedingten Wahrscheinlichkeit eine andere abgeleitet. Das kann fatale Folgen haben, bspw. bei der Darstellung von Risiken im Gesundheitsbereich. Dazu folgendes **Beispiel** aus *Gigerenzer* (vgl. [Risiko] 222ff.):

Eine 40jährige Schwangere unterzieht sich einer Fruchtwasseruntersuchung, um zu testen, ob das Kind unter einer Trisomie 21 (Downsyndrom) leidet. Sie weiß, dass in ihrem Alter das Risiko eines behinderten Kindes bei 1 % liegt. Der Test fällt positiv aus. Vom Arzt erfährt sie, dass der Test 90 % der Kinder mit Downsyndrom erkennt und 10 % übersieht. Weiterhin klärt er sie auf, dass die Falschpositiv-Rate rund 5 % beträgt. D. h. 5 % der positiven Ergebnisse sind falscher Alarm. Was bedeutet das positive Testergebnis für die Frau? Die meisten – auch Ärzte – schätzen das Risiko einer Erkrankung des Kindes viel zu hoch ein, weil sie die Basisrate vernachlässigen, nämlich dass nur 1 % der Kinder krank sind. Von 1000 getesteten Kindern sind 990 gesund. Davon werden aber 5 %, also rund 50 Kinder, falsch positiv getestet. Von den 10 wirklich erkrankten Kindern werden 9 durch den Test entdeckt. Die Wahrscheinlichkeit, dass ein positiv getestetes Kind wirklich krank ist, beträgt also nur 9 zu 59, also rund 15 %. Der Fehler entsteht, weil man die bedingte Wahrscheinlichkeit umkehrt.

Wenn das Kind krank ist (Bedingung), dann ist der Test zu 90 % positiv.

Aber deshalb gilt nicht:

Wenn der Test positiv ist, ist das Kind zu 90 % krank.

9.2.4 Verankerung und Anpassung (anchoring)

Soll man irgendeine Größe schätzen, dann fängt man oft mit irgendeinem Wert an, welchen man gerade zur Verfügung hat (das ist der Anker) und tastet sich von dort aus durch Anpassungen an den Schätzwert heran. Dabei hat aber der Ankerwert einen überaus großen Einfluss, weil die Anpassungen eigentlich immer zu schwach ausfallen (vgl. *Tversky/Kahnemann* [Urteile] 536ff.).

Beispiel

Wie viele Einwohner hat Köln?

Jemand aus Trier denkt: Also Trier hat ca. 100.000 Einwohner und Köln ist deutlich größer, wird also so 500.000 Einwohner haben.

Jemand aus Berlin denkt: Also Berlin hat ca. 3,4 Millionen Einwohner und Köln ist deutlich kleiner, wird also so 1,5 Millionen Einwohner haben.

Tatsächlich sind es ca. 1 Mio. Einwohner.

Ist der Ankerwert kleiner als der echte Wert, dann fällt die Schätzung systematisch zu klein aus. Ist der Ankerwert größer als der echte Wert, dann fällt die Schätzung systematisch zu hoch aus. Das gilt auch für die Schätzung von subjektiven Wahrscheinlichkeiten. Die Wahrscheinlichkeit von konjunkten Ereignissen (Wahrscheinlichkeit, dass A und B geschehen) wurde in Tests systematisch überschätzt und die von disjunkten Ereignissen (Wahrscheinlichkeit, dass A oder B geschieht) systematisch unterschätzt, weil die Wahrscheinlichkeit des Elementarereignisses A als Anker benutzt und dann nicht ausreichend nach unten bzw. oben korrigiert wurde. Das hat bspw. Folgen für die Schätzung von Wahrscheinlichkeiten, dass ein komplexes Projekt rechtzeitig fertig wird. Dafür ist es nötig, dass jedes Ereignis aus einer Reihe von Ereignissen rechtzeitig eintritt (bspw. müssen beim Hausbau alle Handwerker ihre Termine einhalten und es dürfen keine sonstigen Verzögerungen eintreten wie bspw. Lieferschwierigkeiten für Material). Die Gesamtwahrscheinlichkeit dieser konjunkten Ereignisse wird schnell sehr klein, auch wenn die Eintrittswahrscheinlichkeit für die Einzelereignisse hoch ist. Diese Fehleinschätzung ist eine Ursache für den Planungsfehlschluss, der später noch genauer betrachtet wird. Umgekehrt werden Risiken gerne unterschätzt, wenn viele mögliche Risikofaktoren existieren. Der einzelne Faktor mag unwahrscheinlich sein, aber da es ausreicht, wenn einer der vielen möglichen Fehlerursachen eintritt (disjunkte Wahrscheinlichkeiten), wird insgesamt die Wahrscheinlichkeit schnell relativ groß.

Das „anchoring" bezieht sich nicht nur auf die Schätzung von Wahrscheinlichkeiten. Es entspricht einer allgemeinen Tendenz, nach bestätigenden Informationen zu suchen, die konsistent sind mit schon vorhandenen Informationen und Überzeugungen (confirmation heuristic) (vgl. *Bazerman/ Moore* [Judgment] 49ff.). Der „confirmation bias" wird später noch näher erläutert.

9.3 Fehler bei der Bewertung und Entscheidung

Auch bei der Bewertung und Entscheidung machen die meisten Menschen typische Fehler.

Am besten untersucht sind Abweichungen von der Risikonutzentheorie.

9.3.1 Das Allais-Paradoxon

Das Paradoxon wurde von *Maurice Allais* in einer Reihe von Experimenten 1953 aufgedeckt (vgl. [Risque]). Menschen verhalten sich demnach anders als es die Risikonutzentheorie vorhersagt.

Eine Prämisse bei der Risikonutzentheorie ist das Unabhängigkeitsaxiom. Eine Präferenz zwischen zwei Lotterien oder einer Lotterie und einem sicheren Betrag darf sich nicht dadurch ändern, dass ich bei beiden Alternativen etwas Identisches hinzufüge.

Bildlich gesprochen: Wenn ich mich zwischen zwei Geschenken entscheiden soll, bspw. einem Kalender und einem Kugelschreiber, und dann sage, dass ich den Kalender präferiere, dann muss ich den Kalender auch noch präferieren, wenn ich bei beiden Geschenken auch noch einen Gutschein dazu bekomme. Der Gutschein sollte für die Entscheidung irrelevant sein.

Die meisten Entscheider verstoßen intuitiv gegen diese Prämisse.

Dem Entscheider werden zunächst zwei Alternativen vorgelegt:

A: mit Sicherheit 3000 €

B: mit einer Chance von 80 % 4000 € oder mit einer Chance von 20 % nichts

Die meisten Entscheider bevorzugen A, da ihnen die sicheren 3000 € lieber sind als die unsichere Chance auf 4000 €. Sie sind also risikoscheu.

Dann lege ich dem gleichen Entscheider folgende Alternativen vor:

A': 3000 € mit 25%iger Wahrscheinlichkeit oder nichts mit 75%iger Wahrscheinlichkeit

B': 4000 € mit 20%iger Wahrscheinlichkeit oder nichts mit 80%iger Wahrscheinlichkeit.

Jetzt bevorzugen die meisten Alternative B'.

Dabei sind die Alternativen A' und B' aus einer identischen Umformung der Alternativen A und B hervorgegangen.

Beide Lotterien wurden mit einer identischen Lotterie c gemischt:

0,25 x A oder 0,75 c

0,25 x B oder 0,75 c, wobei c den sicheren Betrag von Null meint.

0,25 x 3000 oder 0,75 x Null ist dann die Lotterie A':

0,25 x (0,8 x 4000 oder 0,2 x 0) oder 0,75 x 0 = 0,2 x 4000 oder 0,8 x 0 ist die Lotterie B'.

Nach der Erwartungsnutzentheorie dürfte die Präferenz zwischen A und B sich nicht ändern, nur weil ich zu A und B jeweils die identische dritte Lotterie c hinzufüge. Sie müsste irrelevant sein.

Die Entscheider ändern aber ihre Präferenz. Bei dem ersten Alternativenpaar lockt die Sicherheit der Alternative A. Das nennt man **Sicherheitseffekt.**

Beim abgeleiteten zweiten Alternativenpaar sind beide Möglichkeiten mit Unsicherheit verknüpft. Dann wählt man lieber den höheren möglichen Gewinnbetrag. Das entspricht nicht den Rationalitätsanforderungen der Risikonutzentheorie.

9.3.2 Inkonsistente Bewertung extremer Wahrscheinlichkeiten

Die Entscheider bewerten Wahrscheinlichkeiten und Unterschiede zwischen den Wahrscheinlichkeiten nicht gleichmäßig und konsistent. Der schon beschriebene **Sicherheitseffekt** besagt bspw., dass der Übergang von einer 95%igen zu einer 100%igen Wahrscheinlichkeit, also Sicherheit, viel höher bewertet wird als der Übergang bspw. von 35 % zu 40 % Wahrscheinlichkeit.

Kahnemann/Tversky illustrieren den Sicherheitseffekt mit dem Beispiel, dass jemand „Russisch Roulette" spielen soll. Dieser würde viel mehr dafür geben, wenn die Anzahl der Kugeln im Revolver von einer auf null reduziert würde, als dafür, dass statt vier nur drei Kugeln im Magazin bleiben (vgl. [Theory]) 283). Sicherheit bedeutet einen qualitativen Unterschied und nicht nur einen quantitativen.

Der Sicherheitseffekt führt zu einer Unterbewertung hoher Wahrscheinlichkeiten. Selbst bei hohen Wahrscheinlichkeiten für höhere Gewinne ziehen die meisten einen niedrigeren sicheren Betrag vor (Risikoscheu). Und selbst bei hohen Wahrscheinlichkeiten für Verluste riskieren die meisten lieber eine Lotterie mit der Möglichkeit noch höherer Verluste, als einen sicheren Verlust zu akzeptieren (Risikofreude).

Auch der Übergang von 0 % auf 5 % wird höher gewertet als bspw. ein Übergang von 40 % zu 45 %. Das nennt man **Möglichkeitseffekt**. Das erklärt, warum Menschen bspw. Lotto spielen. Das heißt, die Menschen entscheiden nicht unmittelbar auf der Basis von Wahrscheinlichkeiten, sondern gewichten diese. Sie gewichten sie allerdings nicht allein nach ihrer Höhe, sondern in Zusammenhang mit den möglichen Ergebnissen. Extreme Wahrscheinlichkeiten und kleine Änderungen bei den Wahrscheinlichkeiten bekommen ein hohes Gewicht bei extremen Ausprägungen der Ergebnisse. So werden sehr geringe Wahrscheinlichkeiten in Zusammenhang mit hohen Gewinnen oder Verlusten viel stärker gewichtet. Die sehr geringe Wahrscheinlichkeit auf einen Lottogewinn wird in Zusammenhang mit der Möglichkeit, einen sehr hohen Gewinn zu erhalten, anders bewertet. Dann erscheint die kleinste Wahrscheinlichkeit immerhin als Chance und man wird risikofreudig, auch wenn man bei anderen Entscheidungen unter Risiko immer risikoscheu war. Ähnlich verhält es sich bei hohen Verlusten. Selbst die äußerst geringe Gefahr eines hohen Verlustes wird übermäßig stark gewichtet. An sich sind die meisten Menschen bei „Verlustlotterien" eher risikofreudig. Das heißt, die Chance, einen Verlust ganz abzuwenden, nehmen sie wahr, auch wenn dabei gleichzeitig die Gefahr eines noch höheren Verlustes besteht. Bei sehr hohen möglichen Verlusten werden sie dagegen extrem risikoscheu. Das erklärt den Abschluss von Versicherungen gegen unwahrscheinliche Schäden, wobei die Versicherungsprämien den Erwartungswert aus dem Schaden deutlich übersteigen. Geringe Wahrscheinlichkeiten werden durch den Möglichkeitseffekt übermäßig gewichtet. Das in der folgenden Abbildung dargestellte „viergeteilte Muster der Präferenzen" fasst diese Effekte zusammen. Es gilt als eine der zentralen Erkenntnisse der „prospect theory" bzw. „Neuen Erwartungstheorie" (vgl. *Kahnemann/Tversky* [Theory]), dass Menschen in Risikosituationen die Nutzwerte nicht einfach mit ihren Eintrittswahrscheinlichkeiten gewichten, wie es die Erwartungsnutzentheorie vorsieht.

hohe Wahrscheinlichkeit **Sicherheitseffekt**	**Gewinne** z.B. 95%ige Chance 10.000 € zu gewinnen oder 9000 € sicher; gewählt wird der sichere Betrag Angst vor Enttäuschung Risikoscheu	**Verluste** z.B. 95%ige Gefahr 10.000 € zu verlieren oder 9000 € sicherer Verlust; gewählt wird die Lotterie Hoffnung, Verlust noch abzuwenden Risikofreude
geringe Wahrscheinlichkeit **Möglichkeitseffekt**	z. B. 0,5%ige Chance 10.000 € zu gewinnen oder 55 € sicher; gewählt wird die Lotterie: Einsatz 55 € Hoffnung auf einen hohen Gewinn Risikofreude	z. B. 1%ige Gefahr eines Schadens von 10.000 € oder sicherer Verlust von 110 €; gewählt wird der sichere Verlust: Versicherungsprämie 110 € Furcht vor einem hohen Verlust Risikoscheu

Abb. 19: Das viergeteilte Muster (in Anlehnung an *Kahnemann* [Denken] 389)

Kleine Wahrscheinlichkeiten werden aber auch gänzlich ignoriert. Sind die Gewinnchancen insgesamt sehr gering, dann achten die Entscheider bei einer Wahl zwischen zwei unsicheren Ergebnissen nur auf die Höhe der Ergebnisse und wählen das höhere. Es spielt keine Rolle, ob das kleinere Ergebnis bspw. mit 2 % doppelt so wahrscheinlich ist, wie das größere Ergebnis mit 1 %. Sie unterscheiden zwischen Wahrscheinlichkeit (probability) und bloßer Möglichkeit (possibility) und ignorieren die Unsicherheit bei den

Möglichkeiten. (vgl. *Kahnemann/Tversky* [Theory] 267). Im Bereich sehr kleiner Wahrscheinlichkeiten sind die Gewichte und das Entscheidungsverhalten höchst instabil (vgl. *Kahnemann/Tversky* [Entscheidungen] 555).

9.3.3 Referenzpunkt-Effekte

Eine weitere wichtige Erkenntnis der prospect theory von *Kahnemann* und *Tversky* ist, dass die Menschen bei ihren Entscheidungen nicht einfach von den möglichen Endergebnissen ausgehen, sondern von Veränderungen gegenüber einer Ausgangssituation. Die Ausgangssituation ist der **Referenzpunkt** (vgl. [Theory] 274). Man kann mit Einstein sagen: Alles ist relativ. Ob man eine Gehaltserhöhung von 50 € im Moment als gut oder schlecht bewertet, hängt davon ab, was man erwartet hat. Hat man nicht mit einer Gehaltserhöhung gerechnet, wird man das toll finden. Hat man auf eine Erhöhung von 100 € gehofft, dann ist man enttäuscht. Ein als gut empfundenes Gehalt kann auf einmal schlecht erscheinen, weil man erfährt, dass die Kollegin deutlich mehr verdient. Der Referenzpunkt wird durch den Status Quo, Erwartungen und soziale Vergleiche bestimmt, und Ergebnisse erscheinen von diesem Punkt aus gesehen als Gewinn oder Verlust, als gerecht oder ungerecht. Welchen Nutzen finanzielle Ergebnisse haben, hängt von solchen Änderungen gegenüber dem Referenzpunkt ab, und nicht vom Endvermögen.

Beispiel

Petra und Paula haben die Wahl zwischen einer Lotterie, bei der sie mit 50%iger Wahrscheinlichkeit 1 Million € und mit 50%iger Wahrscheinlichkeit 4 Millionen oder mit Sicherheit 2 Millionen am Ende besitzen.

Wenn Petra am Anfang ein Vermögen von 1 Million € hat und Paula am Anfang 4 Millionen €, dann stellt sich diese Entscheidung für beide gänzlich unterschiedlich dar. Von den unterschiedlichen Referenzpunkten aus betrachtet, befindet sich Petra in einer Gewinnlotterie (sie kann ihr Anfangsvermögen mit Sicherheit verdoppeln) und Paula in einer Verlustlotterie. Sie kann bestenfalls nichts verlieren, wenn sie sich auf die Lotterie einlässt. Das hat Einfluss auf die Risikoeinstellung. Bei möglichen Gewinnen sind die meisten Entscheider risikoavers, behalten also lieber einen sicheren Betrag als ein Los zu kaufen, mit dem sie etwas gewinnen können. Bei drohenden Verlusten werden sie dagegen risikofreudig und lassen sich lieber auf eine Lotterie ein, bei der der Verlust vermieden werden kann als auf den sicheren Verlust.

Petra wird sich mit hoher Wahrscheinlichkeit für die sicheren 2 Millionen entscheiden und Paula wird aller Voraussicht nach die Lotterie riskieren (vgl. *Kahnemann* [Denken] 339).

Dass man bei drohenden Verlusten auf einmal risikofreudig wird, kann mit einer allgemeinen **Verlustaversion** begründet werden. Die Menschen hassen Verluste viel stärker als sie Gewinne schätzen (Verlustaversion). Ein Verlust von 100 € schmerzt ungefähr zwei Mal mehr, als ein Gewinn von 100 € erfreut. Mathematisch wird das dargestellt durch einen steileren Kurvenverlauf der Wertfunktion im Verlustbereich. Was ein Gewinn oder Verlust ist, wird vom Referenzpunkt aus bewertet. Die Verlustaversion wird auch zur Erklärung des Besitztumseffekts herangezogen.

Der Besitztumseffekt (endowment effect) bedeutet, dass man sehr ungerne etwas wieder hergibt, was man einmal hat (vgl. *Thaler* [Toward]). Während die ökonomische Theorie unterstellt, dass die Dinge aus Sicht des Entscheiders einfach einen bestimmten Wert haben, werden tatsächlich Dinge im eigenen Besitz viel höher gewertet. Regelmäßig fallen der Kaufpreis, den jemand maximal zahlen würde, um an eine Sache zu kommen und der Verkaufspreis, den er verlangen würde, um etwas abzugeben, deutlich auseinander. Der Verkaufspreis liegt oft um das doppelte höher. Nach der ökonomischen Theorie gibt es einfach einen Wert, den ich einer Sache beimesse – ich bin sozusagen indifferent zwischen einem Gut oder einem Ergebnis und einem bestimmten Geldbetrag. Tatsächlich zeigen zahlreiche Experimente, dass Menschen etwas, was sie besitzen, deutlich höher bewerten (vgl. *Kahnemann* [Denken] 356ff.).

Ein Experiment verlief folgendermaßen: Die Hälfte der Studierenden in einem Seminar bekommt einen Kaffeebecher geschenkt. Dann sollen die, die einen Becher haben, einen Preis nennen, zu dem sie verkaufen würden, und die, die keine Tasse bekommen haben, einen Preis nennen, zu welchem sie kaufen würden. Regelmäßig lag der Verkaufspreis etwa doppelt so hoch wie der Kaufpreis. Etwas wieder abgeben zu müssen, was einem gehört, wird als schmerzlich empfunden.

Der Endowment-Effekt ist aber nicht universell, denn dann würden Handelsgeschäfte kaum funktionieren. Beim Verkauf von Schuhen hat bspw. der Schuhhändler nicht das Gefühl, einen Verlust zu erleiden. Dinge, die mental „zum Tausch" gehalten werden, erzeugen keinen Besitztumseffekt.

9.3.4 Präsentationseffekte (Framing)

Die Menschen ändern ihre Meinung und Entscheidung alleine durch die Darstellungsweise, die Rahmung oder Präsentation von Informationen. Das verstößt gegen die Annahme der Invarianz (vgl. *Kahnemann/Tversky* [Entscheidungen] 550ff.).

Man kann bspw. ein Entscheidungsproblem zerlegen und damit bei gleichen Wahrscheinlichkeiten und gleichen Ergebnissen unterschiedliche Entscheidungen hervorrufen.

> **Beispiel**
>
> Man hat eine erste Spielphase, in welcher man mit 75%iger Wahrscheinlichkeit „rausfliegt" und mit 25%iger Wahrscheinlichkeit in die zweite Phase kommt.
>
> In der zweiten Spielphase hat man dann die Wahl zwischen 4000 € mit 80%iger Wahrscheinlichkeit und 3000 € sicher.

Bei dieser Art, das Spiel zu präsentieren, wählten 78 % der Befragten die Option der sicheren 3000 €. Sie ignorierten die erste Spielphase, was auch als **Isolationseffekt** bezeichnet wird. Wird die erste Phase einbezogen, dann hat man die Wahl zwischen einer 20%igen Wahrscheinlichkeit auf 4000 € (nämlich 25 % von 80 %) und einer 25%igen Wahrscheinlichkeit auf 3000 € (nämlich 25 % von 100 %).

Werden die Erfolgsaussichten direkt so präsentiert, also: Wählen sie zwischen 4000 € mit 20 % Wahrscheinlichkeit und 3000 € mit 25 % Wahrscheinlichkeit, dann entscheiden sich 65 % für die Option, die 4000 € zu bekommen (vgl. *Kahnemann/Tversky* [Theory] 271f.).

Das Häufigkeitsformat hat einen sehr starken Einfluss. Wird eine Krankheit präsentiert, die 1286 Menschen von 10.000 Menschen umbringt, dann wird diese Krankheit als gefährlicher eingestuft als eine Krankheit, die 24,14 % der Betroffenen das Leben kostet. Dabei ist das Risiko im ersten Fall nur halb so groß wie im zweiten. Die erste Art der Präsentation ist aber anschaulicher und führt deshalb zu einer Überschätzung. (vgl. *Kahnemann* [Denken] 405).

> Framing heißt: Die objektiv gleiche Information wird nur unterschiedlich präsentiert mit erheblichen Auswirkungen auf die Entscheidung.

Das widerspricht eindeutig den Rationalitätsanforderungen der normativen Theorie und lädt zu Manipulationen ein. Es macht bspw. einen deutlichen Unterschied, ob man die Auszahlung von Geld an die Steuerzahler als „Rückerstattung“ rahmt oder als „Bonus“. Bei einer Rückerstattung entsteht der Eindruck, man bekäme etwas zurück, was einem zuvor zu Unrecht weggenommen worden ist. Ein Bonus wird dagegen als unerwartetes Zusatzeinkommen gerahmt. Das hat großen Einfluss darauf, was man mit dem Geld macht. Das als „Bonus“ gerahmte Geld wird viel leichter ausgegeben (vgl. *Epley/Mak/ Idson* [Rebate]). Ein Versicherungsunternehmen käme wohl nie auf die Idee, die Versicherungsprämie als „sicheren Verlust“ zu präsentieren, obwohl es objektiv genau das ist: Ein sicherer Verlust mit der Alternative einer Lotterie, bei welcher das Verlustrisiko gering ist.

Das Framing ist auch für empirische Untersuchungen eine große Herausforderung, denn alleine die Umformulierung einer Frage kann die Antwort erheblich verändern. Fragt man bspw. eine Gruppe von Menschen: Leiden sie **häufig** unter Kopfschmerzen, dann geben die Menschen an, im Durchschnitt 2,2 Mal pro Woche Kopfschmerzen zu haben. Fragt man eine Kontrollgruppe: Leiden sie **gelegentlich** unter Kopfschmerzen, dann verringert sich die Anzahl der Kopfschmerzen auf 0,7 Mal. Die unterschiedlichen Antworten können wiederum mit dem Anchoring in Verbindung gebracht werden. Die Begriffe „häufig“ und „gelegentlich“ werden offensichtlich als Anker benutzt, um die Frage zu beantworten. Durch solche Framing-Effekte lassen sich selbst Experten manipulieren (vgl. *Bazerman/Moore* [Judgment] 52f.)

9.3.5 Intransitive Bewertungen

Transitivität bedeutet, wenn A besser ist als B und B besser als C, dann muss eigentlich auch A besser sein als C. Die Transitivität der Bewertung ist eine zentrale Forderung der normativen Theorie. Dieser Logik wird nicht immer gefolgt.

Drei Kandidaten für eine Stelle werden verglichen:

Kandidat	IQ	Berufserfahrung
A	120	1 Jahr
B	110	2 Jahre
C	100	3 Jahre

Vergleicht man A und B, dann ist der Unterschied im IQ im Gespräch schwer zu bemerken. Aufgrund der Berufserfahrung gilt: B ist besser als A. Vergleicht man B mit C, gilt das gleiche. Aufgrund der Berufserfahrung gilt C als der bessere. Eigentlich steht damit C als Sieger fest. Vergleicht man aber nochmals A und C, dann fällt der Unterschied im IQ doch auf und eigentlich müsste man dann A nehmen. Das wird erklärt mit sog. **Fühlbarkeitsschwellen** (vgl. *Obermaier/Saliger* [Entscheidungstheorie] 24f.). Solche Fühlbarkeitsschwellen wurden ursprünglich in der sog. Psychophysik erforscht. Wie stark muss bspw. ein Lichtunterschied sein, damit er wahrgenommen wird? Wie intensiv muss ein Geschmacksunterschied sein, damit er wahrgenommen wird? Bei den meisten Sinneseindrücken werden kleine Unterschiede nicht wahrgenommen und rufen daher auch keine Reaktion hervor.

Das Gleiche gilt offenbar allgemein für die Wahrnehmung von Unterschieden. Die Unterschiede im IQ sind zwischen A und B sowie zwischen B und C nicht groß genug, um fühlbar zu sein, zwischen A und C aber schon. Damit wird die Bewertung aber intransitiv.

9.3.6 Berücksichtigung von Sunk Costs

In der präskriptiven Entscheidungstheorie entscheiden sich die Menschen nur nach den zukünftigen Auswirkungen der Alternativen. Nur diese Ergebnisse sind noch durch die Wahl zu beeinflussen, und nur diese Ergebnisse sind deshalb entscheidungsrelevant. Bereits getätigte Ausgaben sind dagegen „versunken" und nicht mehr zurückzuholen. Sie dürfen eigentlich keine Rolle spielen bei der Entscheidung, sind völlig irrelevant.

Tatsächlich beobachtet man oft, dass Menschen sehr wohl in ihre Entscheidungen einfließen lassen, was sie bisher schon in eine bestimmte Alternative investiert haben. Man geht bspw. nur deswegen ins Theater, weil man schon eine Karte gekauft hat, obwohl man an dem Abend eigentlich gar keine Lust hat und etwas anderes unternehmen könnte, was einem viel mehr Spaß machen würde. Man hält an schlechten Wertpapieren fest, weil man sie teuer gekauft hat. Das Verhalten kann gravierende wirtschaftliche Auswirkungen haben. Sehr häufig werden bspw. Projekte nicht rechtzeitig abgebrochen, obwohl sich bereits ein Misserfolg abzeichnet, einfach weil man schon so viel reingesteckt hat. Ja, es kommt nicht selten sogar zu einer Steigerung des Einsatzes (escalation of commitment) (vgl. *Bazerman/Moore* [Judgment] 119ff.).

Als Erklärung kann man wieder auf die Verlustaversion der meisten Menschen hinweisen. In dem Moment, wo man die sunk costs sozusagen abschreibt und bspw. Papiere unter dem Einkaufspreis verkauft, wird der Verlust realisiert. In der „mentalen Buchführung“ muss dann quasi ein „Konto“ mit Verlust abgeschlossen werden. Ein drohender Verlust führt bei den meisten Menschen zu einer höheren Risikobereitschaft. Man tut alles, um den Verlust doch noch abzuwenden. Weiterhin spielt auch eine Rolle, dass man sich selbst und anderen gegenüber nicht gerne Fehler zugibt und unbedingt Recht behalten will. Eine Alternative aufzugeben, in die man schon Geld gesteckt hat, weist aber auf eine frühere Fehlentscheidung hin. Für Manager kann das doppelt schmerzlich sein, weil ihnen die Verantwortung für den Fehler angelastet wird. Auch Täuschungen durch den „confirmation bias“ sind möglich. Weil man sich nun mal für ein Projekt entschieden hat, nimmt man selektiv die positiven Informationen wahr und ignoriert die negativen. Schließlich ist es ja auch tatsächlich oft schwer zu beurteilen, ob man es bei einem Projekt nur mit Anfangsproblemen zu tun hat, die irgendwann überwunden sind, oder ob das Ganze ein Fehler ist.

9.4 Vermeiden von Änderungen

Die meisten Menschen haben wenig Lust auf Änderungen, weil damit Unsicherheit und Verantwortung verbunden sind. Sie sind träge und bequem und meiden echte Entscheidungen. Deshalb erwägen sie oft auch nur wenige Alternativen und suchen diese eher in der Nähe bisheriger Lösungen.

9.4.1 Unterlassungseffekt (Omission-Bias)

Es wird von den meisten Menschen als riskanter eingeschätzt, etwas zu tun als nichts zu tun. Die Risiken, die sich aus Versäumnissen ergeben, werden systematisch unterschätzt, bspw. wenn man sich nicht impfen lässt. Man spricht auch vom Omission-Bias (vgl. *Baron/Ritov* [Omission]).

Bei der nachträglichen Bewertung von Entscheidungen spielt dieser Effekt eine große Rolle. Entstehen aus einer aktiven Handlung negative Folgen, dann macht man sich selbst und andere eher für die Folgen verantwortlich als wenn die negativen Folgen aus einer Unterlassung resultieren.

Beispiel

Frau A stellt am Ende des Jahres fest, dass ihr 1000 € entgangen sind, weil sie ihr Aktiendepot nicht umgeschichtet hat. Frau B stellt am Ende des Jahres fest, dass ihr 1000 € entgangen sind, weil sie ihr Aktiendepot umgeschichtet hat. Auf die Frage, wer sein Handeln wohl mehr bedauert, antwortet die überwiegende Mehrheit, dass Frau B ihr Handeln mehr bereut. Die Situation ist finanziell gesehen für beide gleich. Aber aktives Handeln wird mehr mit Verantwortung und auch Fehlern in Verbindung gebracht als das Unterlassen. Dabei ist das „Nichtstun" ja auch eine Entscheidung.

Der Unterlassungseffekt hat im Praktischen große Auswirkungen. Typisch ist bspw., dass man die Standardeinstellungen bei technischen Geräten nicht verändert, obwohl man häufig Möglichkeiten hätte, für sich persönlich bessere Einstellungen zu finden. Der Unterlassungseffekt begünstigt konservatives und risikoscheues Entscheiden.

9.4.2 Status-Quo-Bias

Die zurzeit bestehende Lösung hat immer einen deutlichen Bewertungsvorteil gegenüber neuen Lösungen. Bei Wahlen haben die Amtsinhaber immer deutlich bessere Chancen als die neuen Bewerber, unabhängig von ihrer Qualifikation. Viele Menschen bleiben ihrer Marke treu, auch wenn sie sich bei neutralen Tests eindeutig für eine andere Marke entscheiden würden. Die Menschen haben eine generelle Neigung, an ihrer gegenwärtigen Situation nichts zu ändern (vgl. *Samuelson/Zeckhauser* [Status Quo]).

Das Verhalten ist teilweise mit dem Unterlassungseffekt identisch, nämlich dann, wenn durch Nichtstun der Status-Quo beibehalten wird. So ändern viele Menschen ihre einmal gewählte Krankenversicherung nie mehr oder behalten eine Anlagestrategie auch bei völlig veränderten Rahmenbedingungen bei. Sie treffen einfach gar keine Entscheidung und dadurch bleibt alles beim Alten.

Teilweise hat es vermutlich auch mit dem Besitztumseffekt, der Verlustaversion und der Unsicherheitsscheu zu tun. Man schätzt das, was man hat und kennt besonders hoch. Bei einer Wahl bspw. ist der Aufwand der gleiche, ob ich nun den bekannten Amtsinhaber wähle oder einen neuen Kandidaten. Beim Kauf im Supermarkt macht es nicht mehr Arbeit, eine neue Marke zu kaufen als die alte. Aber man schätzt einfach das Bekannte, weil man darüber mehr weiß und weniger unsicher ist. Die Gefahr eines Fehlers oder Verlustes wird höher geschätzt, wenn man etwas verändert.

Beispiel

Ein amüsantes Beispiel über die Vorliebe für das Bestehende liefert folgende Geschichte: Beim Braunkohletagebau im Niederrheinischen mussten ganze Dörfer komplett umgesiedelt und neu gebaut werden. Obwohl nun Städteplaner und Architekten auf dem Reißbrett ein optimales Dorf entwickelten, wollten die Einwohner am liebsten eine Kopie ihres alten

Dorfes, und zwar einschließlich einer kurvenreichen Straße, die im alten Dorf aus historischen Gründen entstanden war, aber eigentlich keinerlei Sinn machte.

Wie sehr die Menschen das Bekannte schätzen, zeigt sich auch im Hörsaal, wo sich die meisten Studierenden – wenn's geht – immer auf den gleichen Platz setzen.

9.4.3 Bestätigungstendenz (Confirmation-Bias)

Zu dieser Tendenz, das einmal gewählte beizubehalten, passt auch die Bestätigungstendenz bei Meinungen. Man legt sich auf eine bestimmte Meinung fest und nimmt dann selektiv nur noch die Informationen wahr, die die eigene Meinung bestätigen. Gegenteilige Informationen werden unbewusst ausgeblendet oder in ihrer Glaubwürdigkeit bezweifelt, weil man keine Lust hat, seine Meinung zu revidieren und auch, weil man vor sich und anderen keine Fehler zugeben will. Bestätigende Informationen werden schneller wahrgenommen und unkritisch geglaubt. Man sucht nach Informationen am liebsten in Quellen, die die eigene Meinung widerspiegeln und hat auch lieber Kontakt mit Menschen, die die eigene Meinung bestätigen (vgl. *Bazerman/Moore* [Judgment] 46ff.). Bei einem Experiment wurden Befürworter der Todesstrafe mit Studienergebnissen konfrontiert, die zeigen, dass die Todesstrafe keine abschreckende Wirkung hat und die Kriminalität nicht senkt. Sie kritisierten die Studie als wenig glaubwürdig und unprofessionell und waren nach dem Experiment fester denn je von ihrer Meinung überzeugt.

Der Confirmation-Bias führt auch dazu, dass der erste Eindruck von einem Menschen schwer zu revidieren ist. Sobald wir jemand als sympathisch oder kompetent oder wie auch immer bewertet haben, nehmen wir selektiv vor allem bestätigende Informationen wahr. Bei Interviews von Bewerbern führt ein positiver erster Eindruck dazu, dass dieser mehr Informationen erhält und weniger gefragt wird und eine kooperative Atmosphäre entsteht (vgl. *Dougherty/Turban/Callender* [first impressions]). Er hat dann tatsächlich bessere Chancen, einen guten Eindruck zu hinterlassen. Das ist aber zum Teil eine „selffulfilling prophecy", wird also durch den Glauben des Interviewers an die Kompetenz des Bewerbers erst hervorgerufen.

9.5 Selbstüberschätzung

Obwohl die Menschen viele Fehler machen bei ihren Schätzungen, Urteilen und Entscheidungen, haben sie im Allgemeinen eine sehr hohe Meinung von ihren Fähigkeiten. Sie sind nicht nur blind, sondern oft auch noch blind dafür, dass sie blind sind. Sie verlassen sich auf ihre Urteile, auch wenn die wenig fundiert sind, haben ein sehr positives Bild von ihrem Können und halten sich gerne für besser als andere. Die Selbstüberschätzung gilt als eine der wichtigsten menschlichen Schwächen, weil sie den Blick auf alle anderen Fehler verstellt (vgl. *Bazerman/Moore* [Judgment] 14).

9.5.1 Ignorieren von Wahrnehmungsfiltern

Die begrenzte Aufmerksamkeit (bounded awareness) führt dazu, dass wir selbst offensichtliche Informationen übersehen. In Experimenten wurde immer wieder gezeigt, wie „blind" die Menschen sind, wenn sie nicht ganz bewusst nach einer bestimmten Information suchen (vgl. *Bazerman/Moore* [Judgment] 65f.). Auch für Änderungen sind sie oft blind. Deshalb führt eine Änderung der Vorfahrt auch sehr häufig zu Unfällen. Die Fahrer „sehen", was sie zu sehen erwarten, nämlich die bisherige Regelung. Dass sich etwas geändert hat, wird dann schmerzlich klar, wenn es kracht. In den meisten Fällen wird uns diese Ignoranz aber gar nicht bewusst. D. h. wir sind blind dafür, dass wir viele Informationen ausblenden.

9.5.2 What you see is all there is (WYSIATI)

Menschen neigen dazu, auch aus sehr wenigen Informationen umfassende Bewertungen abzuleiten. Sie ignorieren, was sie alles nicht wissen, und neigen zu voreiligen Schlüssen. Dazu gehört auch der bekannte Halo-Effekt. Damit ist gemeint, dass wir aus wenigen Attributen einer Sache oder Person Rückschlüsse auf weitere Attribute ziehen, die wir gar nicht erkennen können. Das wird mit einem starken Bedürfnis nach Kohärenz begründet. Wenn wir jemand bspw. auf Anhieb sympathisch finden, dichten wir ihm allerhand gute Eigenschaften an, die wir nach wenigen Sekunden beim besten Willen nicht wissen können. Aber sie passen in ein schlüssiges Bild. Was wir als Erstes über eine Sache oder Person erfahren, hat dadurch einen übermäßigen Einfluss auf unser Urteil. Und dieses erste Urteil ist relativ stabil gegen neue Informationen, die eigentlich zu einer Revision unserer Einschätzung führen müssten. *Kahnemann* (vgl. [Denken] 112) nennt die Tendenz zu voreiligen Schlussfolgerungen „What you see is all there is", abgekürzt WYSIATI. Unser intuitives Urteilen ist demnach völlig unempfindlich für die Qualität und Quantität der Informationen, aus denen Urteile hervorgehen.

9.5.3 Kompetenzillusion

Menschen schreiben ihre Erfolge viel lieber ihrem Können und Geschick zu als dem Glück. Bei Misserfolgen suchen sie dagegen die Ursachen eher in der Umwelt. Man spricht auch vom „self-serving bias“ (vgl. *Mullen/Riordan* [Self-serving]). Ganz allgemein suchen sie Ursachen für Erfolge oder Misserfolge lieber bei Personen als bei situativen Faktoren. Das führt zu einer Suche nach „Erfolgsrezepten“ für richtiges Handeln. Man beobachtet bspw. wie erfolgreiche Unternehmer oder Anlageberater vorgehen, um für andere daraus abzuleiten, wie man durch richtiges Handeln Erfolg garantieren kann. Empirische Daten belegen allerdings, dass der Einfluss der Topmanager auf den Erfolg des Unternehmens sehr viel geringer ist als angenommen (vgl. *Kahnemann* [Denken] 255). Experten liegen mit ihren Prognosen regelmäßig daneben. Selbst Finanzvorstände von Großunternehmen liegen meist falsch mit ihren Schätzungen, wie sich der Aktienmarkt entwickelt. Anlageberater haben in einem Jahr Glück und im anderen Pech, meinen aber grundsätzlich, die Erfolge seien ihrer besonderen Kompetenz zu verdanken. Und diese Illusion wird durch die enormen Belohnungen aufrechterhalten, welche die Berater für ihr angebliches „Können“ einheimsen.

9.5.4 Rückschaufehler (Hindsight-Bias) und curse of knowledge

Wenn ein Ereignis bekannt geworden ist, überschätzen Menschen im Nachhinein die Vorhersehbarkeit dieses Ereignisses. Sie sind der Meinung, sie hätten gewusst, was passieren wird (vgl. *Fischhoff* [Hindsight]). Man hat bspw. verschiedenen Gruppen jeweils einen historischen Fall vorgelegt von einem Kampf zwischen zwei Ländern und der einen Gruppe gesagt, dass Land A gewonnen hätte und der anderen, dass Land B gewonnen hätte. Beide Gruppen waren der festen Überzeugung, dass man aus den historischen Tatsachen das Ergebnis hätte vorhersagen können, obwohl die Daten zu genau gegenteiligen Einschätzungen führten.

Man kann das Wissen, das man ex post, also nach dem Ereignis, gewonnen hat, nicht ausblenden und sich nicht in die Situation zurückversetzen, die man vorher hatte. Das ist problematisch bspw. bei Fehlentscheidungen, wo man im Nachhinein beurteilen muss, ob ein Verantwortlicher eine schlechte Folge seines Handelns hätte voraussehen müssen. Und es ist problematisch, weil es uns vorgaukelt, wir könnten die Zukunft prognostizieren.

Eng verbunden mit dem Rückschaufehler ist der „curse of knowledge“, also der „Fluch des Wissens“. Wir können nur schwer ignorieren, was wir wissen und können uns oft nicht vorstellen, dass andere nicht dasselbe Wissen haben (vgl. *Camerer/Loewenstein/Weber* [curse]). Das führt bspw. dazu, dass Techniker sich nicht vorstellen können, dass Laien die Bedienung eines Gerätes nicht verstehen. Das Design richtet sich nach ihrem eigenen Wissen.

9.5.5 Illusion der Kontextunabhängigkeit

Wir glauben, wir bilden stabile Urteile und entscheiden immer gleich. Gerade Experten sind sicher, auf der Basis von Fakten zu entscheiden. Dabei können Bewertungen und Entscheidungen abhängig vom Kontext innerhalb kurzer Zeit stark schwanken. Wenn bspw. einem erfahrenen Radiologen dasselbe Röntgenbild zu verschiedenen Gelegenheiten gezeigt wird, dann kommt er in 20 % der Fälle zu einer gegenteiligen Beurteilung. Solche Inkonsistenzen weisen viele Expertenurteile auf. Banale Kontextfaktoren wie bspw. ob man Hunger hat, haben gravierenden Einfluss auf die Entscheidungen. So ist bekannt, dass man nicht hungrig einkaufen gehen sollte, weil man dann deutlich mehr kauft. Erschreckend: Auf die Urteile von Richtern hat der Hunger ebenfalls Einfluss. Anträge auf bedingte Entlassung von Strafgefangenen wurden umso häufiger abgelehnt, je länger die letzte Mahlzeit her war. Die Standardentscheidung ist die Ablehnung, während ein positiver Bescheid riskanter erscheint und besser begründet werden muss. Hungrige Richter machen es sich leichter, indem sie häufiger auf die Standardentscheidung zurückgreifen (vgl. *Kahnemann* [Denken] 60f.).

9.5.6 Übermäßiger Optimismus

Harte statistische Daten werden gerne ignoriert, wenn es um die eigene Person geht. So weiß eigentlich jeder, dass die Wahrscheinlichkeit einer Scheidung relativ hoch ist und doch nimmt jeder bei seiner Heirat an, dass seine Ehe auf jeden Fall halten wird. Werden Unternehmen neu gegründet, dann schätzen die Gründer ihre Erfolgsaussichten deutlich höher ein, als es die harten Fakten der Insolvenzen nahelegen. Bei Produktinnovationen ist die Flop-Rate erschreckend, und trotzdem werden immer wieder neue Produkte auf den Markt gebracht.

Ganz allgemein neigen Menschen dazu, sich selbst als überlegen wahrzunehmen. Die Tendenz, sich selbst eine überdurchschnittliche Leistungsfähigkeit zuzuschreiben, ist als „Above-Average-Effekt“ bekannt. So glauben bspw. 90 % der Autofahrer, überdurchschnittlich gut zu fahren (vgl. *Svenson* [drivers]). Zusammen mit der Kompetenzillusion führt das bspw. dazu, dass immer wieder viele Menschen bereit sind, das Risiko einer Firmengründung einzugehen. Selbst wenn andere mit der gleichen Idee schon gescheitert sind, glauben sie es besser zu machen. Den erwarteten Erfolg bringen sie nur mit ihrem (vermeintlichen) Können in Verbindung, nicht aber mit Glück oder Pech. In gewisser Weise ist die optimistische Verzerrung auch ein Segen für die Wirtschaft, weil ohne sie auch die riskanten Projekte nicht gestartet würden, die letztlich tatsächlich erfolgreich enden.

Übermäßiger Optimismus führt aber auch zum weit verbreiteten „Planungsfehlschluss" (planning fallacy) (*Buehler/Griffin/Ross* [planning fallacy]). Projekte dauern regelmäßig viel länger und sind viel teurer als ursprünglich geplant. Man denke etwa an den Berliner Flughafen. Zumindest zum Teil sind solche Fehler auf übertriebenen Optimismus zurückzuführen. Aber auch „rationale" Gründe spielen vermutlich eine große Rolle. So kann eine optimistische Planung auch eine kalkulierte Manipulation sein, bspw. um einen Auftrag zu bekommen.

9.6 Soziale Effekte

Der Homo oeconomicus ist ein unsozialer – um nicht zu sagen asozialer – Mensch. Er hat nur seinen persönlichen Nutzen vor Augen, entscheidet nach seinen Präferenzen, kooperiert nur, wenn es ihm was bringt. Er wird intellektuell überschätzt aber zugleich charakterlich unterschätzt. Tatsächlich sind die Menschen sehr daran interessiert, Gerechtigkeit zu erfahren, von ihresgleichen akzeptiert zu werden, mit anderen gut auszukommen, ein soziales Miteinander herzustellen. Nicht nur unsere Rationalität ist begrenzt, sondern auch unser Selbstinteresse.

9.6.1 Sinn für Gerechtigkeit

Der Homo oeconomicus kennt die Kategorie Gerechtigkeit nicht. Tatsächlich sind Menschen durchaus bereit, einiges in die Gerechtigkeit zu investieren und Ausbeuter zu bestrafen. Das haben vor allem spieltheoretische Experimente häufig gezeigt. Eines der prominentesten Experimente der Verhaltensökonomik – das sog. Ultimatumspiel – zeigt bspw., dass viele Menschen einen ausgeprägten **Sinn für Gerechtigkeit** haben. Das Ultimatumspiel funktioniert folgendermaßen:

Einer Person A wird ein Geldbetrag ausgehändigt, sagen wir 100 €. Sie muss einem Spieler B davon einen beliebigen Teil abgeben. Beide dürfen ihren Teil nur behalten, wenn beide Spieler mit der Teilung einverstanden sind. Rational nach dem Modell des Homo oeconomicus wäre es, wenn A dem B einen Cent anbietet und B zustimmt, weil er auf diese Weise immerhin einen

Cent bekommt, bei Ablehnung des Vorschlages hingegen nichts. Tatsächlich bietet eine Mehrheit von zwei Dritteln der Spieler zwischen 40 und 50 € an, weil diese Teilung „fair“ ist. Bieten sie weniger als 20 € an, dann lehnt der andere Spieler in mehr als der Hälfte der Fälle ab. Spieler B verzichtet also auf bares Geld, um Spieler A für seine Unfairness zu bestrafen.

A sieht die Reaktion von B voraus und versucht erst gar nicht, sich allzu ausbeuterisch zu verhalten. Beide kennen und akzeptieren die Kategorie der Fairness oder Gerechtigkeit, die ein idealtypischer Homo oeconomicus nicht kennt, und sind bereit, dafür Geld zu investieren (vgl. *Sigmund/Fehr/Nowak* [Teilen]).

9.6.2 Vertrauen

Menschen vertrauen einander auch deutlich mehr als es die ökonomische Theorie vorsieht. Jeder Homo oeconomicus erwartet vom anderen selbstverständlich auch das Verhalten eines Homo oeconomicus, also dass dieser bspw. in einem Gefangenendilemma (vgl. Abschnitt 6.7) zum Verräter wird, um sich Vorteile zu verschaffen. Viele Menschen verhalten sich aber vertrauensvoller und vertrauenswürdiger als es die ökonomische Theorie fordert. Das zeigt folgendes Experiment, auch Vertrauensspiel genannt (vgl. *Berg/Dickhaut/McCabe* [Trust]):

Person A bekommt 20 € und kann sie gleichmäßig mit Person B teilen oder Person A überlässt Person B die Aufteilung. In diesem Fall bekommt Person B 30 €. Person B kann dann wählen zwischen einer Aufteilung von 18 € für sich und 12 € für Person A oder einer Aufteilung von 25 € für sich und 5 € für Person A.

Die ökonomische Theorie geht davon aus, dass Person A sich nicht darauf einlässt, denn sie muss damit rechnen, dann nur 5 € zu bekommen, während Person B profitiert und 25 € einsteckt. Tatsächlich war die Hälfte der Spieler bereit, Person B die Aufteilung zu überlassen und diese Person verhielt sich in dreiviertel der Fälle auch vertrauenswürdig und wählte die Aufteilung 12 : 18.

In einer Erweiterung des Spiels konnte Spieler A wiederum auf das Spielverhalten von B reagieren und die Teilung annehmen oder ablehnen. Im Falle einer Ablehnung bekamen beide nichts. Durchschnittlich die Hälfte der Spieler verzichtete bei einer Teilung von 5 : 25 auf die 5 €, weil dann Spieler B auch auf seine 25 € verzichten musste. D. h. sie investierten 5 €, nur um Spieler B für seinen Vertrauensbruch zu bestrafen.

Was für ein wertvolles Gut Vertrauen ist, wird immer dann klar, wenn es verspielt wurde. Seit der Finanzkrise haben die Banken schon Milliarden investiert, um das Vertrauen der Kunden zurückzugewinnen. Misstrauen ist sehr kostspielig. Man muss zusätzliche Informationen einholen, sich durch Kontrollen und Verträge absichern, auf Kooperation verzichten. Der Ökonom *Kenneth Arrow* hat schon 1974 konstatiert (vgl. [Organization]), dass das Vertrauen das wichtigste Schmiermittel der Marktwirtschaft ist.

Vertrauen vereinfacht und verbilligt die wirtschaftliche Kooperation. Bis hin zum Vertragsabschluss per Handschlag. Für die Gesamtwirtschaft ist es daher auch ökonomisch rational. Und auch für den einzelnen Wirtschaftsakteur kann es sehr nützlich sein, sich als vertrauenswürdig zu erweisen, weil er damit eine **Reputation** aufbaut. Die Reputation, also der „Ruf", ein vertrauenswürdiger Marktpartner zu sein, ist sehr wertvoll, weil andere Marktteilnehmer nach solchen Signalen Ausschau halten, um ihrerseits einfache Entscheidungen fällen zu können.

Beispiel

Statt zig Investmentmöglichkeiten zu vergleichen, handelt man einfach nach der Devise „Vertraue deinem Bankberater".

Gerade dieses Beispiel zeigt aber auch, dass blindes Vertrauen nicht immer eine gute Idee ist. Sind die Interessen gegensätzlich und ist die Informationsasymmetrie groß, dann ist Vertrauen riskant.

9.6.3 Investition in öffentliche Güter

Die ökonomische Theorie sagt voraus, dass niemand bereit ist, in sog. **öffentliche Güter** zu investieren, die allen Menschen zugutekommen, egal ob diese selbst auch investiert haben. Experimente zeigen auch hier ein anderes Verhalten. In einer Gruppe von 4 Personen erhält jeder eine Anfangsausstattung von 20 €. Er kann das Geld auf ein Privatkonto einzahlen oder in ein Gemeinschaftsprojekt investieren, welches eine hohe Rendite abwirft. Das wird dadurch abgebildet, dass der Versuchsleiter das Geld von dem Gemeinschaftskonto verdoppelt und an alle Gruppenmitglieder gleichmäßig verteilt. D. h. auch derjenige, der selbst nichts auf das Gemeinschaftskonto einzahlt, profitiert von den Einzahlungen der anderen. Jeder Spieler müsste sich nach der ökonomischen Theorie als Trittbrettfahrer verhalten, also selbst nichts einzahlen aber von den Einzahlungen der anderen profitieren wollen. Weil das alle machen, kommt natürlich überhaupt keine Rendite zustande, die verteilt werden könnte. Die Rendite für alle ist am höchsten, wenn jeder seine ganzen 20 € in das Gemeinschaftsprojekt investiert (vgl. *Sigmund/Fehr/Nowak* [Teilen]).

Was passiert? Spielt man 10 Runden, dann stecken anfangs die Spieler etwa die Hälfte ihres Geldes in das Gemeinschaftsprojekt. Allerdings nimmt die Investitionsbereitschaft schnell ab, wenn sich einzelne als Trittbrettfahrer verhalten, denn keiner hat Lust, der Dumme zu sein, der für die Egoisten durch seine Investitionen Vorteile schafft. In der zehnten Runde ist die Investitionslust fast völlig verschwunden. Können die Trittbrettfahrer allerdings bestraft werden, dann nähert sich das Spielverhalten schnell dem Ideal der vollständigen Kooperation an.

9.6.4 Reziprozität

Als Ergebnis ist festzuhalten, dass die meisten Menschen sehr stark nach dem Prinzip der Reziprozität, also der Wechselseitigkeit oder Gegenseitigkeit, handeln (vgl. *Falk* [Reziprozität]). Positive Reziprozität bedeutet, dass ein Geschenk oder ein Vertrauensvorschuss positiv beantwortet werden mit einer Gegengabe bzw. Vertrauenswürdigkeit. Negative Reziprozität bedeutet, dass man das Bedürfnis hat, unfaires Verhalten zu bestrafen. Muss man erleben, dass die Reziprozität verletzt wird, bspw. unfaire Spieler nicht bestraft werden, dann ist das für die meisten Menschen sehr frustrierend.

Im einfachsten Fall entspricht Reziprozität einem Handeln nach dem Prinzip „tit for tat" oder anders ausgedrückt „eine Hand wäscht die andere". Diese Verhaltensweise wurde schon als eine mögliche Strategie vorgestellt, um mit einem Gefangenendilemma umzugehen.

Komplexer ist die „generalisierte Reziprozität", bei der es nicht darum geht, Leistung und Gegenleistung eins zu eins auszugleichen. Vielmehr werden über einen längeren Zeitraum Leistungen erbracht, die möglicherweise erst viel später oder auch in anderer Form oder auch nicht vollständig vergolten werden. Auch der Homo oeconomicus kann nach dem Prinzip der Reziprozität handeln, weil und wenn es ihm Kooperationsgewinne beschert. Er tut sich aber sehr schwer damit, die Kooperation durch eine Vorleistung in Gang zu bringen und sie bei einem absehbaren Ende der Kooperation aufrechtzuerhalten. Für ihn ist ja vorteilhaft, eine Leistung zu bekommen ohne die Gegenleistung erbringen zu müssen, weil Fairness als Wert ihm nichts bedeutet. Das Gleiche erwartet er von seinem Gegenüber. Auch mit generalisierter Reziprozität tut er sich daher schwer. Der Homo reciprocans ist dagegen jemand, der soziale Normen einhält und auch darauf achtet, dass andere es tun, er kooperiert vertrauensvoll und ist hilfsbereit, er investiert in öffentliche Güter. Damit schafft er das für jede Gesellschaft zentrale und unersetzliche soziale Kapital.

9.6.5 Herdentrieb

Sowohl in ihren Zielen, als auch in ihren Wahrnehmungen und Urteilen lassen sich Menschen ständig von ihren Mitmenschen beeinflussen. Ein Homo oeconomicus dürfte eigentlich nicht einmal kurze und dann lange Röcke schöner finden, nur weil die Mode sich ändert. Es ist teilweise schon fast erschreckend, wie stark Menschen sich von den Wahrnehmungen und Urteilen anderer beeinflussen lassen. Es ist in vielen Experimenten nachgewiesen, dass wir die Meinung einer Gruppe oder auch eines überzeugend auftretenden Meinungsführers ziemlich schnell und unkritisch übernehmen. Wir wollen einfach gerne im Konsens mit anderen sein und „folgen der Herde“ (vgl. *Thaler/Sunstein* [Nudge] 79ff.).

Wenn Entscheider wissen oder annehmen, dass viele in einer bestimmten Art und Weise denken oder handeln, dann hat das einen starken Effekt auf das Entscheiden. So konnte bspw. in Minnesota die Steuerehrlichkeit alleine dadurch erheblich gehoben werden, dass man in einer großen Kampagne bekannt machte, dass 90 % der Mitbürger ihre Steuern bereits pünktlich und ehrlich bezahlt hätten (vgl. *Thaler/Sunstein* [Nudge] 98). Auf der anderen Seite kann man dann aber auch mit einer Erosion der Moral rechnen, wenn in den Medien ständig die Selbstbedienungsmentalität, das Lügen und Betrügen und Absahnen als eine Art Normalfall im Wirtschaftsleben dargestellt wird. Gute und schlechte Beispiele haben eine Wirkung, weil viele das tun, was die anderen (vermeintlich) tun. Es bedeutet auch eine gewisse Entlastung von eigenen Entscheidungen, das zu tun, was andere tun, und passt insofern auch zur allgemeinen Entscheidungsunlust. „Machen, was die Mehrheit macht“ ist eine gängige Heuristik, die äußerst einfach ist, weil man nicht einmal das Für und Wider erwägen muss (vgl. *Gigerenzer/Gaissmaier* [Heuristiken] 343).

Unser Entscheidungsverhalten ist sehr stark mit dem anderer Menschen verflochten. Entscheidungen sind viel mehr ein Interaktionsphänomen als es die ökonomische Theorie vorsieht. Sie finden in einem sozialen Kontext statt.

9.7 Entscheidungsfehler in Verhandlungssituationen

Die beschriebenen Fehler machen die Menschen nicht nur, wenn sie alleine entscheiden, sondern auch, wenn mehrere Akteure involviert sind (vgl. *Bazerman/Moore* [Judgment] 193ff.). Bei Verhandlungen hat bspw. das erste Angebot die Wirkung eines „Ankers“ und hat großen Einfluss auf das Endergebnis. Zugeständnisse an die Gegenseite werden oft von beiden Seiten als

„Verlust" gerahmt und entsprechend ungerne akzeptiert. Nach längeren Verhandlungen haben beide Seiten „sunk costs" und wollen auf gar keinen Fall nachgeben. Es kommt leicht zu einer Eskalation des Konfliktes, weil beide Seiten nicht nachgeben wollen. Selbstüberschätzung erschwert eine Einigung, wenn ein Verhandlungspartner zu hoch pokert, weil er überoptimistisch ist. Der Besitztumseffekt kann dazu führen, dass Verkäufer und Käufer sich nicht auf einen Preis einigen können. Durch den Confirmation-Bias ist es schwer, sich für Argumente der Gegenseite zu öffnen. Ein spezieller Fehler bei Verhandlungen ist, im Gegenüber nur den Gegner zu sehen und von konträren Interessen auszugehen. Das führt zu der Annahme, man befinde sich in einem Nullsummen-Spiel, bei dem jede Seite nur auf Kosten der Gegenseite etwas gewinnen kann. Beide Seiten übersehen, wie sie gemeinsam zusätzlichen Wert kreieren könnten (incompatibility bias).

9.8 Zusammenfassender Überblick

Mittlerweile ist eine solche Fülle von Heuristiken, Fehlern und Verzerrungen beim Entscheiden entdeckt worden, dass es schwer fällt, sie vollständig und systematisch zu präsentieren. Es wurde versucht, die wichtigsten Befunde zusammenzustellen. Zunächst wurden Effekte vorgestellt, die sich auf bestimmte Schritte im Entscheidungsprozess beziehen lassen. Danach allgemeine menschliche Handlungsweisen, seien es nun Schwächen oder auch Stärken, die auf verschiedene Schritte im Entscheidungsprozess einen Einfluss haben. Zum Schluss Fehler bei Verhandlungen. Überschneidungen lassen sich kaum vermeiden. Zur besseren Übersicht werden alle vorgestellten Befunde noch einmal in einer Tabelle zusammengefasst.

beobachtetes Entscheidungsverhalten	Kurzbeschreibung
Bandbreiteneffekt	Der Entscheider passt die Gewichtung der Ziele nicht richtig an die Bandbreite der Ergebnisse an.
Splitting-Bias	Wird ein Oberziel in mehrere Unterziele aufgesplittet, führt das zu einer systematischen Übergewichtung des Oberziels.
dynamische Inkonsistenz	Der Entscheider ändert die Gewichtung der Ziele innerhalb kurzer Zeit. Wegen mangelnder Willensstärke verfolgt er seine eigenen Ziele nicht konsequent, sondern lässt sich immer wieder von aktuellen Bedürfnissen bestimmen.

Vereinfachungsheuristiken bei mehreren Zielen - Take-the-best - Tallying	Obwohl eigentlich mehrere Zielkriterien relevant sind, wird nur auf Basis des wichtigsten Ziels entschieden (Gewichtung aber keine Addition). Es werden zwar mehrere Zielgrößen beachtet, diese werden aber nicht nach ihrer Relevanz gewichtet (Addition aber keine Gewichtung).
Repräsentativitäts-Heuristik - Basisraten-Fehler - Unempfindlichkeit gegen Stichprobenumfang - Spieler-Irrtum und „hot hand"-Illusion - Konjunktionsfehlschluss	Die Wahrscheinlichkeit, dass ein Objekt zu einer bestimmten Klasse gehört, wird ohne Rücksicht auf die Basisrate getroffen, nur auf der Grundlage weniger Merkmale, die als repräsentativ für diese Klasse angesehen werden. Auch in kleinen Stichproben erwartet man eine Verteilung von Merkmalen, wie sie für eine bestimmte Grundgesamtheit typisch ist. Bei rein zufälligen Ergebnissen (etwa beim Münzwurf) unterschätzt man die Möglichkeit, dass Reihen und Muster entstehen. Man erwartet eine „typische" Zufallsverteilung. Bei bewussten Aktionen, die auch eine Zufallskomponente haben (bspw. Torwürfe beim Ballspiel) unterschätzt man den Zufallseinfluss und erwartet Reihen. Die Wahrscheinlichkeit konjunkter Ereignisse wird überschätzt, wenn durch die Verbindung von zwei Ereignissen ein plausibles Szenario entsteht.
Verfügbarkeitsheuristik	Urteile über Wahrscheinlichkeiten, Häufigkeiten und Eigenschaften werden stark davon beeinflusst, wie leicht uns Beispiele dazu einfallen. Einprägsame und aktuelle Beispiele können einen übermäßigen Einfluss auf eine Einschätzung haben.
Umkehrung bedingter Wahrscheinlichkeit	Bedingte Wahrscheinlichkeit bedeutet: Wenn ein Ereignis A eingetreten ist (Bedingung), dann tritt auch ein Ereignis B mit einer bestimmten Wahrscheinlichkeit ein. Entscheider drehen diese Folgerung einfach um, obwohl das nicht zulässig ist.

Verankerung und Anpassung	Ein „Anker“ ist ein Ausgangswert, bspw. für die Schätzung einer Menge oder einer Wahrscheinlichkeit oder die Höhe eines Preises. Der Anker kann in unserem Gedächtnis abgespeichert sein oder von außen vorgegeben werden. Der Anker wird meistens zu wenig korrigiert bei der Schätzung. Ein niedriger Ausgangswert führt zu systematischen Unterschätzungen, ein hoher Ausgangswert zu systematischen Überschätzungen der gesuchten Größe.
Allais-Paradoxon	Entscheider verstoßen gegen die Forderung, dass die Entscheidung unabhängig sein sollte von irrelevanten Alternativen. Wenn zu zwei Alternativen eine identische dritte Möglichkeit hinzugefügt wird, kehrt sich dadurch die Präferenz zwischen den Alternativen um.
inkonsistente Bewertung extremer Wahrscheinlichkeiten - Sicherheitseffekt - Möglichkeitseffekt	Eine Zu- oder Abnahme der Wahrscheinlichkeit eines Ereignisses wird im Bereich extremer Wahrscheinlichkeiten anders bewertet als im Bereich mittlerer Wahrscheinlichkeiten. Eine Erhöhung der Wahrscheinlichkeit von 95 % auf 100 % oder von 0 % auf 5 % wird viel stärker gewertet, als eine Erhöhung von 40 % auf 45 %.
Referenzpunkt-Effekte - Besitztumseffekt (Endowment-Effect) - Verlustaversion	Ergebnisse von Alternativen werden ausgehend von einem Referenzpunkt als Gewinn oder Verlust bewertet. Dinge im eigenen Besitz haben einen besonderen Wert. Verluste schmerzen etwa zwei Mal mehr als Gewinne erfreuen. Die Entscheider werden bei drohenden Verlusten häufig risikofreudig, während sie bei Gewinnmöglichkeiten risikoscheu sind.
Präsentations-Effekte (Framing)	Objektiv identische Informationen werden unterschiedlich präsentiert. Durch diese unterschiedliche „Rahmung“ ändern sich die Entscheidungen. Den Referenzpunkt-Effekt ausnutzend kann bspw. das gleiche Ergebnis als Gewinn oder Verlust „gerahmt“ werden, um die Entscheidungen zu beeinflussen.

intransitive Bewertungen - Fühlbarkeitsschwellen	Ob ein Unterschied zwischen zwei Alternativen wahrgenommen wird, hängt von der „Fühlbarkeit“ der Unterschiede ab. Sind die Unterschiede zwischen A und B sowie B und C nicht fühlbar, wohl aber die Unterschiede zwischen A und C, dann kommt es zu intransitiven Bewertungen.
Berücksichtigung von Sunk Costs - Escalation of commitment	Menschen berücksichtigen bei ihren Entscheidungen oft, was sie schon in eine Alternative hineingesteckt haben. Diese Aufwendungen sind aber „versunken“ und sollten eigentlich keine Rolle mehr spielen. Tatsächlich werden die Aufwendungen häufig sogar verstärkt, wenn sich abzeichnet, dass nicht die gewünschten Ergebnisse erzielt werden.
Unterlassungs-Effekt (Omission-Bias)	Nichts zu tun scheint immer die weniger riskante Alternative. Resultiert ein schlechtes Ergebnis aus einer Unterlassung, wird das weniger mit Schuld und Reue in Verbindung gebracht, als ein schlechtes Ergebnis, das aus einer aktiven Handlung resultiert.
Status-Quo-Bias	Die zurzeit bestehende Lösung hat einen Bewertungsvorteil gegenüber einer anderen Lösung. Das Bekannte und Vertraute wird dem Neuen vorgezogen.
Bestätigungstendenz (Confirmation-Bias)	Vorgefasste Meinungen und erste Eindrücke werden durch selektive Informationsaufnahme bestätigt. Gegenteilige Meinungen und kritische Informationen werden ignoriert oder für wenig glaubwürdig gehalten.
Ignorieren von Wahrnehmungsfiltern	Die begrenzte Aufmerksamkeit führt dazu, dass wir viele Informationen einfach nicht sehen. Wir filtern die Realität, sind uns dessen aber nicht bewusst.
What you see is all there is (WYSIATI)	Menschen neigen dazu, aus sehr wenigen Informationen umfassende Bewertungen abzuleiten. Sie ergänzen die wenigen Informationen zu einem kohärenten Bild.

Kompetenzillusion (Self-serving-Bias)	Entscheider führen Erfolge gerne auf ihre Kompetenz zurück, während sie die Ursachen für Misserfolge in der Umwelt suchen.
Rückschaufehler (Hindsight-Bias) und curse of knowledge	Wenn man etwas weiß, fällt es schwer, dieses Wissen zu ignorieren. Ist bspw. der Ausgang eines Kampfes bekannt, dann meint man in der Rückschau, man hätte dieses Ergebnis vorhersehen können. Experten können sich nur schwer in die Situation von Laien versetzen und deren Nichtwissen nachvollziehen.
Illusion der Kontextunabhängigkeit	Entscheider machen sich nicht klar, wie stark die Entscheidung vom aktuellen Kontext abhängt. Sie meinen, nur auf der Grundlage von Fakten zu entscheiden, und werden dabei von vielerlei Faktoren wie Hunger, Temperatur, Gerüche, Licht usw. beeinflusst.
übermäßiger Optimismus - Above average effect - Planning fallacy	Menschen neigen dazu, sich selbst überlegene Fähigkeiten zuzuschreiben. Sogar wo andere regelmäßig scheitern, trauen sie sich selbst Erfolge zu. Sie unterschätzen die Zeit, die sie für eine Aufgabe brauchen und überschätzen ihren Erfolg. Ihre Pläne sind überoptimistisch und unrealistisch. Fast immer werden Projekte teurer und dauern länger als prognostiziert.
Sinn für Gerechtigkeit	Während der Homo oeconomicus nur darauf achtet, bei welcher Aktion er mehr Geld bekommt, haben reale Menschen einen ausgeprägten Sinn für Gerechtigkeit. Sie verzichten auf Geld, um sich gerecht zu verhalten bzw. um die Unfairness anderer zu bestrafen.
Vertrauen	Der Homo oeconomicus ist misstrauisch, da er unterstellt, dass die anderen jede Gelegenheit nutzen werden, um sich selbst Vorteile zu verschaffen. Der reale Mensch verhält sich in der Regel vertrauensvoll und vertrauenswürdig.
Investition in öffentliche Güter	Der Homo oeconomicus ist nicht bereit, in öffentliche Güter zu investieren, da die Positi-

	on des Trittbrettfahrers billiger ist. Der reale Mensch erkennt den Vorteil einer Investition in öffentliche Güter und vertraut darauf, dass andere sich ebenso verhalten. Verhalten sich einzelne als Trittbrettfahrer, erodiert dieses Vertrauen allerdings schnell.
Reziprozität	Der reale Mensch ist eine Homo reciprocans, d. h. er beachtet das Prinzip der Gegenseitigkeit und „antwortet" auf das soziale Verhalten des Gegenübers. Vertrauen wird normalerweise mit Vertrauen vergolten, Fairness mit Fairness, Unfairness mit Strafe.
Herdentrieb	Menschen erleichtern sich ihre Entscheidungen dadurch, dass sie tun, was alle tun bzw. meinen, was alle meinen. Sie sind gerne im Konsens mit ihrer Umwelt.
Incompatibility bias	Bei Verhandlungen wird unterstellt, beide Seiten hätten ausschließlich konträre Interessen. Es wird von einem Nullsummenspiel ausgegangen, bei dem der eine gewinnt was der andere verliert. Die Möglichkeit, durch Kooperation für beide Seiten mehr zu erreichen, wird übersehen.

IV. Relevanz der Entscheidungstheorie für die Entscheidungen in Unternehmen

10 Verknüpfung von präskriptiver und deskriptiver Entscheidungstheorie

„Die Definition von Rationalität als Kohärenz ist in einer wirklichkeitsfremden Weise restriktiv; sie verlangt die Einhaltung von Regeln der Logik, die ein begrenzter Intellekt nicht leisten kann. Vernunftbegabte Menschen können nach dieser Definition nicht rational sein, aber sie sollten deshalb nicht als irrational gebrandmarkt werden. … Auch wenn Humans nicht irrational sind, brauchen sie oft Hilfe, um zu treffenderen Urteilen und besseren Entscheidungen zu gelangen.“

Kahnemann [Denken] 508f.

Offenbar gibt es deutliche Unterschiede zwischen der Art und Weise, wie Menschen nach den Vorstellungen der präskriptiven Theorie Entscheidungen treffen sollten und wie diese Entscheidungen tatsächlich ablaufen. Die Unterschiede werden bspw. so umschrieben, dass es zwei kognitive „Systeme“ in jedem Menschen gibt, ja sogar zwei „Selbste“. System 1 arbeitet automatisch und schnell, weitgehend mühelos und unbewusst. System 2 führt bewusst logische Denkoperationen in einer geordneten Folge von Schritten durch, was als anstrengend empfunden wird und langsam geht. (Die Termini wurden eingeführt von *Stanovich/West* [Individual].)

automatisches System 1	reflektierendes System 2
unkontrolliert	kontrolliert
mühelos	angestrengt
assoziierend	deduzierend
schnell	langsam
unbewusst	bewusst
erlernt	regelgeleitet

Abb.20: Zwei kognitive Systeme (in Anlehnung an *Thaler/Sunstein* [Nudge] 34)

Nach der normativen Entscheidungstheorie arbeiten Menschen ausschließlich mit dem System 2. Sie werden auch als „Econs" bezeichnet im Unterschied zu „Humans", welche ganz überwiegend mit dem System 1 entscheiden. Ein „Econ" wäre nicht anfällig für Framing, instabile Präferenzen, Fehlurteile, aber ein „Human" ist es (vgl. *Kahnemann* [Denken] 508ff.). Doch welche Schlüsse zieht man aus diesen Unterschieden? Wie soll man damit umgehen, dass das reale Entscheidungsverhalten so weit von den Forderungen der präskriptiven Theorie entfernt ist? Und wie passen präskriptive und deskriptive Theorie eigentlich zum Wissenschaftsideal der BWL?

Im Folgenden wird zunächst dieses Wissenschaftsideal vorgestellt und in Verbindung gebracht mit der Entscheidungstheorie (10.1). Bisher haben die präskriptive und die deskriptive Theorie eher nebeneinander existiert, ohne füreinander fruchtbar zu werden. Das scheint sich gerade zu ändern. Es werden anschließend verschiedene Möglichkeiten erwogen, präskriptive und deskriptive Theorie zu verbinden (10.2). Jede dieser Möglichkeiten liefert Ansatzpunkte zur Verbesserung von Entscheidungen. Die Verbesserungen setzen allerdings an unterschiedlichen Punkten an (10.3). Ideal wäre, wenn wir nicht nur rationalere, sondern klügere Entscheidungen treffen könnten, weil wir uns unserer Entscheidungsfehler bewusster werden. Da auch in den Unternehmen Humans die Entscheidungen treffen, sollten Unternehmen versuchen, Entscheidungen bewusst unter diesem Gesichtspunkt zu managen (10.4).

10.1 Das Wissenschaftsideal der BWL und die Entscheidungstheorie

Eigentlich kann man sich über die Begriffsbildungen „normative Theorie" und „deskriptive Theorie" wundern, denn nach dem Wissenschaftsideal der BWL kann es so etwas gar nicht geben.

Nach diesem Ideal gibt es drei aufeinander aufbauende Ziele der Wissenschaft: Das deskriptive, das theoretische und das pragmatische oder praktisch-normative Ziel (vgl. *Chmielewicz* [Theorienbildung] 448).

Beim deskriptiven Ziel geht es

- um Beschreibungen von Phänomenen, bspw. von realem Entscheidungsverhalten,
- um exakte Begriffsbildungen (Definitionen), bspw. was ist eine Entscheidung, eine Alternative, ein Rückschaufehler etc.,
- um Klassifikationen, bspw. einfache und komplexe Entscheidungen und
- um Hypothesenbildung durch Verallgemeinerung (Induktion).

Das sind alles Vorarbeiten zu einer Theorie, aber noch keine theoretischen Aussagen im engeren Sinne.

Beim pragmatischen oder praktisch-normativen Ziel geht es um die zielgerichtete Anwendung theoretischer Aussagen zur Verbesserung der Praxis. Dieser Schritt folgt sozusagen der Theoriebildung nach, ist also selbst auch keine Theoriebildung im engeren Sinne, sondern Technologie.

Zwischen Beschreibung und Anwendung steht die eigentliche Theorie. Eine Theorie besteht nach der Auffassung vieler Betriebswirte idealerweise aus oft geprüften und noch nicht widerlegten gesetzmäßigen kausalen Beziehungen, also Aussagen der Art: „wenn ..., dann ...“ (Ursache – Wirkung). Solche Gesetzeshypothesen (nomologische Hypothesen) können Erklärungen liefern für das Auftreten bestimmter Phänomene, sie können zur Prognose verwendet werden und sie können zielgerichtet benutzt werden, um bestimmte Wirkungen hervorzurufen. Das Ideal sind Gesetzesaussagen mit einem unbeschränkten raum-zeitlichen Geltungsbereich (d. h. sie gelten immer und überall). Liegen raum-zeitliche Beschränkungen vor, spricht man von Quasi-Gesetzen (vgl. *Chmielewicz* [Theorienbildung] 455).

> Dazu ein einfaches **Beispiel** aus der Arzneimittelforschung:
>
> Der Bakteriologe *Fleming* beobachtete 1928, dass zufällig in seine Bakterienkultur gelangte Schimmelpilze die Bakterien abtöteten. Er beschrieb das Phänomen, untersuchte es genauer und stellte induktiv die Hypothese auf, dass ein bestimmter Wirkstoff in den Schimmelpilzen (Penicillin) in der Lage ist, bestimmte Bakterien (Staphylokokken) abzutöten.
>
> Nach zahlreichen systematischen Prüfungen konnte als gut bestätigte Gesetzeshypothese (nomologische Hypothese) abgeleitet werden: Wenn Penicillin auf Staphylokokken trifft, dann werden die Bakterien abgetötet. Man kann das Absterben der Bakterien also erklären (durch die Wirkung des Penicillins) und prognostizieren.

Und natürlich kann man sich diese Gesetzmäßigkeit pragmatisch zunutze machen, indem man gezielt Penicillin verabreicht bei einer Staphylokokkeninfektion. Aus der Ursache wird ein Mittel, aus der Wirkung ein Ziel.

Wissenschaftstheoretisch gesprochen, hat die Theorie eine explanatorische, d. h. erklärende, Aufgabe. Es geht darum, einen zu erklärenden Sachverhalt (das Explanandum, das zu Erklärende) abzuleiten aus einer Gesetzmäßigkeit und bestimmten Anfangs- oder Randbedingungen (zusammen Explanans oder Erklärung genannt). Aus Erklärungen lassen sich auch Prognosen ableiten und man kann sie instrumentalisieren.

Explanandum (zu erklärendes Phänomen)	Die Lungenentzündung bei Frau Meier ist geheilt.	Von Produkt x haben wir im 2. Quartal 10 % mehr verkauft als im 1. Quartal.
Gesetzmäßigkeit	Penicillin tötet die Bakterien ab.	Preissenkungen führen zu höheren Absatzmengen.
Anfangsbedingungen	Sie hat über 10 Tage Penicillin eingenommen.	Zu Beginn des 2. Quartals wurden die Preise gesenkt.
Handlungsempfehlung	Gebe Penicillin, wenn du eine Lungenentzündung heilen willst.	Senke die Preise, wenn du eine höhere Absatzmenge erzielen willst.

Abb. 21: Beispiele für wissenschaftliche Erklärungen

Die BWL verfolgt „offiziell" diese an die Naturwissenschaften angelehnte Art der Forschung, will also empirisch gehaltvolle nomologische Hypothesen aufstellen und kritisch prüfen, um sie dann schließlich pragmatisch für die Zielsetzung der Unternehmung einsetzen zu können. Die zugrundeliegende Methode nennt man „kritischer Rationalismus" und sie wird vor allem mit dem Namen *Karl R. Popper* (1902–1994) verbunden. Das Verfahren wird auch „hypothetisch-deduktiv" genannt und verläuft folgendermaßen (vgl. *Albert* [Traktat]):

- Aufstellung von empirisch gehaltvollen Hypothesen mit Gesetzescharakter, die aus einzelnen Beobachtungen abgeleitet werden. Man nennt diese Vorgehensweise induktiv, vom Einzelnen zum Allgemeinen. **Beispiel**: Ich beobachte immer wieder, dass Menschen weniger von einer Sache kaufen, wenn sie teurer wird, und mehr, wenn sie billiger wird. Verallgemeinerung: Es gibt einen gesetzmäßigen Zusammenhang zwischen Preis und Absatzmenge, eine Preis-Absatz-Funktion. Immer wenn der Preis steigt, dann fällt die Absatzmenge.
- Aus der Hypothese kann man Folgerungen deduzieren (vom Allgemeinen zum Einzelnen) und prognostizieren: Bei sinkendem Preis verkauft das Unternehmen mehr oder bei Preis x verkauft es y Stück. Diese Folgerungen kann man wiederum kritisch prüfen und feststellen, ob sie sich bestätigen. Der Forscher kann sie zwar niemals endgültig bestätigen (verifizieren), aber wenn sie sich nach vielen kritischen Prüfungen bewähren, dann kann man damit weiterarbeiten.

- Eine solche vorläufig bestätigte Hypothese lässt sich instrumentalisieren: Wenn du y Stück verkaufen willst, verlange Preis x; wenn du den Umsatz steigern willst, senke den Preis.

Im entscheidungstheoretischen Ansatz von *Edmund Heinen* ([Ansatz] 22) klingt das so: „Die entscheidungsorientierte BWL versucht … auf der Basis einer deskriptiven Theorie des menschlichen Entscheidungsverhaltens, den Ablauf von Entscheidungsprozessen in Unternehmen zu erklären und Verhaltensempfehlungen für Entscheidungsträger zu geben." Und an anderer Stelle (vgl. [Wissenschaftsprogramm] 209f.): „Das Bemühen der BWL ist letztlich darauf gerichtet, Mittel und Wege aufzuzeigen, die zur Verbesserung der Entscheidungen in der Betriebswirtschaft führen. Sie will durch die Formulierung entsprechender Verhaltensnormen den verantwortlichen Disponenten Hilfestellung leisten … Der Gestaltungsaufgabe vorgelagert ist die Erklärungsaufgabe ... Die Gestaltung des unternehmerischen Entscheidungsfeldes setzt eine deskriptive Analyse der in diesem Entscheidungsfeld enthaltenen Tatbestände und Zusammenhänge voraus. Eine wissenschaftliche Erklärung soll die Frage beantworten, warum dieses oder jenes Ereignis eingetreten ist bzw. eintreten wird. Voraussetzung hierfür ist die Kenntnis von generellen Gesetzeshypothesen …"

Soweit das geforderte Wissenschaftsideal.

Aber was passiert tatsächlich bei der Entscheidungstheorie?

Es gibt zum einen eine normative Theorie, die als Formalwissenschaft Modellanalysen macht und Forderungen aufstellt, wie sich ein rationaler Entscheider unter bestimmten vorgegebenen Prämissen eigentlich entscheiden müsste. Das sind keine empirisch gehaltvollen, gut bestätigten Hypothesen über das reale Entscheidungsverhalten von Menschen. Vielmehr beobachtet man sehr oft, dass Menschen sich nicht so verhalten. Es handelt sich also wirklich um rein **normative** Forderungen (so müsste es ein Homo oeconomicus bzw. ein „Econ" eigentlich machen) und nicht um eine empirisch gehaltvolle Theorie. Gesetzeshypothesen werden höchstens im Zusammenhang mit der Ermittlung der Ergebnisse von Alternativen benutzt. Das ist dann aber keine Entscheidungstheorie im Sinne von gesetzmäßigen Aussagen über reale Entscheidungen, sondern bspw. Biologie oder Physik.

Beispiele

Ein Landwirt muss entscheiden, ob er auf seinen Feldern Getreide oder Kartoffeln anbaut und zieht dafür theoretisches Wissen darüber heran, welche Wetterlage welchen Effekt auf die jeweilige Erntemenge hat. Damit kann er bestimmten Umweltbedingungen (trockenes oder nasses

Wetter) bestimmte Ergebnisse (Erntemengen) für bestimmte Alternativen (Kartoffeln oder Getreide) zuordnen.

Eine Produktionsleiterin muss entscheiden, ob sie eine höhere Produktionsmenge durch die Steigerung der Intensität der Leistung vorhandener Maschinen oder durch eine quantitative Erhöhung der Kapazität erzeugen soll. Von einem Ingenieur erhält sie die Auskunft: Wenn die Maschinen ständig mit hoher Drehzahl betrieben werden, dann werden sie innerhalb von einem Jahr kaputt gehen. Damit kann sie der Alternative „Intensitätserhöhung" bestimmte Kosten für die verkürzte Nutzungsdauer zuordnen.

Dann haben wir zum anderen eine deskriptive Theorie, die beschreibt, wie Menschen tatsächlich entscheiden. Diese blieb aber über Jahrzehnte für die betriebswirtschaftliche Entscheidungslehre relativ folgenlos. Die normative Entscheidungstheorie stellte also keine Instrumentalisierung empirisch vorgefundener Entscheidungsgesetze dar, vielmehr existierten beide Zweige lange Zeit relativ isoliert nebeneinander. Das ändert sich gerade durch den Bedeutungszuwachs der empirischen Entscheidungsforschung und die Entdeckung einer gewissen Systematik bei den „Verzerrungen". Entscheidend ist, dass man charakteristische Muster des Wahrnehmens und Denkens und systematische Fehler entdeckt hat, die das Urteilen und Entscheiden vorhersehbar machen. Erst damit hat man eine „Entscheidungstheorie" im Sinne von empirisch gehaltvollen Wenn-dann-Aussagen über das Entscheidungsverhalten, die zumindest als quasi-stochastische Tendenzaussagen (vgl. *Raffée* [Grundprobleme] 37) Auskunft über gewisse Regelmäßigkeiten geben.

Beispiele

Wenn einem schnell ein Beispiel für ein Ereignis einfällt, dann schätzt man die Wahrscheinlichkeit für dieses Ereignis systematisch zu hoch ein (Verfügbarkeitsheuristik).

Wenn die Entscheidung zwischen zwei Möglichkeiten A und B unterschiedlich präsentiert wird, dann kommt es alleine durch die Art der Darstellung als Gewinn oder Verlust zu einer Präferenzumkehr (Framing).

Wie die beiden Zweige der Entscheidungstheorie miteinander in Verbindung gebracht werden können, wird uns nun beschäftigen.

10.2 Mögliche Beziehungen zwischen präskriptiver und deskriptiver Entscheidungstheorie

Wie unterschiedlich man mit den Erkenntnissen der deskriptiven Theorie umgehen kann, haben *March/Olsen* schon im Hinblick auf das „Papierkorb-Modell" der Entscheidung festgestellt. Sie unterscheiden drei mögliche Reaktionstypen: Die Enthusiasten, die Reformer und die Pragmatiker (vgl. [decision] 24ff.). Diese drei Typen werden im Folgenden aufgegriffen und um den Typ der „Entscheidungsarchitekten" erweitert. Als erste Möglichkeit wird zusätzlich erwogen, dass beide Zweige im Sinne wissenschaftlicher Arbeitsteilung getrennt bleiben.

Im Überblick:

Präskriptive und deskriptive Theorie ignorieren sich.
Die deskriptive Theorie löst die präskriptive Theorie ab.
Die deskriptive Theorie zeigt Fehler auf und soll dadurch helfen, sich dem normativen Ideal anzunähern.
Es gibt rationale Entscheider, die sich das Wissen über die Fehler der Anderen systematisch zunutze machen.
Man kann eine Entscheidungsarchitektur für kluge Entscheidungen schaffen.

10.2.1 Präskriptive und deskriptive Theorie ignorieren sich

Über Jahrzehnte hat man präskriptive und deskriptive Theorie in der BWL weitgehend voneinander getrennt behandelt. In der Management- oder Organisationsvorlesung hat man vielleicht etwas über die verhaltenswissenschaftliche Entscheidungstheorie gehört, über die begrenzte Rationalität der Menschen und das komplexe Entscheidungsumfeld im Unternehmen. In der Allgemeinen BWL wurde unabhängig davon die normative Entscheidungstheorie gelehrt, die von rationalen Entscheidern ausgeht und von den Besonderheiten organisationaler Entscheidungen absieht, um besser rechnen zu können.

Es waren zwei Welten:

- Hier die wirtschaftswissenschaftlichen Modellspezialisten. Sie entwarfen immer komplexere mathematische Modelle, gingen dabei strikt vom Bild des Homo oeconomicus aus und blendeten alle störenden Komplikationen der Realität aus, um besser rechnen zu können. Sie verstanden sich oft als die wahren Hüter der ökonomischen Rationalität und grenzten die BWL klar ab gegen die Verhaltenswissenschaften.

- Dort die am realen Entscheidungsverhalten interessierten empirischen Forscher, die vor allem von der Psychologie, Soziologie oder Politologie herkommen, sich für den realen Menschen mit allen seinen Unzulänglichkeiten und Irrationalitäten interessieren, Entscheidungen beschreiben und nicht rechnen und eher interdisziplinär arbeiten.

Die normative Theorie setzt sich dem Vorwurf aus, realitätsferne und pragmatisch nicht anwendbare Gedankengebäude zu erstellen und daher für das praktische Management keine Rolle zu spielen. In der deskriptiven Forschungsrichtung entsteht das Problem der disziplinären Abgrenzung zwischen der BWL und anderen Sozialwissenschaften. Denn es ist ja ein Psychologe, der feststellt, dass Menschen eine Verlustaversion haben, oder ein Soziologe, der feststellt, dass hochkohäsive Gruppen zum „groupthink" neigen. Bezeichnenderweise hielt *Heinen* (vgl. [Ansatz] 32) es für ein vergebliches Unterfangen, die BWL exakt gegen die Psychologie oder Soziologie abgrenzen zu wollen. Entscheidungen in Unternehmen laufen nun mal nicht immer rational ab, was eine an praktischer Gestaltung interessierte BWL nicht ignorieren sollte.

Die Menschen sind bei wirtschaftlichen Entscheidungen genauso fehleranfällig und beschränkt rational wie bei allen anderen Entscheidungen auch. Zahllose Experimente haben das bewiesen. Nach Einschätzung von *Kahnemann* wurden seine Erkenntnisse als Psychologe aber nur deshalb auch für die Ökonomie wirksam, weil ein wichtiger Aufsatz zu systematischen Entscheidungsverzerrungen (die Prospect Theory oder Neue Erwartungstheorie) in der Zeitschrift Econometrica erschien, einer Publikation, die überwiegend von Wirtschaftswissenschaftlern gelesen wird (vgl. [Denken] 334). Man kann darin durchaus einen Framing-Effekt erkennen. Die Neue Erwartungstheorie wurde als Diskussionsbeitrag zur Risikonutzentheorie „gerahmt" und nicht als psychologischer Aufsatz. Durch dieses Framing konnte der Text Einfluss auf die Wirtschaftswissenschaften gewinnen und wurde mit dem Nobelpreis für Wirtschaftswissenschaften gewürdigt.

Die Mauer zwischen präskriptiver und deskriptiver Theorie bröckelt (vgl. auch *Thaler* [Homo] 138f.). Die strikte Isolation gegeneinander scheint weniger denn je eine Option mit Zukunft zu sein. Aber was macht man dann? Wie kann man präskriptive und deskriptive Entscheidungstheorie miteinander in Verbindung bringen? Gibt es ein entweder – oder? Oder geht ein sowohl – als auch?

10.2.2 Die deskriptive Theorie löst die präskriptive Theorie ab

Eine Möglichkeit wäre ein radikaler Wechsel hin zu einer Dominanz der deskriptiven Theorie. Man könnte so argumentieren: Da sich ja nachgewiesenermaßen die meisten Menschen nicht an den rationalen Vorgaben orientieren, ist die normative Entscheidungstheorie sinnlos. Es ist reine Kunst um der Kunst willen, empirisch gehaltlos und daher auch weder für Prognose- noch für Gestaltungsaufgaben wirklich geeignet. Weiterhin ist auch fragwürdig, ob das „rationale“ Vorgehen der präskriptiven Theorie überhaupt so gut ist, oder ob nicht in der Intuition der meisten Menschen eine andere Art von Rationalität zur Geltung kommt, eine „unbewusste Intelligenz“ (*Gigerenzer* [Risiko] 46). Sind die Bauchentscheidungen überhaupt schlechter als die Kopfentscheidungen? Ist das reale Wahlverhalten intelligenter als es erscheint? „Wenn sich zeigen lässt, dass sich ein Verhalten, das offensichtlich von den Grundprozeduren kalkulierter Rationalität abweicht, als intelligent erweisen kann, dann lässt sich plausibel argumentieren, dass Modelle kalkulierter Rationalität erhebliche Mängel aufweisen, und zwar nicht nur als Hilfsmittel zur Beschreibung menschlichen Verhaltens, sondern auch als Richtlinie für intelligentes Wahlverhalten erhebliche Mängel aufweisen.“ (*March* [Rationalität] 307).

Die **Enthusiasten** erkennen eine besondere Art der Rationalität gerade in den scheinbar irrationalen Prozessen, wie bspw. den „Papierkorb-Entscheidungen“. Diese Einstellung zeigt sich auch in scheinbar paradoxen Begriffsbildungen wie „**Science** of muddling through“ (*Lindblom* [Science]), also „Wissenschaft des Durchwurstelns“, oder „**Technologie** der Torheit“ (*March* [Technologie]). Die scheinbar irrationalen Vorgehensweisen sind nach dieser Sichtweise im Grunde eine intelligente Vorgehensweise, um mit der Komplexität und Unsicherheit der Entscheidungen umzugehen und innovative Lösungen zu finden. Sie bieten quasi eine Spielwiese für unerwartete Lösungen, für Fehler und Lernen aus Fehlern. Es ist angesichts der Komplexität und Unsicherheit der Entscheidungen sowie der begrenzten Informationsverarbeitungsmöglichkeiten der Entscheider besser, sich in kleinen Schritten durchzuwursteln und aus Fehlern zu lernen. „Ein System, das keine Fehler macht, lernt wenig und entdeckt noch weniger.“ (*Gigerenzer* [Risiko] 69).

Auch *Kahnemann*, der zahlreiche Verzerrungen und Fehler des realen Entscheidungsverhaltens der „Humans“ kritisiert, räumt zugleich ein, dass wir mit Hilfe von System 1 die meisten Entscheidungen treffen und zwar meistens richtig. Wir erbringen mit Hilfe von System 1 Glanzleistungen an schnellen und effizienten Entscheidungen (vgl. [Denken] 514f.). Vor allem ist der Trade-off zwischen Anstrengung und Genauigkeit des Ergebnisses sehr günstig. Außerdem sind die „Humans" viel besser darin, mit anderen Menschen zu kooperieren als die strikten Eigennutzmaximierer. Sie können das ökonomisch höchst effiziente Vertrauen generieren und aufrechterhalten. In Spielsituationen können sie Kooperationsgewinne einfahren, wo der Homo oeconomicus sich geradezu zwanghaft schadet durch sein Misstrauen.

Aber, so könnte man dagegen wiederum einwenden, soll man einfach vergessen, dass man eigentlich noch besser entscheiden könnte? Wenn man schon erkennt, dass Menschen aus Sicht der normativen Entscheidungstheorie „Fehler" machen und kognitiven Verzerrungen erliegen, hat man dann nicht die Aufgabe, sie darauf hinzuweisen und ihnen zu helfen, diese Fehler in Zukunft nicht mehr zu machen?

10.2.3 Die deskriptive Theorie zeigt Fehler auf und soll dadurch helfen, sich dem normativen Ideal anzunähern

Das ist die Position der **Reformer**. Die Reformer nehmen die Erkenntnisse der empirischen Entscheidungsforschung zum Anlass, die Elemente so gut wie möglich zu bekämpfen, die sie als schädlich und vermeidbar ansehen. Das Ideal bleibt der rationale Entscheidungsprozess. Daran gemessen machen die Menschen Fehler, die verglichen werden mit optischen Täuschungen. Heuristiken bspw. sind oft näherungsweise richtig, aber sie können auch ziemlich danebenliegen. Neigungen wie die, unliebsame Informationen zu ignorieren und sich selbst zu überschätzen, können zu fatalen Fehlentscheidungen führen.

Aufklärung und Erziehung ist die Aufgabe. Das Endziel und Ideal ist die rationale Problemlösung, der man sich dank der präskriptiven Entscheidungstheorie immer mehr annähern kann. „Fehler, die aus System 1 hervorgehen, lassen sich prinzipiell leicht vermeiden: Man sollte die Anzeichen dafür erkennen, dass man sich in einem kognitiven Minenfeld bewegt, mental einen Gang zurückschalten und System 2 um Verstärkung bitten." (*Kahnemann* [Denken] 516).

Problematisch an dieser Position ist die implizite Behauptung, dass die Entscheidungen auf der Basis der rationalen Entscheidungstheorie grundsätzlich besser ausfallen würden. Dass etwas ein Fehler ist, ein Irrtum oder eine Täuschung, kann ja nur dann behauptet werden, wenn man es besser weiß. Ob man einer optischen Täuschung erlegen ist, kann man nachmessen. Es gibt eine objektive und „wahre" Länge einer Linie. Ebenso kann man die systematischen Fehler bspw. bei Schätzwerten auf der Grundlage eines „Ankers" nachweisen. Aber längst nicht alle Abweichungen von der normativen

Theorie sind so eindeutig als „Fehler" einzuordnen. Zum ersten sind die intuitiven Entscheidungen ja meist schneller und mit viel weniger Aufwand verbunden. Und sehr oft sind sie ja „gut genug". Obwohl wir wissen, dass es optische Täuschungen gibt, verlassen wir uns jeden Tag auf unsere Augen und bewältigen weitgehend „automatisch" bspw. so komplexe Aufgaben wie Auto fahren. Zum zweiten sind auch Entscheidungen, die vorbildlich nach den Rationalitätskriterien der normativen Theorie ablaufen, nur so gut wie die Informationen es zulassen. Eine nobelpreisgekrönte Methode zur Optimierung eines riskanten Investmentportfolios (Minimum-Varianz-Portfolio) schnitt in einer Studie in den meisten Fällen schlechter ab als eine einfache Faustregel, weil die geschätzten Parameter des Modells von der Realität zu stark abwichen. Der Erfinder der Methode, *Harry Markowitz*, verwendet im Übrigen die einfache Faustregel, um über seine Investitionen zu entscheiden (vgl. *Gigerenzer* [Risiko] 126f.). Die Unsicherheit der Zukunft kann man eben nicht beseitigen. Zum dritten sind einige der „Fehler" auch subjektive Bewertungen, für die es keinen objektiv richtigen Standpunkt gibt. Wer wollte sagen, dass es „irrational" ist, Lotto zu spielen und dabei kleine Wahrscheinlichkeiten sehr hoch zu gewichten? Für das subjektive Wohlbefinden kann es sehr viel bedeuten, sich eine kleine Hoffnung auf einen großen Gewinn machen zu können.

10.2.4 Es gibt rationale Entscheider, die sich das Wissen über die Entscheidungsfehler der anderen systematisch zunutze machen

Am besten zum Wissenschaftsideal der BWL passt im Grunde das folgende Modell: Die deskriptive Entscheidungstheorie liefert so etwas wie Entscheidungsgesetzmäßigkeiten, vor allem systematische Verzerrungen und weit verbreitete Fehler. Diese werden dann von den rationalen Entscheidern im Rahmen ihrer Ziel-Mittel-Überlegungen systematisch eingesetzt. Die Erkenntnisse von Psychologen oder Soziologen werden dadurch „ökonomisch", dass sie für ökonomische Ziele instrumentalisiert werden, insbesondere für die Gewinnerzielung in Unternehmen. Die BWL greift zur praktisch-normativen Gestaltung der „Betriebswirtschaften" auf Erkenntnisse anderer Sozialwissenschaften zu (vgl. *Heinen* [Denkansätze] 399f.).

Die **Pragmatiker** machen sich die Fehler der anderen rational zunutze.

Im Marketing ist die rationale Ausnutzung der verhaltenstheoretischen Erkenntnisse schon lange gang und gäbe (vgl. *Thaler* [Toward]).

Beispiele

Man untersucht, wie Kaufentscheidungen gefällt werden und stellt bspw. fest, dass die Menschen Waren, die auf Augenhöhe im Regal präsentiert werden, eher kaufen. Also stellt man auf Augenhöhe die Waren, bei denen man besonders gut verdient.

Bei der Einführung der Zahlung mit Kreditkarte wollten die Einzelhändler einen Aufschlag für diese Zahlungsweise verlangen, weil es für sie mit mehr Risiken und Aufwand verbunden ist. Dagegen wehrten sich aber die Kreditkartenanbieter, weil sie zu Recht befürchteten, die Kunden würden einen solchen Aufschlag vermeiden. Schließlich hat man sich auf eine andere Art der Präsentation geeinigt: Der Kreditkartenpreis gilt als „Normalpreis“ und bei Barzahlung bekommt man einen Rabatt. Damit werden die gleichen Preise nur mit anderen „Etiketten“ versehen, aber dieses Framing hat der Kreditkarte zum Durchbruch verholfen.

Die Unlust, Entscheidungen zu treffen, nutzt man bei Abonnements aus, die sich automatisch verlängern. An den Herdentrieb appellieren Werbeaussagen der Art: 80 % der Verbraucher ziehen unser Produkt allen anderen vor.

Einen Ankereffekt haben die unverbindlichen Preisempfehlungen der Hersteller. Von diesem Anker ausgehend wird ein niedrigerer Preis als Rabatt empfunden, obwohl die meisten Menschen von sich aus gar keine Vorstellung vom richtigen Preis für ein Produkt haben. Nach dem Gesetz gegen unlauteren Wettbewerb ist es deshalb nicht zulässig, einen „Mondpreis“ anzusetzen, der tatsächlich nie verlangt wurde, und so einen Rabatt vorzutäuschen.

An die Verfügbarkeitsheuristik kann ein geschickter Verkäufer appellieren, indem er drastische Ereignisse in Erinnerung ruft. Bspw. weist ein Verkäufer von Unfallversicherungen auf einen Flugzeugabsturz mit vielen Toten hin. Da Unfälle in den Medien präsentiert werden, ist die Schätzung der Wahrscheinlichkeit von Unfällen stark überhöht. Während tatsächlich Krankheiten 18 Mal mehr Todesopfer fordern als Unfälle, werden die beiden Todesursachen von den meisten Menschen für gleich wahrscheinlich gehalten. Das erklärt die hohe Anzahl von Unfallversicherungen.

Mit einer solchen pragmatischen Einstellung können sich allerdings auch die Organisationsmitglieder gegenseitig zu manipulieren versuchen. Bspw. gibt es auf der Basis des Mülleimer-Modells für Entscheidungen in Gruppen Empfehlungen wie:

- Überlade das System! Bringe so viele Probleme und Lösungen in eine Entscheidungsarena ein, dass die Aufmerksamkeit nicht für alle reicht. Dann kannst du das, was dich wirklich interessiert, leichter durchbringen.
- Tausche Status gegen Substanz! Stelle deine Gegner mit symbolischen Erfolgen zufrieden, die dann im Gegenzug zu echten Zugeständnissen bereit sind.
- Interpretiere die Geschichte! Stelle den bisherigen Verlauf des Entscheidungsprozesses gegenüber neuen Teilnehmern in deinem Sinne dar. (Vgl. *March/Olsen* [Decision] 26f.)

Eine solche pragmatische Instrumentalisierung deskriptiven Entscheidungswissens passt im Grunde am besten zum Wissenschaftsideal der BWL und wird auch im Marketing schon lange praktiziert. Ein solches Vorgehen kann aber auch kritisch hinterfragt werden. Zum ersten führt es zu einer Art Trennung in die Klasse der „rationalen Entscheider“ und die Klasse der „Dummen“, welche die Fehler machen. Die Entscheider in den Unternehmen unterliegen aber grundsätzlich den gleichen Fehlern wie die anderen „Humans“. Zum zweiten wirkt es manipulativ und ausbeuterisch, die Fehler der Anderen für eigene Zwecke zu nutzen. Besonders erschreckend wirken in diesem Zusammenhang die Forschungen der sog. „Neuroökonomik“, also der Erforschung der Hirnaktivität bei ökonomischen Entscheidungen. Dass Marketingexperten den Kunden „in die Köpfe schauen“, um sie anschließend noch gezielter beeinflussen zu können, erzeugt Unbehagen. Zum dritten schließlich sind die Pragmatiker im eigenen Unternehmen schädlich, wenn sie durch geschicktes Manipulieren Entscheidungen durchsetzen, die vor allem ihnen selbst nützen.

10.2.5 Eine Entscheidungsarchitektur für kluge Entscheidungen schaffen

In den USA hat 2008 ein Buch sehr positive Resonanz gefunden, welches die Menschen mit Hilfe der gefundenen Entscheidungsgesetze zu besseren Entscheidungen „anschubsen“ will. Dieses Buch von *Richard H. Thaler* und *Cass R. Sunstein* heißt „Nudge“, der Untertitel in der deutschen Übersetzung lautet: Wie man kluge Entscheidungen anstößt. Entscheidungsarchitekten sollen die Entscheidungen der Normalmenschen geschickt und zu ihrem eigenen Besten beeinflussen, indem sie einen „sanften Schubs“, eben einen „Nudge“, in die richtige Richtung geben.

Ein **Nudge** ist ein Faktor, der das Verhalten von Humans signifikant ändert, während er von Econs ignoriert würde. (*Thaler/Sunstein* [Nudge] 19)

Der Ansatz kombiniert die Sichtweise der Reformer mit jener der Pragmatiker. Mit den Reformern sind sie der Meinung, dass Menschen oft schlechte Entscheidungen treffen und sich und anderen damit schaden. Sie passen nicht richtig auf, sie haben kognitive Grenzen und Grenzen der Selbstkontrolle und machen darum viele Fehler. Man könnte und sollte es besser machen. Mit den Pragmatikern teilen sie die Sichtweise, dass man die Menschen aufgrund ihrer systematischen Entscheidungsfehler gezielt beeinflussen kann. Anders als die Reformer versuchen sie aber nicht, die Menschen durch Broschüren und Schulungen mit möglichst vielen Informationen zu versorgen und sie zu Econs zu erziehen. Man rechnet mit den Humans und ihren typischen Schwächen und will ihnen das Leben nahezu unbemerkt, nur durch einen kleinen „Schubs", leichter und besser machen. Und anders als die Pragmatiker wollen sie dieses Wissen nicht zur Maximierung ihres Eigennutzes einsetzen, sondern anderen Menschen helfen, ihren Nutzen zu mehren bzw. Schaden zu vermeiden.

Dazu einige **Beispiele** (die Seitenzahlen beziehen sich auf *Thaler/Sunstein* [Nudge]):

In der **Schulkantine** werden die gesunden Lebensmittel (bspw. Obst) an den Stellen platziert, die besonders attraktiv sind. Die begrenzte Aufmerksamkeit wird auf die gesunden Lebensmittel gelenkt. (10)

Um **Übergewicht** loszuwerden, hinterlegt man quasi als Pfand eine hohe Geldsumme und verpflichtet sich innerhalb einer gewissen Zeit zu einer bestimmten Gewichtsreduktion. Wird das Ziel erreicht, bekommt man das Geld zurück, ansonsten wird es gespendet (300f.). Die Verlustaversion wirkt als Anreiz, um eine dynamische Inkonsistenz zu vermeiden.

Will man erreichen, dass Menschen mehr **Energie sparen**, dann ist es viel wirkungsvoller, ihnen zu demonstrieren, was sie durch die Verschwendung verlieren, als ihnen zu sagen, was sie durch sparen gewinnen. Man nutzt die Verlustaversion. (58)

Eine weitere Maßnahme sind direkte Feedbackinformationen, bspw. das Aufleuchten einer roten Warnlampe, wenn der **Energieverbrauch im Haushalt** ein bestimmtes Limit überschreitet (268). Dadurch wird die begrenzte Aufmerksamkeit durch einen starken Anreiz auf den Energieverbrauch gelenkt. Ohne einen solchen Anreiz bleibt der Energieverbrauch unsichtbar und hat deshalb auch keine Auswirkung auf das Verhalten.

Deutlich mehr **Organspender** kann man durch einen Wechsel von der Zustimmungs- zur Widerspruchslösung gewinnen (244f.). Bei der Zustimmungslösung muss man aktiv werden, wenn man Organspender werden will. Bei der Widerspruchslösung wird die Bereitschaft zur Organspende vorausgesetzt und man muss aktiv werden, wenn man seine Organe nicht spenden will. Der Omission-Bias begünstigt die Lösung, bei der man nichts tun muss. Aus dem gleichen Grund sollten Unternehmen für jeden Angestellten automatisch den Beitritt zur betrieblichen Altersversorgung voraussetzen. Sie müssen aktiv werden, wenn sie das nicht wollen. Man verhindert so, dass die Mitarbeiter aus Trägheit schlecht vorsorgen und auf bares Geld verzichten (161ff.).

Den Ankereffekt nutzen **Spendenorganisationen**, indem sie hohe mögliche Spendenbeträge vorgeben. Wenn man fragt, ob jemand 100, 500 oder 1000 € spenden will, sind die gespendeten Beträge deutlich höher als bei der Frage, ob man 10, 50 oder 100 € spenden will. Wenn 100 € als Anker für einen minimalen Betrag gesetzt wird, traut sich keiner mehr, nur 10 € zu geben. (41)

Die **Steuerehrlichkeit** kann deutlich verbessert werden, wenn man den Bürgern mitteilt, dass praktisch alle anderen ihre Steuern bereits ehrlich bezahlt haben. Es wirkt der Herdentrieb (98). Da auch schlechte Beispiele „ansteckend“ wirken können, sollte man über unerwünschtes Verhalten nicht in der Weise berichten, dass der Eindruck entsteht, dass „alle das machen“ (100).

Trotz der unzweifelhaft guten Absichten sieht sich dieser Ansatz auch der Kritik ausgesetzt, manipulativ zu sein. Die Menschen werden ja nicht aufgeklärt und zu „Econs“ erzogen, wie es den Reformern als ideal erscheint, sondern zur richtigen Entscheidung „geschubst“. Zur Verteidigung führen die Autoren an (vgl. 308ff.):

- Der Versuch, die Menschen mit möglichst vielen Informationen und Alternativen zu versorgen, um ihnen eine rationale Wahl zu ermöglichen, scheitert immer wieder an den Unzulänglichkeiten der Humans. Bei komplexen Entscheidungen (bspw. über eine Hausfinanzierung oder eine Versicherung) führen mehr Möglichkeiten und mehr Informationen tendenziell eher zu schlechten Entscheidungen, weil sie die Menschen überfordern. Bei zu vielen Möglichkeiten und Informationen werden Entscheidungen lieber ganz vermieden. Man sollte realistisch sein und mit

Humans rechnen. Für die meisten ist bspw. die Vorgabe einer Standardentscheidung sehr hilfreich.

- Man kann gar nicht vermeiden, irgendeine Entscheidungsarchitektur zu bauen. Man muss bspw. das Gemüse und Obst in der Schulkantine auf irgendeine Art präsentieren. Ob man will oder nicht, wird dadurch ein „Nudge“ in eine bestimmte Richtung gegeben. Warum sollte man dann nicht bewusst das gesunde Essen so präsentieren, dass es häufiger gewählt wird? Es ist besser, die Entscheidungsarchitektur bewusst zu gestalten, als ihre Wirkung zu ignorieren.
- Niemand wird zu etwas gezwungen. Es steht nach wie vor jedem frei, sich „dumm“ zu entscheiden. Ein „Nudge“ ist etwas anderes als eine Vorschrift. Man kann ihn leicht umgehen und sich bspw. gegen eine Altersvorsorge entscheiden oder für ein ungesundes Essen. Es handelt sich um einen „libertären Paternalismus“, also eine Kombination aus Fürsorglichkeit und Freiheit.
- Die Wirkung einer Entscheidungsarchitektur ist den meisten Menschen bei ihrer Entscheidung zwar nicht explizit bewusst, aber das bedeutet nicht, dass die Methoden und Motive geheim gehalten werden. Wenn Unternehmen bspw. als neue Standardeinstellung die automatische Teilnahme an der betrieblichen Altersvorsorge einführen, dann wird das öffentlich kommuniziert und begründet.
- Die Nudges sollen den Menschen nützen und ihr Leben besser machen, und zwar gemessen an ihren eigenen Maßstäben. Humans treffen Entscheidungen, die für sie selbst schlecht sind, weil sie nicht richtig aufpassen, nicht richtig informiert sind, Informationen nicht richtig verarbeiten und keine ausreichende Selbstkontrolle haben. Man kann ihnen helfen, bessere Entscheidungen zu treffen.

10.3 Bessere Entscheidungen treffen

Den Anspruch, zur Verbesserung von Entscheidungen beizutragen, haben letztlich alle der hier vorgestellten Positionen. Unterschiedlich ist allerdings, an welcher Stelle die Verbesserung ansetzt.

10.3.1 Subjektive und objektive Rationalität – informierte Entscheidungen treffen

Der Entscheidungsträger macht sich eine Vorstellung vom Entscheidungsfeld und entscheidet gemäß diesem Modell subjektiv rational. Er kann das Entscheidungsfeld aber falsch modellieren, bspw. gute Alternativen übersehen, Wahrscheinlichkeiten falsch schätzen, wichtige Informationen ignorieren oder falsche Ergebnisse für die Alternativen prognostizieren. Ein besser informierter objektiver Beobachter kann solche Fehler feststellen und den Entscheider darüber aufklären. Die kognitive Rationalität soll verbessert werden.

Eine Art von Entscheidungsverbesserung setzt darauf, die subjektive Rationalität der Entscheider der objektiven anzunähern. Das entspricht der Position der **Reformer**. Ein Experte für Versicherungen oder für Altersvorsorge unterbreitet bspw. dem Entscheider viele Alternativen und gibt ihm jede Menge Informationen zu den Alternativen. Die Entscheidung muss er dann selbst treffen, unter im Prinzip idealen Bedingungen. Praktische Beispiele zu diesem Vorgehen haben allerdings zu der Erkenntnis geführt, dass für die meisten Menschen viele Optionen und viele Informationen verwirrend und entmutigend sind und zu schlechten Entscheidungen führen. So hatten bspw. in den USA gerade einmal ein Drittel der Bürger die für sie beste Medikamentenversicherung gewählt, trotz vieler Informationen. Auch bei der privaten Altersvorsorge, der Zusammenstellung von Investmentportfolios und der Hausfinanzierung waren die Ergebnisse von „Erziehung und Aufklärung“ nicht zufriedenstellend (vgl. *Thaler/Sunstein* [Nudge]). Die Humans sind mit komplexen Entscheidungssituationen häufig überfordert. Die Überforderung kann bis zu einer totalen Entscheidungsverweigerung führen (vgl. *Iyengar/Lepper* [demotivating]).

Eine andere Art der Entscheidungsverbesserung setzt daher darauf, dass die Experten die Entscheidung mehr oder weniger direkt selbst für die anderen treffen. Das ist eher die Position der „**Entscheidungsarchitekten**“, aber auch die der **Pragmatiker**. Bestimmte Entscheidungen werden den Humans nahe gelegt, bspw. indem sie als Standardentscheidung vorausgesetzt werden. Häufig werden bestimmte Entscheidungen sogar gesetzlich vorgeschrieben oder verboten, um die Menschen vor Fehlern zu schützen. Eine Arbeitnehmerin kann bspw. nicht auf eine Sozialversicherung verzichten oder auf den vorgeschriebenen Mutterschutz, um einen höheren Lohn zu bekommen. Offenbar ist es teilweise nötig, die Humans sozusagen vor sich selbst zu schützen. Aber es ist auch denkbar, dass die Humans aus eigennützigen Motiven zu Entscheidungen „geschubst“ werden, die ihnen mehr schaden als nutzen. Es ist ein Unterschied, ob aus Gewinnabsicht bspw. die Süßigkeiten an der Kasse so platziert werden, dass sie als „Quengelware“ von den genervten Eltern gekauft werden, um die Kinder ruhig zu stellen, oder ob in der Schulkantine mit der Absicht der Gesundheitsförderung das gesunde Obst so präsentiert wird, dass mehr Kinder Obst essen. Ob eine Entscheidung „gut“ oder „besser“ ist als eine andere, wird dann nicht mehr alleine an der richtigen Abbildung des Entscheidungsfeldes festgemacht, sondern auch an den Absichten oder Zielen bzw. an der Frage, wem es nutzt.

10.3.2 Formale und substanzielle Rationalität – vernünftige Entscheidungen treffen

Neben der subjektiven und objektiven Rationalität haben wir im zweiten Kapitel noch die formale von der substanziellen Rationalität unterschieden. Diese Unterscheidung bezieht sich nicht in erster Linie auf die richtige Abbildung der Realität im Entscheidungsmodell, sondern auf die richtigen Ziele. Substanziell rational ist eine Entscheidung nur dann, wenn sie zur Erreichung eines Zieles beiträgt, welches aus einer bestimmten Perspektive als „richtig" und „angemessen" vorausgesetzt wird. Die Entscheidungsarchitekten grenzen sich von den „Pragmatikern" vor allem durch die guten Absichten ab. Sie bejahen also eine evaluative Rationalität, die etwas darüber aussagt, ob Ziele angemessen und vernünftig sind.

Die Entscheidungsarchitekten verwahren sich dagegen, dass bei den Nudges „Eigennutz ins Spiel kommt" (*Thaler/Sunstein* [Nudge] 325). Und sie fragen: „Ist es nicht eine gute Sache, wenn unsere Vorschläge dazu beitragen, dass die Leute mehr sparen, gesünder essen, klüger investieren und bessere Versicherungen und Kreditkartenverträge abschließen?" (ebenda, 309). Die Entscheidungsverbesserung bezieht sich damit nicht mehr alleine auf ein objektiv besseres Modell vom Entscheidungsfeld, sondern auch auf die richtigen, vernünftigen Ziele. Es ist gut, sich gesund zu ernähren und zu sparen, es ist dumm, zu rauchen oder nicht für das Alter vorzusorgen. Es ist gesellschaftlich wünschenswert, dass mehr Organe gespendet werden. Entscheidungsarchitekten wollen helfen und Schaden abwenden und nehmen dabei eher die Perspektive der Verbraucher ein als die der Anbieter. Die guten Absichten legitimieren den „Schubs".

Ökonomen bereitet es in der Regel Unbehagen, solchermaßen zu Zielen Stellung zu beziehen. Das gilt als wertend-normativ und damit als Verstoß gegen die intendierte Wertfreiheit der Wissenschaft. Die BWL soll „praktisch-normativ" oder „quasi-normativ" nur empfehlen, wie das Entscheidungsverhalten der Menschen in der Betriebswirtschaft sein soll, wenn diese bestimmte Ziele bestmöglich erreichen wollen, nicht aber Empfehlungen zu den Zielen selbst aussprechen (vgl. *Heinen* [Wissenschaftsprogramm] 368). Die Entscheidungsarchitekten berufen sich im Grunde auch auf diese „praktische Normativität", indem sie voraussetzen, dass die Menschen selbst bspw. mehr sparen, fürs Alter vorsorgen, gesund leben, sich richtig versichern, klug investieren wollen. Es ist legitim, die Entscheidungen der Menschen zu lenken, wenn sie dadurch besser dastehen, „gemessen an ihren eigenen Maßstäben" (*Thaler/Sunstein* [Nudge] 15). Bei diesen „eigenen Maßstäben" handelt es sich aber zugleich um Ziele, die aus Sicht eines objektiven Beobachters als „vernünftig" gelten können. Es ist bspw. ein gutes Ziel, die Gesundheit zu erhalten und zu fördern, und aus dieser Sicht eine falsche Entscheidung, massenhaft Fett und Süßigkeiten zu essen oder zu rauchen. Ein Ökonom würde dagegen annehmen, dass jemand, der sich ungesund ernährt oder raucht, eben andere Ziele in den Vordergrund stellt, bspw. Genuss höher gewichtet als Gesundheit, und deshalb richtig entscheidet. Was für die Ökonomie alleine zählt, ist die instrumentelle Rationalität, also die (angenommene) Eignung eines Mittels zur Erreichung der selbst gewählten Ziele.

An dieser Stelle wird ein Problem deutlich, das bereits im ersten Kapitel angesprochen wurde. Wenn man voraussetzt, dass die Menschen immer ihren Nutzen maximieren, ohne diesen Nutzen inhaltlich zu präzisieren, dann führt das leicht zu einer Immunisierung gegenüber der Möglichkeit einer empirischen Überprüfung (vgl. *Raffée* [Grundprobleme] 40f.). Ex post lässt sich jede Entscheidung eines Econ als nutzenmaximierend auslegen, wenn man nur das passende Entscheidungsmodell dazu unterstellt. Ein Human kann dagegen falsch entscheiden, und zwar nicht nur, weil er das Entscheidungsfeld falsch abbildet, sondern auch weil er die vernünftigen Ziele aus dem Auge verliert. Er kann zu seinem eigenen Schaden manipuliert werden.

Die angebliche Wertneutralität der BWL wird problematisch, wenn man die Schwächen der „Humans" ins Kalkül zieht und ausnutzt. Das Gewinnziel der Unternehmen vorausgesetzt, liefert die BWL selektiv Erkenntnisse, die einseitig die Interessenlage der Unternehmen unterstützen. Da es zwischen den verschiedenen Gruppen in der Gesellschaft Interessenkonflikte gibt, nimmt sie damit Stellung für eine Partei. Augenfällig wird das insbesondere im Marketing, wenn die Entscheidungen der Unternehmen dadurch besser werden (zu mehr Gewinn führen), dass man die kognitiven Grenzen der Kunden und ihre mangelnde Selbstkontrolle ausnutzt und sie zu für sie schlechten Entscheidungen „schubst". Unter diesen Bedingungen auf der Neutralität der BWL zu beharren, erfüllt die Funktion einer Ideologie (so auch *Heinen* [Wertfreiheit] 440). Stattdessen sollte die Wissenschaft:

- Transparenz herstellen hinsichtlich ihrer Selektivität,
- bestehende Machtpositionen kritisch reflektieren,

- Erkenntnisse allen Interessierten und Betroffenen zur Verfügung stellen und
- Toleranz üben hinsichtlich der Wahl einer anderen Perspektive (*Heinen* [Wertfreiheit] 439f., 463ff.).

Wenn eine Verbraucherberatung die Kunden über die „Tricks" der Anbieter aufklärt, dann ist das auch nicht parteilicher als das Lehren der Tricks in einer Marketingvorlesung.

10.3.3 Prozessrationalität – Lernen und Evolution

Auch an der dritten Form der Rationalität, der Prozessrationalität, kann ein Verbesserungsvorschlag ansetzen. Die **Enthusiasten** gehen davon aus, dass die Komplexität der Entscheidungen im Verein mit den Unzulänglichkeiten der Humans in vielen Fällen rationales Entscheiden nach dem Prozessmodell der normativen Theorie unmöglich macht. Die Alternative ist ein heuristisches Herantasten an die richtige Lösung im Sinne eines Lernprozesses. Mit Hilfe von „trial and error" können Erfahrungen gesammelt und die Entscheidungen im Laufe der Zeit verbessert werden. In der Planungstheorie spricht man auch von einer „inkrementalen" Vorgehensweise, welche im Gegensatz zu einer „synoptischen" (ganzheitlichen) Planung, auf ein stückweises Problemlösen setzt. Das eigentlich schlecht beleumundete „Durchwursteln" wird sogar zur „Wissenschaft" erklärt (science of muddling through, vgl. *Lindblom* [Science]), das „Stückwerk" zur „Stückwerkstechnologie" (piecemeal engineering, vgl. *Popper* [Elend]) erhoben. Positiv ist hervorzuheben, dass man bei kleinen Schritten ständig überprüfen kann, ob die Wirkung in die erhoffte und prognostizierte Richtung geht, oder ob unerwartete Entwicklungen und Nebenwirkungen auftreten. Kleine Schritte lassen sich dann immer noch rückgängig machen. Die „Irrtümer" sind eine wichtige Quelle der Erkenntnis. Kritisch könnte man einwenden, dass es manchmal nur die Entscheidung „ganz oder gar nicht" gibt und dass auch mit kleinen Schritten ein Pfad begangen werden kann, der eines Tages unumkehrbar ist.

Während beim Lernen noch eine zielgerichtete Verbesserung auf der Ebene des einzelnen Unternehmens möglich erscheint, sind manche Forscher noch skeptischer gegenüber der normativen Entscheidungstheorie. Sie erwarten Verbesserungen nur noch auf der Ebene von „Populationen" ähnlicher Unternehmen. Angelehnt an den Evolutionsprozess in der Natur wird eine allmähliche Weiterentwicklung der Population über die Teilschritte der Variation, Selektion und Bewahrung angenommen. Die Entscheidungen der Unternehmen stellen die Variationen dar. Sie gleichen blinden Versuchen, die sich erst in der Auseinandersetzung mit der Umwelt als günstig oder ungünstig erweisen. Ungünstige Entscheidungen führen zur Selektion des Unternehmens, sprich: Es geht in Konkurs. Günstige Entscheidungen führen dagegen zum Wachsen und Gedeihen. Die „guten“ Kompetenzen werden im Unternehmen bewahrt und auch durch Imitation und Personalwechsel an andere Unternehmen in der Population weitergegeben. Die Population wird nach und nach immer besser an die Umwelt angepasst. Diese Sichtweise wird auch als populationsökologischer Ansatz bezeichnet (vgl. *Bea/Göbel* [Organisation] 161ff.). Für die Manager ist dieser Ansatz nicht besonders schmeichelhaft, gibt er doch sehr wenig auf ihre Sachkunde. Radikal interpretiert, erzeugen die Manager nur blind Variationen, welche von der Umwelt selektiert werden. „From a population ecology perspective, it is the environment which optimizes.“ (*Hannan/Freeman* [Population] 939).

Die Erkenntnis, dass nicht selten Zufall und Glück eine wesentliche Rolle spielen für den Erfolg eines Unternehmens, wird verhindert von der “Kompetenzillusion”, welche “tief in der Kultur der Wirtschaft verwurzelt” ist (*Kahnemann* [Denken] 267). Besonders in der Wirtschaft wird der „Mythos der Entscheidung“ gepflegt, welcher zum einen die Betroffenen davon überzeugen soll, dass Entscheidungen planvoll, intelligent und informiert getroffen wurden, und zum anderen die Bedeutung der Entscheidungsträger sichert (vgl. *Cyert/March* [Theory] 237). Die normative Entscheidungstheorie hat demnach auch die Funktion, den Mythos des Entscheidens und die Kompetenzillusion aufrecht zu erhalten, gerade weil man weiß, dass Entscheidungen oft „blind“ sind. Die Rationalität der Evolution ist nicht die Rationalität der Manager. Die bessere Anpassung der Population an die Umwelt gelingt nur über den Untergang bestimmter Unternehmen, was aus Sicht der Manager und auch einer praktisch orientierten BWL unbefriedigend erscheint.

10.4 Entscheidung und Management

Die empirische Forschung zum realen Entscheidungsverhalten hat eine Vielzahl an Abweichungen vom Modell rationaler Entscheidung aufgedeckt. Die Beschreibung von Fehlern, Verzerrungen und Inkonsistenzen verweist zugleich darauf, dass wir in (selbst-)reflexiver Weise sehen können, was wir selbst und andere falsch machen. Und daraus ergibt sich die Chance, es besser zu machen. Wir können unser System 2 um Verstärkung bitten (vgl. *Kahnemann* [Denken] 516). Damit wird zugleich jenseits der subjektiven Formalrationalität mehr objektive und substanzielle bzw. kognitive und evaluative Rationalität für möglich gehalten. Es gibt eine Position, aus der heraus man die Entscheidungen der anderen (und die eigenen) kritisieren und verbessern kann.

Es ist alles andere als selbstverständlich, dass bei Entscheidungen in Unternehmen ein rationaler Entscheidungsprozess abläuft, das Entscheidungsfeld objektiv richtig abgebildet wird und der Entscheidungsträger im besten Interesse des Unternehmens entscheidet. Damit wird es zu einer zentralen Aufgabe im Unternehmen, die „Entscheidungsprodukte" zu verbessern. „Welche Produkte oder Leistungen eine Organisation auch immer bereitstellt, sie ist jedenfalls auch eine Fabrik, die Urteile und Entscheidungen produziert." (*Kahnemann* [Denken] 517). Die empirische Entscheidungsforschung hat wesentlich dazu beigetragen, das „Grundmodell des Menschen" der Realität anzunähern, und hat damit einen zentralen Beitrag geleistet für eine entscheidungsorientierte BWL (vgl. *Heinen* [Wissenschaftsprogramm] 378f.). Zum betriebswirtschaftlichen Thema werden die Erkenntnisse dadurch, dass sie „zur Verbesserung der Entscheidungen in der Betriebswirtschaft" beitragen können (vgl. ebenda, 369). Im nächsten Kapitel werden Überlegungen angestellt, was die Betriebswirtschaften (speziell die Unternehmen) tun können, um die Entscheidungen ihrer Mitglieder zu erleichtern und zu verbessern. Das Unternehmen wird als „Entscheidungsarchitektur" aufgefasst. Die Entscheidung ist nicht nur Teil des Managementprozesses, es ist auch ein „Management der Entscheidungen" nötig. Die entscheidungsorientierte Betriebswirtschaftslehre

- stellt die Entscheidungen in den Mittelpunkt wissenschaftlichen Bemühens,
- will zu Verbesserungen der Entscheidungen beitragen,
- bedient sich bei der Lösung ihrer Aufgabenstellung systematisch der Erkenntnisse ihrer Nachbardisziplinen, wie z.B. der Psychologie und Soziologie,
- kombiniert deduktiv-logische und empirisch-induktive Forschung,
- ist praxisorientiert und
- versteht sich als Managementlehre (vgl. *Heinen* [Wissenschaftsprogramm]).

Für ein praxisorientiertes Management erscheint es unerlässlich, dass sich präskriptive und deskriptive Theorie nicht mehr ignorieren, sondern mit dem Ziel der Entscheidungsverbesserung kombiniert werden.

11 Entscheidungen in Unternehmen – Probleme und Lösungsvorschläge

„The study of biases is also of immense practical value. Abundant evidence shows that the decisions of smart managers are routinely impaired by biases. Studying how organizations fail can provide useful lessons about what helps them succeed."

Bazerman/Moore [Judgment] 206

Im ersten Kapitel wurde überlegt, was als der Erkenntnisgegenstand der BWL angesehen werden kann. Die entscheidungsorientierte BWL kommt zu dem Schluss, dass es das Entscheiden in Betrieben, speziell in Unternehmen, ist, womit sich die BWL beschäftigt. Zweck der BWL ist es, diese Entscheidungen zu verbessern. Da es um Entscheidungen in Betrieben (besonders: Unternehmen) geht, muss man sich klar machen, welche Merkmale die Betriebe im Allgemeinen und die Unternehmen im Besonderen kennzeichnen. Als allgemeine Merkmale werden meist hervorgehoben, dass es sich bei Betrieben um

- zweckgerichtete
- offene
- dynamische
- komplexe
- organisierte
- soziale

Wirtschaftseinheiten handelt. Die Unternehmen unterscheiden sich von anderen Betrieben insbesondere durch ihren **Zweck**. Der Sachzweck ist die Fremdbedarfsdeckung. Dies ist aber eigentlich auch nur Mittel zum Zweck, denn letztlich ist der Gewinn bzw. die Rendite das eigentliche Ziel. Das unterscheidet ein privatwirtschaftliches Unternehmen bspw. von einem öffentlichen Betrieb, bei welchem die Versorgung im Vordergrund steht. In der Marktwirtschaft dürfen die Unternehmen anders als in der Planwirtschaft ihre Zwecke autonom wählen. Die **„Offenheit"** bedeutet für ein Unternehmen, in einem ständigen Austausch mit der Umwelt zu stehen, wobei für Unternehmen insbesondere die Marktumwelt zentral ist. Änderungen in der Umwelt induzieren Anpassungsbedarf im Unternehmen. Zu den Kennzeichen des Unternehmens gehört es aber auch, selbst aktiv und innovativ zu sein und Änderungen im Markt herbeizuführen. Beides macht das Unternehmen zu einem besonders **dynamischen System**. Praktisch alle Unternehmen sind überdies **komplex**, insofern sie aus arbeitsteiligen Subsystemen bestehen, die in einer Wechselbeziehung zueinander stehen. Diese Komplexität bedeutet, dass ein hoher Koordinationsbedarf entsteht und dass sich immer auch unerwartete Wechselbeziehungen ergeben können. Um komplexe und dynamische Systeme zweckgerichtet zu steuern, bedarf es der planvollen Ordnung von Aufbau und Abläufen, der **Organisation**. Und schließlich sind Unternehmen **soziale Systeme**, weil sie aus Menschen bzw. aus deren Entscheidungen und Handlungen bestehen.

Alle diese typischen Merkmale des Unternehmens haben Auswirkungen auf die Entscheidungen in Unternehmen, machen sie besonders schwierig. Will die BWL wirklichkeitsnahe, instrumentale Aussagen entwickeln, dann sollte sie diese Schwierigkeiten nicht ausblenden.

Die in den Kapiteln acht bis zehn schon angesprochenen Probleme der Entscheidungsfindung in Unternehmen werden noch einmal zusammenfassend in drei Problemkomplexen dargestellt: Es gibt Probleme, die sich aus der Natur des Menschen ergeben, Probleme, die sich in zweckgerichteten sozialen Systemen – den Organisationen – ergeben, und Probleme, die aus der besonderen Situation der Unternehmen entstehen (11.1). Anschließend werden Lösungsansätze für diese Probleme dargestellt. Das Unternehmen wird als eine „Entscheidungsarchitektur" verstanden, welche helfen soll, mit den Problemen besser klar zu kommen (11.2). Wegen der widersprüchlichen Anforderungen an die Entscheidungsarchitektur kann die eine optimale Lösung aber nicht gefunden werden. Probleme bleiben (11.3).

11.1 Warum Entscheidungen in Unternehmen schwierig sind

11.1.1 Probleme der Humans

Unternehmen sind soziale Systeme, d. h. Entscheidungen in Unternehmen werden von Menschen getroffen. So banal diese Aussage klingt, so folgenreich ist sie für die Entscheidungen in Unternehmen, denn auch in Unternehmen sind es Humans, die entscheiden, und keine Econs. Und das bedeutet: Man muss mit den typischen Fehlern und Unzulänglichkeiten der Humans rechnen. Auch in Unternehmen werden schlechte Entscheidungen getroffen, weil die Menschen nicht richtig aufpassen, weil sie nicht umfassend informiert sind, weil sie keine unbegrenzten kognitiven Fähigkeiten und keine absolute Selbstkontrolle haben (vgl. *Thaler/Sunstein* [Nudge] 15).

Es gibt auch bei den Entscheidungsträgern in Unternehmen Grenzen der Informationsaufnahme und Grenzen der Informationsverarbeitung. Das Maß an Aufmerksamkeit ist begrenzt. Wie die Hirnforschung belegt, sind nur die wenigsten Menschen imstande, zwei komplexe Aufgaben gleichzeitig zu bewältigen. Bei der großen Mehrheit funktioniert ein paralleles Multitasking nicht. Vielmehr konzentriert man sich besser auf das eine und blendet dafür das andere aus. Da gerade Führungskräfte häufig mit sehr unterschiedlichen Projekten und Problemen gleichzeitig konfrontiert sind, können sie gar nicht allen anstehenden Entscheidungen die gebotene Aufmerksamkeit zukommen lassen. Man konzentriert sich auf bestimmte Entscheidungen und vernachlässigt andere. Unbewusst läuft eine solche Fokussierung bei der selektiven Wahrnehmung ab. Man sieht, was man zu sehen erwartet und zu sehen wünscht, und blendet das Unerwartete und Unerwünschte aus.

Selbst wenn im Grunde alle Informationen zur Fundierung einer Entscheidung bereit stehen würden, wird oft nur ein kleiner Teil davon wahrgenommen. Hinzu kommt bei den meisten Menschen eine gewisse Trägheit. Man entscheidet lieber mit dem System 1, was leichter und müheloser ist, aber auch zu den systematischen Fehlern führt, die im Kapitel 9 erörtert wurden. Damit Humans sich bewusst im Sinne des Unternehmens anstrengen, müssen sie Anreize bekommen. Nur bei einem Anreiz-Beitrags-Gleichgewicht werden die Forderungen des Unternehmens an die Beiträge der Mitarbeiter voraussichtlich erfüllt (vgl. *Heinen* [Modelle] 190). Und selbst bei Aufmerksamkeit und vielen Informationen können Fehler passieren, weil die Fülle und Art der Informationen die Menschen überfordert. Man denke etwa an den systematischen Vergleich verschiedener Versicherungspolicen. Diese Aufgabe führt selbst Fachleute an ihre Grenzen.

Ihrer Unzulänglichkeiten sind sich die Menschen aber oft nicht bewusst. Im Gegenteil: Gerade Führungskräfte in Unternehmen überschätzen nicht selten ihre Kompetenz und ihre Fähigkeit zur Prognose. Das führt zu unrealistischen Plänen und hoch riskanten Entscheidungen. Schließlich treffen die Humans auch in den Unternehmen in dem Sinne schlechte Entscheidungen, dass sie ihre eigenen Ziele nicht konsistent verfolgen. Sie wollen bspw. vorsichtiger sein und kaufen dann doch wieder risikoreiche Papiere, weil es im Moment wie eine vielversprechende Gelegenheit aussieht.

11.1.2 Probleme der Organisation

Die normative Entscheidungstheorie unterschlägt, dass die Unternehmung etwas anderes ist, als ein einzelner Entscheider. Eine Unternehmung ist eine Koalition, die verschiedene Menschen und Gruppen umfasst. Wer zu dieser

Koalition gehört, ist wegen der Offenheit und Dynamik des Systems „Unternehmung“ nicht endgültig zu fixieren. Es kommt zu unterschiedlichen Koalitionen im Hinblick auf unterschiedliche Entscheidungen. Zur Koalition in diesem Sinne können auch Akteure gehören, die traditionell außerhalb des Unternehmens angesiedelt werden, bspw. die Kunden, die Öffentlichkeit oder die Gewerkschaften. Die Koalitionsteilnehmer verfolgen je eigene Ziele. Darum steht auch ein einheitlicher Zweck des Unternehmens nicht von vornherein fest. Gemeinsame Ziele müssen erst ausgehandelt werden, was wegen der zahlreichen Zielkonflikte mühsam ist. So wollen bspw. die Mitarbeiter und die Gewerkschaften gerne höhere Löhne und kürzere Arbeitszeiten, die Kapitaleigner niedrigere Lohnkosten, die Kunden längere Öffnungszeiten und stabile Preise. Setzt man das Menschenbild des Homo oeconomicus voraus, muss man überdies annehmen, dass die Menschen jeweils ihren eigenen Nutzen maximieren wollen, wenn sie es können. Damit kommen auch konkurrierende Rationalitäten ins Spiel. Was aus der Sicht der einen Partei rational ist, sieht die andere als substanziell nicht rational an, weil sie andere Ziele als richtig voraussetzt. Bei Verhandlungen dominiert häufig die Vorstellung eines Nullsummenspiels, bei welchem die andere Seite als Gegner aufgefasst wird.

Bei solchen Konflikten wird eine zusätzliche Diskussion nötig über die Angemessenheit von Zielen und Mitteln im Lichte der unterschiedlichen Interessen und Werte der Koalitionsteilnehmer. Mit dem Bekenntnis zu mehr Corporate Social Responsibility (CSR) signalisieren die Unternehmen, dass sie solche Zielkonflikte zwischen den diversen Stakeholdern der Unternehmung erkennen und zu fairen Lösungen beitragen wollen. „Für sich selbst genommen, sind „Verfolge deine Ziele!“ und „Strebe nach deinen Zwecken!“ von einem rationalen Gesichtspunkt aus problematische Empfehlungen.“ (*Rescher* [Rationalität] 133). Die evaluative Rationalität erfordert, die Präferierbarkeit der Ziele und Zwecke zu begründen.

Dass Zielkonflikte zu Problemen in Unternehmen führen können, thematisiert auch die moderne Institutionenökonomik (vgl. *Göbel* [Institutionenökonomik]). In der Principal-Agent-Theorie werden vor allem Situationen betrachtet, bei denen Zielkonflikte mit Informationsproblemen zusammentreffen. Wenn ich jemanden mit einer Aufgabe betraue, bspw. als Chef einen Mitarbeiter oder als Einkäufer einen Lieferanten, muss ich immer damit rechnen, dass er seine eigenen Ziele verfolgt und mich deshalb auch belügt oder mir Informationen vorenthält. Das kann dann natürlich zu falschen Entscheidungen (adverse selection) führen. In der Transaktionskostentheorie wird eher das Zusammentreffen von Zielkonflikten mit Abhängigkeiten problematisiert. Während man in einem idealen Markt jederzeit den Marktpartner kostenlos wechseln kann, ist es in den realen Märkten mühsam und kostspielig, Transaktionspartner zu finden oder zu wechseln. Manchmal gibt es gar keine Alternative und man ist in einer Transaktion „gefangen", weil es bspw. keinen anderen Lieferanten gibt, der eine hochspezifische Leistung anbietet. Dann kann es zu „Nachverhandlungen" kommen, d. h. das Entscheidungsfeld ändert sich nach der Entscheidung. Bspw. dauert ein Projekt erheblich länger und/oder wird sehr viel teurer als ursprünglich angeboten. Was einmal als eine gute Entscheidung erschien, entpuppt sich im Nachhinein als falsch. Dass es **ungelöste Interessenkonflikte** zwischen den Koalitionsteilnehmern gibt, ist eine der Kernideen der deskriptiven Entscheidungstheorie (vgl. *Cyert/March* [Theory] 215). Für reale Entscheidungen bedeutet das erhebliche Komplikationen.

Eine weitere Schwierigkeit ergibt sich aus der Komplexität des Systems „Unternehmung". Zahlreiche Einzelentscheidungen müssen zusammenstimmen, wenn ein Gesamtoptimum angestrebt wird. Die Beschaffungsentscheidungen müssen zu den Produktionsentscheidungen passen. Was produziert werden soll, hängt wiederum von der Absatzplanung ab. Der Absatzplanung liegen Marketingentscheidungen zugrunde. Die prognostizierten Absätze gehen in die Finanzplanung ein, welche wiederum Restriktionen für die Beschaffung, die Produktion und das Marketing liefert. Es bestehen sachliche Interdependenzen zwischen den Entscheidungen in den unterschiedlichen Funktionsbereichen. Zugleich gibt es zeitliche Interdependenzen. Mit kurzfristigen Entscheidungen werden Entwicklungspfade betreten, die langfristige Auswirkungen haben können. Langfristige Entscheidungen bilden den Rahmen für kurzfristige Entscheidungen. In großen Unternehmen besteht auch noch Koordinationsbedarf zwischen verschiedenen Geschäftsbereichen. Im Grund müssten alle Entscheidungen in einem dynamischen Simultanmodell gleichzeitig optimiert werden, was aber nicht machbar ist. Stattdessen werden in größeren Unternehmen die Teilentscheidungen arbeitsteilig von verschiedenen Menschen getroffen. Jede Teilentscheidung hat einerseits die Entscheidungen der anderen im Sinne einer Restriktion zu berücksichtigen und produziert selbst Restriktionen für andere Teilentscheidungen. Das stellt hohe Anforderungen an die Kommunikation. Informationen, die für Entscheidungen wichtig wären, werden häufig unvollständig, verfälscht, zu spät oder gar nicht weitergegeben. Komplizierend kommen Interessenkonflikte hinzu, die es auch innerhalb des Unternehmens zwischen den Mitarbeitern und Abteilungen gibt. Neben der Spezialisierung (Arbeitsteilung) ist daher die **Koordination** das zentrale Thema der Organisation. Zu den Koordinationsinstrumenten gehören persönliche Weisung, Pläne, Programme, Selbstabstimmung, Märkte, Unternehmenskultur und

Professionalisierung (vgl. *Bea/Göbel* [Organisation] 297ff.). Alle diese Instrumente sollen helfen, Teilentscheidungen aufeinander abzustimmen.

Als weiteres Problem kann angeführt werden, dass die Unternehmen eine Balance zwischen der nötigen Stabilität und Wandlungsfähigkeit finden müssen. Obwohl eine Unternehmung eine Koalition aus verschiedenen und wechselnden Menschen ist, wird sie auch als ein einheitliches Gebilde mit einer eigenen Identität wahrgenommen. Das ist gerade auch eine Aufgabe der Organisation, durch feste Strukturen diese abgrenzbare Einheit zu schaffen. Wenn von Unternehmensentscheidungen die Rede ist, dann ist ja eigentlich klar, dass es Menschen in der Unternehmung sind, die die Entscheidungen treffen. Dennoch akzeptieren wir im Allgemeinen ohne weiteres die Vorstellung, dass da nicht Frau A oder Herr B eine Entscheidung trifft, sondern die Unternehmung. Wir verstehen, dass man bei Entscheidungen in Unternehmen in einen Kontext eingebunden ist und auf Erwartungen reagiert. Wie der Soziologe *Luhmann* formuliert, stellen sich die Unternehmen immer wieder selbst her, indem sie „die Entscheidungen, aus denen sie bestehen, durch die Entscheidungen, aus denen sie bestehen, selbst anfertigen“ (*Luhmann* [Organisation] 166). Das ist so zu verstehen, dass Entscheidungen meist so getroffen werden, dass man nicht von vermuteten Erwartungen abweicht. Damit werden die Erwartungen bestätigt und stabilisiert und bilden dann wieder den Kontext für weitere Entscheidungen. Für Entscheidungsträger ist immer auch die Erwartungskonformität und Vertretbarkeit ein wichtiger Gesichtspunkt bei Entscheidungen. Auf diese Weise gewinnt das System die notwendige Stabilität. Allerdings neigt es auch zu Starrheit. Gerade Unternehmen müssen sich aber auch an die Dynamik der Marktumwelt anpassen können und dürfen daher nicht starr werden. Es muss daher auch Möglichkeiten geben, etwas anders zu machen als bisher und unerwartete Entscheidungen zu treffen.

11.1.3 Probleme der Situation

Viele Entscheidungen in Unternehmen laufen routiniert ab: „business as usual“. Aber gerade in Unternehmen sind auch immer wieder Entscheidungen zu treffen, die aus verschiedenen Gründen besondere Probleme bereiten. Dazu gehören neue/seltene Entscheidungen, schwierige/komplexe Entscheidungen, Entscheidungen, bei denen Kosten und Nutzen nur schwer zu quantifizieren sind und bei denen Kosten und Nutzen zeitlich oder räumlich auseinanderfallen (vgl. *Thaler/Sunstein* [Nudge] 106ff.). Solche Entscheidungen fallen in Unternehmen häufig an.

Da sind die Entscheidungen, bei denen man Neuland betritt, bspw. Entscheidungen über neue Produkte, neue Technologien oder neue Standorte. Man kann nicht auf Erfahrungen zurückgreifen und tut sich schwer mit Prognosen. Auch bei Entscheidungen, die nicht zum ersten Mal, aber selten anfallen, stellt sich keine entlastende Routine ein. Man denke etwa an Bauprojekte oder Umorganisationen. Wenn zwischen diesen gleichartigen Entscheidungen Jahre vergangen sind, haben sich zahlreiche Änderungen im Kontext ergeben, die in gewisser Weise jede seltene Entscheidung zur neuartigen Entscheidung machen.

Entscheidungen in Unternehmen sind überdies oft komplex. Das gilt besonders für die richtungsweisenden strategischen Entscheidungen. Es sind zahlreiche Teilentscheidungen in verschiedenen Funktionsbereichen aufeinander abzustimmen und es sind langfristige Lage- und Wirkungsprognosen zu erstellen.

Häufig lassen sich die Wirkungen nur schwer quantifizieren, insbesondere die Nutzeneffekte. Da der eigentliche Zweck des Unternehmens die Gewinnerzielung ist, müsste eigentlich bei jeder Entscheidung die Auswirkung auf den Gewinn quantifiziert werden. Wie wird sich die kostspielige PR-Kampagne auf das Image des Unternehmens und letztlich auf die Umsatzzahlen auswirken? Führt die Umorganisation zu einer Motivationsverbesserung bei den Mitarbeitern und schlägt sich das irgendwann in einer höheren Rendite nieder? Solche Fragen lassen sich nur sehr schwer beantworten.

Weiterhin fallen Nutzen und Kosten einer Entscheidung oft zeitlich auseinander. In der deskriptiven Entscheidungstheorie wird vor allem das Problem behandelt, dass man in solchen Situationen seinen Zielen nicht treu bleibt (dynamische Inkonsistenz). Mangelnde Selbstkontrolle führt bspw. dazu, dass man das Stück Torte isst (Nutzen jetzt), obwohl man es später bereuen wird, wenn man zugenommen hat (Kosten später). Oder man entscheidet sich gegen den Sport, weil man keine Lust hat (Kosten jetzt), obwohl es die Gesundheit verbessern würde (Nutzen später). In Unternehmen hat man es häufig mit solchen Entscheidungssituationen zu tun, und eine weit verbreitete Gegenwartspräferenz führt dazu, dass die später anfallenden Kosten bzw. Nutzen oft vernachlässigt werden. Am kurzfristigen Erfolg orientierte Anreizsysteme und die Fluktuation bei den Führungskräften verstärken diese Tendenz. Denn warum sollte jemand unpopuläre Entscheidungen treffen und sich die Kosten zurechnen lassen, den Nutzen aber seinem Nachfolger überlassen?

In Organisationen kommt als weitere Komplikation auch noch das räumliche Auseinanderfallen von Kosten und Nutzen dazu: Nutzen hier, Kosten woanders oder auch umgekehrt. Der Einkauf spart bspw. durch billigeres Material (Nutzen hier), was aber zu Problemen in der Produktion führt (Kosten woanders). Wenn Mitarbeiter an der Zielerreichung ihrer Abteilung gemessen werden, treffen sie eine an diesem Ziel ausgerichtete „optimale" Entscheidung, die aber im Sinne der Unternehmung substanziell nicht rational ist. Das muss nicht einmal ein egoistisches Kalkül sein. Man hat oft nicht genügend Informationen darüber, welche Auswirkungen eine Teilentscheidung in anderen Subsystemen hat.

Schließlich müssen in den Unternehmen auch noch viele Entscheidungen unter Zeitdruck getroffen werden. Führungskräfte können sich nur selten in aller Ruhe mit einer Entscheidung beschäftigen. Es ist eher typisch, dass sie sich mit vielen Problemen gleichzeitig befassen und ständig unter Termindruck stehen. Zeitdruck zwingt quasi dazu, sich auf das schnelle System 1 zu verlassen und/oder die Aufmerksamkeit auf bestimmte Teilaufgaben zu konzentrieren und andere zu vernachlässigen. „Wir überbrücken große Entfernungen, indem wir uns Zeit lassen, und wir halten uns beim Denken an das Gesetz der geringsten Anstrengung" (*Kahnemann* [Denken] 53).

11.2 Empfehlungen für eine Entscheidungsarchitektur

Alles in allem sind Entscheidungsträger in Unternehmen in einer schwierigen Situation.

- Die Komplexität und Zukunftsbezogenheit der Entscheidungen trifft auf begrenzte Aufmerksamkeit sowie begrenzte Informationsbeschaffungs- und Informationsverarbeitungskapazitäten bei den Entscheidungsträgern.
- Ungelöste Zielkonflikte in der Koalition werden im Verein mit Eigennutzdenken, Opportunismus und spezifischen Leistungen zum Problem. Ziele und Mittel müssen auf ihre Angemessenheit geprüft werden.
- Anpassungserfordernisse an die dynamische Umwelt stoßen auf individuelle und organisationale Trägheit.
- Der Bedarf an rationalen und „anstrengenden" Entscheidungen kommt in Konflikt mit mangelnder Motivation und Bequemlichkeit.
- Der realistische Blick auf das Machbare wird verstellt von Wunschdenken und Überschätzung der eigenen Kompetenz.

In der Folge ist es sehr wahrscheinlich, dass in Unternehmen nicht selten objektiv und substanziell falsche Entscheidungen getroffen werden.

Das zentrale Ziel einer entscheidungsorientierten BWL ist es ja, „zur Verbesserung der Entscheidungen in der Betriebswirtschaft" beizutragen (Heinen [Wissenschaftsprogramm] 369). Bei dieser Aufgabe bedient die BWL sich „systematisch der Erkenntnisse ihrer Nachbardisziplinen wie z.B. der Psychologie, der Soziologie …" (ebenda, 373). Methodisch kombiniert sie deduktiv-logische Modellbildung mit empirisch-induktiver Forschung (ebenda, 374). Entscheidungsorientierte BWL sollte sich demnach auf der Basis der empirischen Forschungsergebnisse der deskriptiven Entscheidungstheorie Gedanken machen, wie man den Entscheidungsträgern das Leben leichter und Entscheidungen besser machen kann.

11.2.1 Halte es stabil

Organisationen haben u.a. den Zweck, stabile Erwartungen an das Verhalten der Menschen zu bilden. Strukturen, Normen und Rollen legen weitestgehend fest, was jeder zu tun und zu lassen hat. Durch bewusste Schulungen und unbewusste Sozialisation wird den Mitarbeitern vermittelt, wie sie zu handeln und zu denken haben. Was der Mensch in der Organisation glaubt, weiß, beachtet, wünscht, hervorhebt, vorschlägt etc. ist durch die Organisation geformt. Ein Verkaufsmanager entscheidet wie ein Verkaufsmanager aufgrund seiner Rolle (vgl. Simon [Behavior] 20, 22). Die Hierarchie legt fest, wer über was entscheiden darf und wer diese Entscheidungen zu akzeptieren und auszuführen hat. Es ist vorgegeben, über welche Kanäle Informationen einzuholen und weiterzugeben sind. Pläne und Budgets geben für einen bestimmten Zeitraum den Rahmen für Entscheidungen vor. Die erste Orientierung bei einer Entscheidung ist meist: Wie wurde es bisher gemacht? Was wird von mir erwartet? Solche Stabilisierungen scheinen zunächst systematische Fehler wie den Confirmation-Bias oder den Status-Quo-Bias noch zu verstärken. Sie sind aber unerlässlich, um die Komplexität der Entscheidungen zu bewältigen. Insofern jede Teilentscheidung zu „Umweltdaten" für andere Teilentscheidungen führt, müssen stabile Erwartungen erzeugt werden, um das Koordinationsproblem zu lösen. Abweichungen in einem Subsystem haben Folgen für zahlreiche andere Subsysteme. „Echte Entscheidungen" sind daher in den Unternehmen auch nicht immer und von jedem erwünscht. Vieles kann und muss über Regeln und Routinen und eingespieltes Verhalten als „business as usual" erledigt werden. Zahlreiche Tätigkeiten im Unternehmen werden als gewohnheitsmäßige und repetitive Reaktionen abgewickelt. Fallweise durch generelle Regelungen zu ersetzen, ist sozusagen das Kerngeschäft der Organisation (vgl. *Heinen* [Zielfunktion] 73).

11.2.2 Halte es einfach

Die Komplexität der Entscheidungen wird in Organisationen vereinfacht durch die Arbeitsteilung und Spezialisierung auf Teilbereiche. Die meisten Mitarbeiter müssen nur einen kleinen Teil des komplexen Gebildes Unternehmung überschauen und Teilentscheidungen für diesen Bereich treffen. Durch die Spezialisierung können sie in diesem Teilbereich Erfahrung sammeln und ihre Entscheidungskompetenz verbessern. In der Folge tritt allerdings verstärkt ein Koordinationsproblem auf, welches bspw. durch Pläne, Programme und persönliche Weisung bewältigt werden muss.

Bei einer Entscheidung mit mehreren Zielen kann die Komplexität vereinfacht werden durch (vgl. *Shah/Oppenheimer* [Easy]):

- weniger Zielkriterien,
- ungenauere Bewertungen der Zielerträge,
- einfachere Zielgewichtung und
- weniger Alternativen.

Die Entscheidung wird bspw. alleine aufgrund eines dominanten Zieles getroffen. Gelingt damit noch keine eindeutige Entscheidung, dann hilft die lexikografische Ordnung weiter. Damit werden zwar mehrere Ziele beachtet, aber nicht gleichzeitig. Eine Variante davon ist die aspektweise Eliminierung von Alternativen nach leicht zu bewertenden Kriterien. Eine große Anzahl von Alternativen kann damit schnell auf wenige reduziert werden. Zur Bewertung von Alternativen wird in der Praxis häufig mit einfachen Vorteils-Nachteils-Listen gearbeitet, ohne die Vor- und Nachteile explizit in die gemeinsame Größe „Nutzen" umzurechnen. Man begnügt sich mit ordinalen Skalierungen, also dass eine Alternative in Bezug auf ein Ziel besser oder schlechter ist als eine andere. Werden mehrere Ziele gleichzeitig beachtet, dann addiert man einfach die Ergebnisse ohne die Ziele zu gewichten. Deutlich vereinfacht wird die Entscheidung schließlich durch eine Reduktion der Alternativen. Im Vorfeld der eigentlichen Entscheidung werden oft schon Möglichkeiten ausgeschlossen. Man vergleicht bspw. nur die beiden Anbieter, die einem als erstes einfallen. Oder man schließt alle Möglichkeiten aus, bei denen man auf Anhieb einen Nachteil erkennt.

Viele Entscheidungen in Unternehmen werden über einfache Heuristiken und Faustformeln getroffen. Bspw. wird immer ein bestimmter Prozentsatz vom Umsatz für Werbung ausgegeben oder eine Bestellung von Material wird automatisch ausgelöst, sobald der Meldebestand erreicht ist. Je größer die Ungewissheit, je höher die Anzahl von Alternativen, je geringer die Menge an Informationen, desto mehr sollte die Entscheidung vereinfacht werden (vgl. *Gigerenzer* [Risiko] 130f.). Bei Risikoentscheidungen ist es oft sinnvoll, einfach nach dem Erwartungswert zu entscheiden. Damit kann man vermeiden, sich in inkonsistenter Weise mal risikofreudig und mal risikoscheu zu verhalten, weil das Framing dazu verleitet (vgl. *Bazerman/Moore* [Judgment] 87).

Komplexität wird weiterhin von „Filtern" resorbiert, mit denen die Umweltdaten wahrgenommen werden. Die Umwelt wird sozusagen nicht eins zu eins im Unternehmen abgebildet. Informationen werden in gewisser Weise von der Unternehmung selbst produziert, indem nur bestimmte Daten wahrgenommen und ausgewertet werden. Als ein solcher Filter gilt bspw. die „dominant logic" (*Prahalad/Bettis* [Dominant]) eines Unternehmens. Damit sind die Grundüberzeugungen gemeint, die ein Unternehmen prägen, bspw. in welchem Markt man tätig ist und wie man in diesem Markt erfolgreich ist. Damit liegt dann u. a. auch fest, welche Unternehmen als Konkurrenten gelten und deshalb beobachtet werden sollten.

11.2.3 Vermeide Unsicherheit

Die normative Entscheidungstheorie behandelt sehr ausführlich, wie man bei Unsicherheit entscheiden sollte. In der Praxis versuchen die Unternehmen, Unsicherheit bei den Entscheidungen zu umgehen (vgl. *Cyert/March* [Theory] 166ff.). Eine Möglichkeit der Vermeidung von unsicheren langfristigen Prognosen besteht darin, immer wieder nur kurzfristig auf Probleme zu reagieren statt längerfristig zu planen. Man spricht auch von einer inkrementalen Planung im Gegensatz zu einer strategischen Planung.

Zur Vermeidung von Unsicherheit trägt es auch bei, Lösungen in der Nähe bisheriger Lösungen zu suchen. Wenn sich ein bestimmter Lieferant, eine bestimmte Technik, eine bestimmte Vorgehensweise bewährt haben, bleibt man dabei und muss nicht über unsichere Folgen nachdenken. Die oben beschriebene Stabilität ist insofern auch eine Möglichkeit, Unsicherheit zu vermeiden.

In Spielsituationen betrifft die Unsicherheit das Entscheidungsverhalten der Mitspieler. Durch Verhandlungen kann man versuchen, dieses Verhalten festzulegen. Es werden bspw. langfristige Verträge abgeschlossen mit Lieferanten oder Kunden. Die Gewerkschaften können Zugeständnisse bei Lohnerhöhungen erreichen, wenn sie dafür eine längere Laufzeit der Tarifverträge vereinbaren. Diese Planungssicherheit ist für die Unternehmen wertvoll. Weil für die meisten Unternehmen vor allem die Konkurrenten als Gegenspieler von Interesse sind, besteht ein starker Anreiz zu Absprachen mit Wettbewerbern. Das ist aus gutem Grund verboten, weil es den Wettbewerb aushebelt. Unternehmen können aber versuchen, Signale der Wettbewerber zu verstehen und selbst klare Signale an die Konkurrenten auszusenden. Eine Niedrigpreisgarantie ist bspw. ein klares Signal an die Konkurrenz, dass ein Wettbewerb über den Preis in einen Preiskampf münden wird.

11.2.4 Baue Puffer ein

Der „Planungsfehlschluss" (*Kahnemann* [Denken] 308f.) gehört zu den typischen Entscheidungsfehlern in Unternehmen. Gemeint sind überoptimistische Schätzungen zu Planungsparametern wie benötigte Zeit, Höhe der Kosten oder der Gewinne. Eindrücklichstes Beispiel ist zurzeit sicher die Planung des Berliner Flughafens.

Als Ursache fehlerhafter Planung kommt die Selbstüberschätzung in Frage, welche zu den typischen Fehlern der Humans gehört. Hinter solchen Fehlprognosen kann sich aber natürlich durchaus auch ein rationales Kalkül verbergen. Das Grundproblem besteht dann in einer Agency-Beziehung mit Informationsasymmetrie und Zielkonflikten. Wenn bspw. ein Auftrag ausgeschrieben wird mit der Maßgabe, den billigsten Anbieter zu wählen, dann liegt es im Interesse des Anbieters, die Kosten sehr niedrig anzusetzen. Ist der Auftrag erst einmal unter Dach und Fach, kann man immer noch Planänderungen, Zusatzleistungen und Kostensteigerungen geltend machen. Man rechnet dann damit, dass die Entscheidung nicht mehr rückgängig gemacht wird, weil schon sunk costs entstanden sind. Innerhalb des Unternehmens können Mitarbeiter bewusst falsche Prognosen abgeben, um ein Wunschprojekt bei der Unternehmensleitung durchzusetzen.

Die Kunden tragen aber auch zum Planungsfehlschluss bei, indem sie im Laufe eines Projektes immer neue Wünsche entwickeln.

> **Beispiel**: Die Kostenexplosion bei der Limburger Bischofsresidenz wird ganz wesentlich auf die ständigen Änderungs- und Erweiterungswünsche des Bauherrn zurückgeführt.

Auf diese dynamische Inkonsistenz spekulieren die Anbieter teilweise bewusst. Eine Studie hat ergeben, dass bspw. bei der Planung der Renovierung von Küchen das ursprüngliche Auftragsvolumen im Durchschnitt verdoppelt wird (vgl. *Kahnemann* [Denken] 309). Zu Beginn ist man mit der Fülle der Informationen überfordert und kann sich nicht genau vorstellen, was hinter den abstrakten Plangrößen steckt. Erst im Verlaufe der Realisierung des Projektes wird deutlich, wie sich etwas konkret darstellt und was noch alles möglich wäre. Hinzu kommt eine abnehmende Sensitivität gegenüber Kostenänderungen bei größeren Ausgangsbeträgen. Bei einem größeren

Projekt, bei welchem man von vornherein mit hohen Ausgaben rechnet, scheint eine Kostenerhöhung vergleichsweise geringer. Der Referenzpunkt beeinflusst die Wahrnehmung.

Eine einfache und oft praktizierte Methode im Umgang mit dem Planungsfehlschluss ist der Einbau von Puffern. Man schlägt bei den Kosten und/oder bei der Terminplanung immer einen gewissen Prozentsatz auf, rechnet bspw. vorsichtshalber mit längeren Lieferzeiten, mit einer späteren Kundenzahlung, mit einem ungünstigeren Wechselkurs, mit Lohn- oder Preiserhöhungen im Planungszeitraum, mit unerwarteten Problemen und neuen Wünschen usw. Bei der Prognose von Umsätzen und Gewinnen beachtet man die „Regression zur Mitte" und macht Abschläge von extrem positiven Prognosen. Sicherheitsaufschläge und -abschläge werden vor allem von Ingenieuren bei technischen Plänen benutzt, können aber auch als allgemeines „Heilmittel" gegen Überoptimismus und Selbstüberschätzung dienen (vgl. *Heath/Larrick/Klayman* [Repairs] 4).

Will jemand ein Wunschprojekt unbedingt durchbringen, und sei es mit der Methode des „Schönrechnens", kann ein anderer Mitarbeiter als „Advocatus diaboli" eingesetzt werden, der ganz gezielt die Prognosen prüft und ein Worst-case-Szenario entwickelt. Eine generelle Regel gegen Verzerrungen lautet: „consider the opposite" (vgl. *Lord/Lepper/ Preston* [Opposite]), also „erwäge auch das Gegenteil".

Gegen den von Agenten kalkuliert eingesetzten Überoptimismus können vertragliche Absprachen helfen, bspw. eine Konventionalstrafe bei Nichteinhaltung eines Fertigstellungstermins oder ein Festpreis. Erfahrungsgemäß können Verträge aber kaum so wasserdicht und detailliert geschlossen werden, dass überhaupt kein „Schlupfloch" mehr existiert. Schließlich muss sich der Agent ja auch gegen unvorhersehbare Umweltentwicklungen absichern dürfen. Bei größeren und längeren Projekten können ja tatsächlich Planänderungen nötig werden.

11.2.5 Nutze Selbstbindung

Der Verlockung ständig neuer Wünsche und Planerweiterungen kann man Selbstbindungen entgegensetzen. Als Selbstbindung bezeichnet man Maßnahmen, die einen auf eine bestimmte Handlungsweise verpflichten.

Die Selbstbindung kann den Zweck haben, eine dynamische Inkonsistenz zu verhindern. Man will sich quasi gegen sich selbst schützen. Ein strikt einzuhaltendes finanzielles Budget könnte eine solche Selbstbindung erzeugen. Meistens benutzt man den Begriff aber in einem spieltheoretischen Zusammenhang. Die Verpflichtung auf eine bestimmte Handlungsweise wendet sich im Grunde an den Gegenspieler und soll ihm signalisieren, dass man nicht von einem vorgefassten Plan abweichen wird. Wenn man sich selbst gegenüber seinen Kunden vertraglich zur Zahlung einer Konventionalstrafe verpflichtet, falls man Liefertermine nicht einhält, sendet das auch an die Lieferanten ein starkes Signal, dass man Terminverschiebungen nicht dulden wird. Eine Niedrigpreisgarantie sendet das Signal an die Konkurrenten, dass man auf dessen Preissenkungen sofort mit eigenen Preissenkungen reagieren wird.

Eine strikte Selbstverpflichtung auf die Einhaltung eines Budgets kann mit dem Einbau von Puffern kollidieren. Die Verpflichtung auf eine Handlungsweise kann zwischen Wettbewerbern auch zu einer „escalation of commitment“ führen, weil niemand nachgeben kann, um nicht als Verlierer dazustehen (vgl. *Bazerman/Moore* [Judgment] 130f.)

11.2.6 Suche gezielt nach Informationen

Sozusagen der Königsweg zur Verbesserung von Entscheidungen ist die gezielte Informationssammlung. Ein Problem ist die Tendenz vieler Entscheider, nützliche Informationen unterzugewichten oder zu ignorieren. So wird bspw. die Basisrate als objektive statistische Information oft vernachlässigt. Gegen diese Tendenz hilft die „Referenzklassenprognose“. Man ordnet das geplante Projekt in eine Referenzklasse ähnlicher Projekte ein, bspw. als „Flughafenbau“. Dann sucht man weltweit nach Informationen über Pläne und tatsächliche Ergebnisse zu solchen Projekten und speist diese in eine Datenbank ein. Damit gewinnt der Entscheider objektive statistische Eckdaten zu Kosten- und Terminüberschreitungen und zur Wahrscheinlichkeit, mit welcher ähnliche Projekte ihre Zielvorgaben verfehlen (vgl. *Kahnemann* [Denken] 310f.). Aus den objektiven statistischen Daten erzeugt man eine Basisprognose, welche dann noch an die spezifischen Gegebenheiten des Einzelfalles angepasst wird.

Durch die Nutzung von Informationen aus anderen Projekten entsteht eine „Außensicht“ auf das Entscheidungsproblem. Man kann mehr objektive Rationalität davon erwarten. Dieser Effekt wird auch angestrebt durch die Einbeziehung verschiedener Planer aus verschiedenen Bereichen des Unternehmens. Gerade diejenigen, die sich nicht tagtäglich mit bestimmten Entscheidungsproblemen beschäftigen, können eine unverbrauchte frische Sicht einbringen und Annahmen in Frage stellen (vgl. *Heath/Larrick/ Clayman* [Repairs] 10). Sie unterliegen weniger der Bestätigungstendenz und dem übermäßigen Optimismus.

Weil die Menschen oft die Mühe der Informationserhebung scheuen und sich gerne ein vorschnelles Urteil bilden, schreiben Unternehmen häufig systematische Informationssammlungen vor. Unnötig bürokratisch wirkende Vorschriften können sehr sinnvoll sein, um die Tendenz zu Trägheit und Wahrnehmungsverzerrungen auszuhebeln. Bei Motorola wurde bspw. festgestellt, dass die Entwicklung von neuen Produkten sich nur an den Bedürfnissen der großen Kunden ausrichtete, weil für diese spezielle Kundenbetreuer zuständig waren und Informationen sammelten. Die kleinen Kunden, die insgesamt einen hohen Anteil an den Umsätzen ausmachen, wurden bei Entwicklungsentscheidungen quasi ausgeblendet, weil niemand sich zuständig fühlte. Erst ein formalisierter Prozess der Informationserhebung konnte Abhilfe schaffen. (Vgl. *Heath/Larrick/ Clayman* [Repairs] 13)

Bei der Personalselektion ist die Gefahr groß, dass der erste Eindruck von einem Kandidaten einen übermäßigen Einfluss hat und der Interviewer nur noch nach bestätigenden Informationen sucht (confirmation bias). Durch die Repräsentativitäts-Heuristik können irrelevante Informationen (wie bspw. ob jemand groß und attraktiv ist) zu einem falschen Gesamteindruck führen. Es wird daher vorgeschlagen, den Entscheidungsprozess stärker zu formalisieren. Interviews sollten strukturiert und aufgezeichnet werden. Weitere Entscheidungskriterien sollten herangezogen werden, die leichter objektivierbar sind (Abschlüsse, Noten, Testergebnisse, Arbeitszeugnisse). Mehrere Interviewer können ihre Eindrücke vergleichen und so wechselseitig korrigieren. (Vgl. *Lunenburg* [Interview])

Wie hilfreich ein Zwang zur Informationserhebung sein kann wird gerade im Gesundheitsbereich festgestellt. Mit Hilfe von Checklisten soll das Schnittstellenmanagement zwischen ambulanter und stationärer Behandlung verbessert werden. Der einweisende Arzt muss die Informationen erheben, welche die Entscheider im Krankenhaus für die stationäre Behandlung brauchen. Bei der Entlassung müssen die Krankenhausärzte mit einer Checkliste die Informationen abfragen, welche der niedergelassene Arzt für die Nachbetreuung benötigt. Es ist nicht mehr dem Zufall überlassen, ob wichtige Informationen über die Vorgeschichte, Medikamenteneinnahme, pflegerische Besonderheiten, Unverträglichkeiten etc. weitergegeben werden.

Menschen neigen dazu, sich schnell mit oberflächlichen Erklärungen zufriedenzugeben. Ursachen für Misserfolge werden zudem in der Umwelt gesucht, während man Erfolge der eigenen Kompetenz zuschreibt. Eine sachliche und tiefgehende Problemanalyse wird dadurch erschwert. Abhilfe verspricht die Technik der „Five Whys“. Diese Technik wurde bei Toyota entwickelt und schreibt vor, bei einer Ursachenanalyse nach immer tiefer gehenden Ursachen zu forschen (vgl. *Heath/Larrick/Clayman* [Repairs] 8).

Beispiel

Warum haben wir im letzten Jahr unser Umsatzziel verfehlt? Weil das neue Produkt nicht so gut verkauft worden ist, wie geplant. Warum wurde das neue Produkt nicht so gut verkauft? Weil es den Kunden zu teuer erscheint. Warum ist es so teuer? Weil der Preis für den wichtigsten Rohstoff stark gestiegen ist. Warum verwenden wir diesen Rohstoff? Weil …, ja warum eigentlich? An dieser Stelle der Problemanalyse könnte sich zeigen, dass man noch nie gründlich über alternative Rohstoffe nachgedacht hat. Damit zeichnet sich auch eine mögliche Lösung ab, welche fundamentaler ist als es bspw. ein Preisnachlass wäre.

Weitere wichtige Techniken zur strukturierten Informationserhebung stellen die Ereignis- und Ursachenbäume dar. Bei den Ereignisbäumen geht man von einem bestimmten Tatbestand aus und überlegt, zu welchen weiteren Ereignissen das führen kann.

Beispiel

Angenommen, ein Großkunde gerät in Zahlungsschwierigkeiten. Dann müssen wir evtl. einen zusätzlichen Kredit aufnehmen, oder wir können versuchen, unsere eigenen Gläubiger zu vertrösten, oder wir machen Anlagevermögen flüssig. Aus all diesen Möglichkeiten ergeben sich weitere mögliche Ereignisse. Aus dem Ursprungsknoten sprießen sozusagen die verschiedenen Äste bis hin zu den verschiedenen Endergebnissen.

Bei den Ursachenbäumen (auch Fehlerbäume genannt) geht man den umgekehrten Weg. Es wird ein Endergebnis definiert, und dann fragt man nach den möglichen Ursachen, die zu diesem Endergebnis geführt haben könnten.

Beispiel Flugzeugabstürze

Eine mögliche Ursache für einen Flugzeugabsturz ist ein Flug bei gefährlichen Wetterbedingungen. Zwei Ursachen dafür könnten sein: Der Pilot hat die Information über das schlechte Wetter nicht bekommen. Er hat sie bekommen, aber ist trotzdem geflogen. Für einen Weiterflug trotz bekannter gefährlicher Wetterlage kann es auch wieder unterschiedliche Ursachen geben, bspw. Zeitdruck wegen einzuhaltender Termine oder Selbstüberschätzung des Piloten. Es liegt auf der Hand, dass eine Problemlösung je nach vermuteter Ursache sehr unterschiedlich aussieht.

Ereignis- und Ursachenbäume können helfen, die Umwelt zu modellieren und plausible Szenarien für unsichere zukünftige Entwicklungen zu erstellen (vgl. *Eisenführ/Weber/Langer* [Entscheiden] 28ff.). Sie helfen aber auch bei der internen Problemanalyse und damit auch bei der Entwicklung von Alternativen. Es wird verhindert, dass aufgrund vorschneller Urteile das falsche Problem gelöst wird.

Häufig werden Informationen auch nicht genutzt oder missverstanden, weil sie ungeschickt präsentiert werden. Bei der Kommunikation von Risiken kommt es bspw. zu viel weniger Missverständnissen, wenn man die Risiken über natürliche Häufigkeiten darstellt statt über Wahrscheinlichkeiten. Wird bspw. die Wahrscheinlichkeit einer Erkrankung bei einem positiven Testergebnis als bedingte Wahrscheinlichkeit präsentiert, dann scheitern regelmäßig sogar Ärzte an der Interpretation der Zahlen. Viel verständlicher werden die Ergebnisse, wenn man statt Wahrscheinlichkeiten die Anzahl von betroffenen Personen angibt (vgl. *Gigerenzer* [Risiko] 218ff.).

11.2.7 Lerne aus Erfahrung

Eine wichtige Informationsquelle sind die eigenen Erfahrungen. Zu den wichtigsten empirisch fundierten Regelmäßigkeiten in der Betriebswirtschaftslehre gehört der „Erfahrungskurveneffekt". Dieser Effekt besteht bspw. in einer Senkung der Stückkosten um 20 bis 30 % bei einer Verdoppelung der kumulierten Ausbringungsmenge eines Produktes. Die kumulierte Ausbringungsmenge steht für die Erfahrung, die man mit der Herstellung dieses Produktes gesammelt hat. Durch die Wiederholung der Tätigkeiten entstehen Lerneffekte bei einzelnen Mitarbeitern, aber auch bei der Zusammenarbeit im Team. Störungen im Produktionsablauf können erkannt und beseitigt werden. Die Produktionsanlagen werden verbessert, der Prozess wird optimiert, das Produkt selbst wird verändert. Obwohl die Erfahrungskurve häufig als Gesetzmäßigkeit bezeichnet wird, weist sie zunächst mal nur auf ein Potenzial hin (vgl. *Bea/Haas* [Management] 141). Und dieses Potenzial „aus Erfahrung klug zu werden" besteht natürlich nicht nur im Hinblick auf die Produktion. Vielmehr bietet sich in allen Bereichen die Gelegenheit, aus Erfahrung zu lernen, um zukünftige Entscheidungen zu verbessern.

Dazu bedarf es allerdings einiger Voraussetzungen. Entscheidungsprozesse müssen transparent gemacht werden, damit nachvollziehbar ist, was gut und was schlecht gelaufen ist. Man muss etwas Neues ausprobieren dürfen. Fehler dürfen nicht unter den Teppich gekehrt werden, denn gerade Fehler stellen Lerngelegenheiten dar. Im „trial and error"-Verfahren ist der Irrtum genauso wichtig wie der Versuch. Um nicht mit Fehlern in Verbindung gebracht zu werden und sich nicht unbeliebt zu machen, verschweigen die Mitarbeiter allerdings gerne, was falsch gelaufen ist. Die Kultur in vielen

Unternehmen unterstützt ein konservatives und defensives Verhalten. Man probiert nichts Neues aus und vertuscht Fehler, weil man mit Bestrafung rechnen muss. „Defensive Routinen" gehören zu den stärksten Lernhindernissen in Unternehmen (vgl. *Argyris* [Learning]). Eine „lernende Organisation" sollte dagegen die Mitarbeiter ermutigen, auch mal neue Lösungen auszuprobieren und Erfahrungen offen zu kommunizieren, auch Fehler (vgl. *Maier/von Rosenstiel* [Lernende]). Dann kann eine gründliche Ursachenanalyse ohne persönliche Schuldzuweisungen die Basis dafür legen, in Zukunft bessere Entscheidungen zu treffen.

Damit aus individuellen Lernerfahrungen organisationales Wissen werden kann, müssen die Erfahrungen mit anderen geteilt und abgespeichert werden. Beides kann mit Hilfe von Techniken unterstützt werden. Elektronische Netzwerke, interaktive Managementinformationssysteme und Datenbanken sind als technische Infrastruktur hilfreich. Eingespeist in das System werden bspw. Projektberichte, Sitzungsprotokolle, Präsentationen, Fehleranalysen. Jeder im Unternehmen sollte sein Wissen zur Verfügung stellen und vom Wissen anderer profitieren können.

Der Umgang mit Informationen hat allerdings auch eine starke informelle Seite. Die Organisationskultur hat Einfluss darauf, ob die Mitarbeiter bereit sind, ihr Wissen dem Unternehmen und den Kollegen zur Verfügung zu stellen. Intensiver Wettbewerb unter Kollegen behindert die Weitergabe von Wissen. Da ein Teil des Wissens unbewusst und untrennbar mit den individuellen Wissensträgern verbunden bleibt, sollten die Träger von wichtigem Erfahrungswissen ans Unternehmen gebunden werden. Die Wichtigkeit der Ressource „Wissen" wird in den letzten Jahren zunehmend gewürdigt und es wird ein eigenes „Wissensmanagement" gefordert (vgl. *Probst/Romhardt* [Bausteine]). Viele Entscheidungen in Unternehmen könnten besser sein, wenn die intern vorhandenen Wissensressourcen genutzt würden.

Aber auch von den Erfahrungen anderer Unternehmen kann man profitieren. Beim Benchmarking geht es darum, gezielt nach den besten Praktiken bei vergleichbaren Unternehmen zu suchen und diese zu übernehmen. Nicht jede (schlechte) Erfahrung muss man selbst machen, um daraus klug zu werden, denn Erfahrung ist manchmal auch die kostspieligste Art zu lernen.

11.2.8 Gestalte Anreize

Von selbst neigen Menschen dazu, sich auf das schnelle und bequeme Entscheiden mit Hilfe von System 1 zu verlassen. Und zwar auch, wenn sie sich selbst damit schaden und bspw. falsche Versicherungen abschließen, hochriskante Kapitalanlagen wählen, nicht für die Zukunft vorsorgen usw. Bei den Mitarbeitern im Unternehmen kommt noch hinzu, dass sie nicht ihre eigenen Ziele, sondern die Ziele der Organisation verfolgen sollen. Es ist alles andere als selbstverständlich, dass sie die Anstrengung einer informierten, kontrollierten, organisational rationalen Entscheidung auf sich nehmen. Wie schon die von *Simon* und *March* entwickelte Anreiz-Beitrags-Theorie besagt (vgl. [Organizations] 84), sind die Mitarbeiter nur in dem Maße bereit, ihren Beitrag zu den Unternehmenszielen zu leisten, wie sie selbst wiederum Anreize von der Unternehmung erhalten. Typische positive Anreize im Unternehmen sind Lohn und Gehalt, Beförderung, Status, Gestaltungsmöglichkeiten und interessante Aufgaben, Anerkennung von Kollegen und Vorgesetzten. Als negative Anreize wirken Kritik, Abmahnungen, Strafversetzungen, Entlassungen.

Voraussetzung für das Setzen positiver und negativer Anreize ist die Kontrolle und Bewertung von Entscheidungen. Im Allgemeinen werden Entscheidungen sorgfältiger und mit mehr Anstrengung getroffen, wenn man sie vor einer Instanz rechtfertigen muss. Die Entscheider bemühen sich um mehr Informationen und unterliegen weniger den typischen Fehlern und Verzerrungen der Humans, wie bspw. dem Ankereffekt, der Repräsentativitätsheuristik oder der Selbstüberschätzung (vgl. *Kunda* [Case] 481). Anreize führen zu Anstrengung und Anstrengung führt zu besseren Entscheidungen. Allerdings gilt das nicht uneingeschränkt. Zum einen ist eine wichtige zusätzliche situative Variable die Zeit. Nur bei ausreichend Zeit kann die Entscheidung besser werden. Zum anderen können bei bewusster Anstrengung auch falsche Informationen erhoben und falsche Techniken eingesetzt werden, was letztlich sogar zu einer schlechteren Entscheidung führt, als wenn man eine einfache Heuristik verwendet hätte (vgl. *Kunda* [Case] 482). Je komplexer bspw. eine Prognosemethode, desto mehr Faktoren müssen geschätzt werden und desto größer wird die Varianz des Ergebnisses. Komplexe Methoden liefern nur dann bessere Ergebnisse, wenn große Datenmengen zur Verfügung stehen (vgl. *Gigerenzer* [Risiko] 131).

Der Zwang zur Rechtfertigung einer Entscheidung kann auch dazu führen, dass man seiner eigentlich richtigen Intuition nicht vertraut, weil sich eine intuitive Entscheidung schlecht begründen lässt. Oder dass man sich defensiv für die Alternative entscheidet, die alle anderen auch bevorzugen, weil man dann zumindest nicht alleine verantwortlich gemacht wird. Angst vor Kontrolle und Strafe begünstigt auch das Vertuschen von Fehlern. Viele Manager beklagen, es gäbe keine Anreize für Risikobereitschaft und keine positive Fehlerkultur (vgl. *Gigerenzer* [Risiko] 154).

Weiterhin kommt es zu Fehlanreizen, wenn nur die kurzfristigen Folgen einer Entscheidung belohnt oder bestraft werden bzw. wenn nur die lokale Rationalität einer Entscheidung bewertet wird, während langfristige und globale Folgen außen vor bleiben.

Es ist schwierig, richtige Entscheidungen zu treffen und aus falschen Entscheidungen zu lernen, wenn die Folgen einer Entscheidung nicht spürbar sind, weil sie erst viel später oder woanders anfallen. Es kann dann hilfreich sein, die Folgen sichtbar zu machen. Man erzeugt bspw. einen „salienten" (spürbaren, sichtbaren) Anreiz zum Energie sparen, indem man ein direktes Feedback gibt, bspw. in der Form eines roten Lichtes, wenn ein bestimmter Verbrauch überschritten wird (vgl. *Thaler/Sunstein* [Nudge] 268). Der „unsichtbare" Energieverbrauch wird so zeitnah sichtbar gemacht und nicht erst bei der jährlichen Stromabrechnung.

Die negative Betroffenheit anderer Koalitionsteilnehmer kann spürbar gemacht werden, indem man Entscheidungen öffentlich macht. Bei Entscheidungen, die öffentlich werden, strengen sich die Entscheidungsträger im Allgemeinen mehr an (vgl. *Kunda* [Case] 481). Entweder werden die von der Entscheidung betroffenen Stakeholder in den Entscheidungsprozess mit einbezogen, oder man erwägt zumindest gedanklich ihren Standpunkt. Der Staat kann die Unternehmen auch zur Offenlegung langfristiger und globaler Folgen ihrer Entscheidungen zwingen, bspw. indem Konsumgüter mit einem Etikett zu versehen sind, welches die CO_2-Bilanz offenlegt (vgl. *Thaler/Sunstein* [Nudge] 267). Für die Unternehmen wird daraus ein Anreiz, stärker auf die CO_2-Bilanz ihrer Konsumgüter zu achten, wenn die Konsumenten diese Information wiederum in ihre Entscheidungen einbeziehen.

Damit die Anreize zu besseren Entscheidungen führen, muss es eine systematische Verknüpfung zwischen guten Entscheidungen und positiven Anreizen geben. Das ist einfacher gesagt als getan, denn woran erkennt man eine gute Entscheidung? Zufall und Glück können trotz eines schlechten Entscheidungsprozesses zu einem guten Ergebnis führen, ebenso wie unerwartete Entwicklungen, bei aller Sorgfalt der Entscheidung, zu schlechten Ergebnissen führen können. Daher muss auch der Entscheidungsprozess an sich Gegenstand der Beurteilung sein. Wie sorgfältig wurden Informationen erhoben? Wie realistisch war die Planung? Wurden vorhersehbare Schwierigkeiten bedacht? Wurden wegen nicht vorhersehbarer Probleme Puffer eingebaut? Wurden längerfristige Folgen erwogen? Wurden mehrere Alternativen einbezogen? Wie innovativ war die Entscheidung? „When management determines rewards by looking at the decision process, not at the outcome, employees will be motivated to make the best possible decisions at different stages ..." (*Bazerman/Moore* [Judgment] 130).

11.2.9 Erzeuge Loyalität

Die Koalitionsteilnehmer verfolgen je eigene Ziele, die teilweise im Konflikt zueinander stehen. Um diese Konflikte zu dämpfen, gibt man sich mit lokalen Teillösungen zufrieden, verfolgt mal das eine und mal das andere Ziel intensiver, sucht nach machbaren Kompromissen statt nach dem Optimum (vgl. *Cyert/March* [Theory] 164ff.). Damit insbesondere die Mitarbeiter die Ziele des Unternehmens verfolgen, versucht man ihre Loyalität zu gewinnen. Über das reine Kalkül von Anreizen und Beiträgen hinaus sollen die Mitarbeiter sich dem Unternehmen gegenüber innerlich verpflichtet fühlen und ihr Potenzial ganz in den Dienst des Unternehmens stellen. Diese Identifikation mit dem Unternehmen soll objektiv und substanziell bessere Entscheidungen hervorbringen. Objektiv können die Entscheidungen besser werden, wenn sich die Mitarbeiter freiwillig mehr anstrengen bei der Informationssuche und -verarbeitung. Substanziell im Sinne des Unternehmensziels werden die Entscheidungen besser, wenn die Mitarbeiter ihre persönlichen Ziele dem Organisationsziel unterordnen.

Dabei kann man sich zunutze machen, dass die Humans anders als die Econs soziale Wesen sind und sich dem Prinzip der Gegenseitigkeit (Reziprozität) verpflichtet fühlen (vgl. *Falk* [Reziprozität]). In der einfachsten Form meint das ein Handeln „tit for tat" (wie du mir, so ich dir), was einem Tauschgeschäft entspricht. Die Reziprozität wird aber in der Regel generalisiert, d. h. der Tausch muss nicht zwischen identischen Personen und „Zug um Zug" erfolgen. Vielmehr können auch andere Personen zu späteren Zeitpunkten eine Verpflichtung einlösen. Das erfordert Vertrauen in die Institution. Bspw. nehmen viele Mitarbeiter niedrige Löhne zu Beginn ihrer Tätigkeit in Kauf, weil sie auf einen Aufstieg im Unternehmen und höhere Löhne in späteren Jahren hoffen. Sie gehen mit ihrer Loyalität quasi in Vorleistung, in der Erwartung auf eine dauerhafte Beschäftigung. Man spricht auch vom psychologischen Vertrag, welcher den Arbeitsvertrag ergänzt. Wird der psychologische Vertrag von Seiten des Unternehmens gebrochen, dann schwindet auch die Loyalität. Langfristige Beschäftigungsverhältnisse und interne Beförderungen erzeugen aber nicht nur Loyalität. Sie führen auch dazu, dass Nutzen und Kosten von Entscheidungen auch längerfristig kalkuliert werden.

Untereinander entwickeln die Mitarbeiter häufig ein Gefühl der Solidarität, also der Verbundenheit und Hilfsbereitschaft. Resultiert daraus eine vertrauensvolle und offene Zusammenarbeit, dann werden auch die Entscheidungen davon profitieren, bspw. weil Informationen offen und ehrlich ausgetauscht werden und der enge Blickwinkel lokaler Rationalität überwunden wird. Die Mitarbeiter können sich allerdings auch gegen das Unternehmen solidarisieren, wenn die Erzeugung von Loyalität für das Unternehmen misslingt.

Einfluss auf die Loyalität haben auch Gerechtigkeitserwägungen. Im Unternehmen vergleichen die Mitarbeiter Gehälter, Positionen, Budgets, Kompetenzen usw. (vgl. *Bazerman/Moore* [Judgment] 142). Das Gefühl, ungerecht behandelt zu werden, erzeugt den Wunsch, das Unternehmen dafür zu „bestrafen", bspw. indem man die Anstrengung bei Entscheidungen bewusst reduziert. Ihr Goodwill-Potenzial stellen die Mitarbeiter dem Unternehmen nur zur Verfügung, wenn sie sich gerecht behandelt fühlen (vgl. *Falk* [Reziprozität] 390).

Entscheidungen müssen nicht nur getroffen, sondern auch umgesetzt werden. Dafür ist es ebenfalls hilfreich, auf die Loyalität und Solidarität der Mitarbeiter bauen zu können. Schwelen ungelöste Konflikte weiter, dann ist die Gefahr groß, dass Entscheidungen boykottiert werden.

11.2.10 Realisiere Kooperationsgewinne

In Spielsituationen wähnt man sich viel zu häufig in einem Nullsummenspiel mit konträren Interessen, während tatsächlich eine Kooperation beiden Seiten zusätzliche Gewinne bringen würde. Es geht – bildlich gesprochen – oft gar nicht darum, einen vorhandenen Kuchen aufzuteilen und dabei das größte Stück zu ergattern. Vielmehr kann man zusammen mit anderen einen größeren Kuchen backen. Dazu sollte man sich die Gefahr des „incompatibility bias" bewusst machen und die Sichtweise ändern: Was ist, wenn die Gegenseite nicht der „Feind" ist, sondern ein „Partner", mit dem ich zusammen einen Wert erzeugen kann? Die fundamentale Empfehlung für gute Verhandlungen lautet daher: Bilde Vertrauen aus und teile Informationen (vgl. *Bazerman/Moore* [Judgment] 186). Wichtige Informationen betreffen die Interessen der jeweils anderen Seite und deren Gewichtung. Wenn beide Seiten auf verschiedene Dinge besonderen Wert legen, kann man oft zu Lösungen kommen, die von beiden als vorteilhaft angesehen werden. Wesentlich ist auch die Abschätzung der jeweiligen „reservation points", also der Grenze, bis zu der man zu gehen bereit ist (bspw. bei Preisverhandlungen ein Mindestpreis des Verkäufers oder ein Höchstpreis des Käufers). Nur wenn es einen Überschneidungsbereich bei diesen Punkten gibt, kann man eine Lösung finden. Einerseits scheint es strategisch unklug, diese „Schmerzgrenze" zu früh preiszugeben, weil man dann vielleicht genau auf dieses Minimum heruntergehandelt wird. Andererseits kommt es möglicherweise gar nicht zu einem für beide Seiten vorteilhaften Geschäft, wenn jeder strategisch auf höheren Forderungen beharrt, in der Hoffnung, dass der andere nachgibt. Um einen Informationsaustausch in Gang zu bringen, geht man am besten in Vorleistung und gibt dem Anderen Informationen über sich und seine Interessen und Wünsche. Der Homo reciprocans antwortet darauf in der Regel ebenfalls mit Informationen über sich.

Man sollte sich auch über das „framing" von Ergebnissen Gedanken machen. Ein Kompromiss kann bspw. von beiden Seiten als „Verlust" oder als „Gewinn" gerahmt werden. Es wird leichter, einen Kompromiss zu finden, wenn man nicht jedes Nachgeben als Verlust interpretiert.

11.2.11 Wähle kluge Standards

Die Menschen haben häufig keine große Lust auf Änderungen. Nichtstun bzw. alles beim Alten lassen ist immer eine attraktive Alternative. Man vermeidet Anstrengung und geht vermeintlich weniger Risiken ein. Bei technischen Geräten werden die vorgegebenen Standardeinstellungen von den wenigsten Menschen verändert, auch wenn ihnen eine Änderung Vorteile bringen würde. Es ist daher wichtig, zu überlegen, was als Standard vorgegeben werden soll. Wird bei einem neuen Mitarbeiter bspw. der Beitritt zur betrieblichen Altersversorgung automatisch als Standard vorgegeben, dann liegt die Teilnahmequote auch nach Jahren noch bei nahezu 100 %. Das heißt, kaum einer kündigt. Ist der Standard dagegen die Nichtteilnahme, dann sind nach drei Monaten lediglich 20 % der Mitarbeiter beigetreten, weil das eine aktive Entscheidung erfordert (vgl. *Thaler/Sunstein* [Nudge] 156f.). Wer nicht teilnimmt, schadet sich damit selbst, weil es oft auch noch einen Zuschuss vom Arbeitgeber gibt.

Solche Standards können auch in der Form impliziter Glaubenssätze auftreten. Bei vielen Banken ist die Standardeinstellung, Kredite erst einmal abzulehnen, es sei denn, sehr gute Gründe sprechen für einen Kredit. Eine Bank versuchte es mit der Standardeinstellung, Kredite erst einmal zu gewähren, es sei denn, sehr gute Gründe sprechen dagegen. Die Kreditvergabe konnte innerhalb eines Jahres um 30 % gesteigert werden (vgl. *Heath/ Larrick/Klayman* [Repairs] 19). Die Mitarbeiter entwickelten unter dem neuen Standard spezifische Programme für Menschen mit niedrigem Einkommen.

11.2.12 Delegiere Entscheidungen

Da Entscheidungen immer nur so gut sein können wie die Abbildung des Entscheidungsfeldes im Modell, profitieren Entscheidungen von Informationen und Wissen. Zumindest die objektive Rationalität kann durch mehr

Informationen verbessert werden. Eine Möglichkeit ist, das Wissen dahin zu bringen, wo die Entscheidungen getroffen werden. Eine andere, Entscheidungen dort zu treffen, wo das relevante Wissen ist (vgl. *Simon* [Behavior] 117, 181). In Organisationen bedeutet das, die Struktur zu dezentralisieren und Entscheidungskompetenzen an die Mitarbeiter zu delegieren. Bspw. überlässt man einem Vertriebsmitarbeiter, die Vertragskonditionen mit einem bestimmten Kunden auszuhandeln und über Rabatte zu entscheiden. Die Nutzung von „Wissen vor Ort" macht Entscheidungen schneller und situativ angepasster. „Stelle gute Leute ein und lass sie ihre Arbeit tun." lautet eine Faustregel erfolgreicher Manager (vgl. *Gigerenzer* [Risiko] 158).

Bei komplizierten Entscheidungen, die viel Fachwissen erfordern, ist man oft auf die Hilfe von Experten angewiesen. Unternehmensintern übernehmen spezielle Stabsstellen die Aufgabe der Entscheidungsvorbereitung. Durch die Trennung von Entscheidungsvorbereitung und eigentlicher Entscheidung entsteht die typische „Stabsproblematik": Der Entscheider muss sich auf die Informationen der Stabsstellen verlassen und die Verantwortung für Entscheidungen übernehmen, die er möglicherweise fachlich und sachlich nicht ganz überblickt; die Stabsmitarbeiter haben bei aller Sach- und Fachkompetenz nicht die letztliche Entscheidungsgewalt und arbeiten möglicherweise nur für den Papierkorb.

Eine Trennung von Entscheidungsvorbereitung und eigentlicher Entscheidung kann allerdings helfen, Entscheidungen sachlicher und fundierter zu treffen. Menschen neigen zum „motivated reasoning", d. h. sie wollen oft zu bestimmten Entscheidungen kommen und suchen dann selektiv nur nach den Informationen, die diese Entscheidung stützen (vgl. *Kunda* [Case] 483). Ist eine Entscheidung sehr emotional aufgeladen, dann spielen bspw. Wahrscheinlichkeiten kaum noch eine Rolle. Es ist praktisch gleichgültig, ob die Erfolgswahrscheinlichkeit statistisch betrachtet hoch oder niedrig ist. Trennt man die Informationserhebung von der eigentlichen Entscheidung, dann fällt die Entscheidung sachlicher und rationaler aus (vgl. *Hsee* [Business]). Um die Stabsproblematik zu umgehen, können auch zwei Manager an der Entscheidung beteiligt werden, von denen der eine die Wahrscheinlichkeit des Erfolges erkundet und der andere die Entscheidung trifft.

Delegiert man Entscheidungen an externe Experten, dann kann die Verantwortung bis zu einem gewissen Grad abgegeben werden. Das kann bei heiklen Entscheidungen (bspw. über Entlassungen) ein durchaus wichtiger Aspekt sein. Unternehmensberatungen, so sagt man, haben oft die eigentliche Aufgabe, unpopuläre Entscheidungen auf sich zu nehmen, weil sich das Management dann hinter den Fachleuten „verstecken" kann. Es ist auch zu erwarten, dass Externe weniger emotional und voreingenommen entscheiden. Sie sollten eine neutrale und kritische Sicht einbringen.

Anderen die Entscheidung zu überlassen, führt allerdings zu einer Principal-Agent-Problematik. Man gerät schnell in eine Situation mit divergierenden Interessen und Informationsasymmetrien. Die Delegation von Entscheidungen erfordert Vertrauen.

11.2.13 Ermögliche Wandel

Unternehmen müssen wandlungsfähig sein, um sich an eine dynamische Umwelt immer wieder anpassen zu können. Wollen sie monopolistische Spielräume erlangen, müssen sie innovativ sein und immer wieder einen Wettbewerbsvorsprung vor den Konkurrenten erarbeiten. Da von selbst die Tendenz besteht, beim Alten und Bewährten zu bleiben und bereits bestehende Erwartungen zu erfüllen, stellt es eine Herausforderung dar, etwas Neues zu wagen. Lösungen werden bspw. meist in der Nähe bisheriger Lösungen gesucht. Herdentrieb und Gruppendruck führen zur vorschnellen Einigung auf wenige Alternativen. Die Hierarchie bewirkt defensive Entscheidungen mit Blick auf die Erwartungen der Vorgesetzten.

Um mehr Kreativität und Innovation zu erzeugen, können Techniken helfen. So sollte sich in einer Gruppendiskussion die ranghöchste Person zurückhalten und nicht als Erster einen Vorschlag machen. Oder man lässt zu Beginn jeden für sich einige Vorschläge entwickeln und schriftlich fixieren. Die Ideen werden dann gesammelt und vorgelesen. So werden auch unkonventionelle Ideen vorgebracht, die in einer Diskussion schnell dem Wunsch nach Konsens geopfert würden. Man kann auch direkt mehrere Personen oder Gruppen parallel und unabhängig voneinander mit der Entwicklung von Lösungen beauftragen. In den Gruppen selbst sollten Menschen mit unterschiedlichen Perspektiven kombiniert werden. Eine Technik, um viele unterschiedliche Hypothesen zu potenziellen Problemen und Problemlösungen zu entwickeln, ist der „kokai watch“ (vgl. *Heath/Larrick/Klayman* [Repairs] 10). Eine größere Gruppe von Mitarbeitern (bis zu 12) aus den unterschiedlichsten Bereichen des Unternehmens beobachtet bspw. die Arbeit in der Produktion und entwickelt Ideen zu möglichen Gefahren oder Verbesserungen der Produktionsabläufe. Gerade weil sie mit den Abläufen nicht vertraut sind, sehen sie Schwachstellen und Verbesserungspotenziale, für die die Arbeiter selbst schon „betriebsblind“ geworden sind.

Um einen solchen Perspektivenwechsel zu erhalten, können weiterhin auch Unternehmensexterne eingeladen werden, bspw. Kunden. Microsoft lässt bspw. potenzielle Nutzer einer neuen Software in einem Labor vor den

Augen der Entwickler mit dieser Software arbeiten. Es wird augenfällig, welche Probleme die Nutzer bekommen. Die Entwickler haben die Chance, sich in die Rolle der Nutzer einzufühlen und deren Perspektive einzunehmen (vgl. *Heath/Larrick/Klayman* [Repairs] 18). Der „curse of knowledge" kann überwunden werden.

11.2.14 Verfolge angemessene Ziele

Von den Aktivitäten der Unternehmen sind zahlreiche Menschen positiv oder negativ betroffen. Diese Stakeholder sind immer weniger gewillt, die Entscheidungen der Unternehmensführung unkritisch hinzunehmen. Sie verweisen darauf, dass angeblich rationale Entscheidungen sehr wohl gegen die Klugheit, das allgemeine Wohl und die Moral verstoßen können und fordern eine Diskussion über die Präferierbarkeit von Zielen und Mitteln sowie über die Nebenwirkungen von Entscheidungen.

Beispiel: Der frühere IWF-Chefökonom Simon Johnson erklärte den ehemaligen Deutsche-Bank-Chef Josef Ackermann für einen der gefährlichsten Bankmanager der Welt wegen seines berüchtigten Renditeziels von 25 % und des Eingehens von waghalsigen Risiken.

Die Öffentlichkeit fordert mehr evaluative Rationalität von den Unternehmen. Zahlreiche Unternehmen haben darauf bereits reagiert und ergreifen CSR-Maßnahmen (CSR = Corporate Social Responsibility). Sie versuchen bspw. mit den Stakeholdern ins Gespräch zu kommen, um deren Sicht der Dinge kennen zu lernen (vgl. *Göbel* [Unternehmensethik]). Das führt auch zu einer besseren kognitiven Rationalität, weil neue Informationen und Überzeugungen ins Spiel kommen. Entscheidungen gewinnen so an Legitimation in der Öffentlichkeit und können leichter umgesetzt werden.

11.3 Bleibende Probleme

Die Empfehlungen für die Gestaltung einer Entscheidungsarchitektur bringen je eigene Probleme mit sich und widersprechen sich teilweise. Der Wandel einer Organisation ist nur möglich über eine Änderung des Bestehenden. Empfehlungen zur „lernenden Organisation" oder zum „evolutionären Management" geraten dadurch in einen Widerspruch zur ersten oben angeführten Regel „Halte es stabil". Routinen, Programme, Regeln und Rollen stabilisieren die Unternehmung und absorbieren Komplexität, sie behindern aber auch Wandel. Auch die Regeln „Halte es einfach" und „Vermeide Unsicherheit" stabilisieren die bestehenden Verhältnisse. Spezialisierung und Wahrnehmungsfilter verhindern den Perspektivenwechsel. Kleine Änderungen in der Nähe bisheriger Lösungen führen nicht zu echten Innovationen. Langfristige Verträge machen Anpassungen schwierig. Hierarchie kann sich als Lernhindernis erweisen. Wo die Organisation durch Stabilisierungen und Vereinfachungen hilft, mit der Komplexität fertig zu werden, entsteht zugleich eine gewisse organisationale Trägheit. Puffer zeugen möglicherweise von Ineffizienz und weichen die Selbstbindung auf, Erfahrung kann hinderlich sein für Innovationen, der Zwang zur Rechtfertigung einer Entscheidung kann defensive Entscheidungen hervorrufen und Experimente verhindern. Die Formalisierung der Informationserhebung macht Entscheidungsprozesse bürokratischer und damit auch komplizierter und langwieriger. Die Delegation von Entscheidungen erzeugt Agency-Probleme. Die Organisation wird zugleich als Problem und als Problemlösung angeführt.

Diese Widersprüche ergeben sich aus den Unterschieden zwischen Econs und Humans. Das Unternehmen als Entscheidungsarchitektur muss einerseits auf die begrenzten Möglichkeiten der Humans Rücksicht nehmen. Andererseits darf aber auch das normative Ideal rationaler Entscheidung nicht aus dem Blickfeld verschwinden. Im Hinblick auf das „System 1" konstatiert *Kahnemann*, dass ein Großteil dessen, was wir falsch machen, seinen Ursprung dort hat. Aber auch die meisten Dinge, die wir richtig machen, werden von System 1 entschieden. Das meiste dessen, was wir tun, wird von System 1 zur Zufriedenheit erledigt (vgl. [Denken] 514). In manchen Situationen allerdings sollte man „mental einen Gang zurückschalten und System 2 um Verstärkung bitten" (ebenda, 516). Die Kunst besteht dann darin, zu erkennen, wann man sich lieber nicht auf System 1 verlassen sollte.

Über die Entscheidungsarchitektur im Unternehmen kann man Ähnliches sagen: Die meiste Zeit sind die Komplexitätsreduktionen hilfreich und unentbehrlich. *Kahnemann* hält Organisationen grundsätzlich für besser geeignet, Fehler zu vermeiden, als Individuen, weil sie langsam und geordnet entscheiden, mehr Informationen sammeln und wechselseitige Kontrollen ermöglichen (vgl. [Denken] 517). Manchmal erzeugen sie aber auch Fehler. Deshalb ist es auch hilfreich, die Praktiken zu kennen, mit denen Unternehmen das Entscheidungsverhalten beeinflussen. Es ist dann möglich, sich sozusagen auf die Metaebene zu begeben und zu reflektieren, dass man gerade wieder den Wahrnehmungsfilter der dominanten Logik anwendet oder sich gerade wieder auf den ausgetretenen Pfaden der Routine bewegt. Es ist auch auf der Ebene der Organisation ein „System 2" als Idealvorstellung eines Entscheidungsprozesses im Hintergrund.

Ein solches Ideal der Entscheidung stellt die strategische Planung dar (vgl. *Bea/Haas* [Management] 57ff.). Auf der Grundlage strategischer Ziele sowie einer umfassenden Umwelt- und Unternehmensanalyse sollen proaktiv fundamentale Entscheidungen mit weit in die Zukunft reichenden Folgen getroffen werden. Die hochdynamische Umwelt wird dabei als Normalfall angenommen und fordert Wandlungs- und Lernfähigkeit von den Unternehmen. Information und Wissen sind entscheidende Ressourcen. Eine gesamtunternehmerische Perspektive soll alle Funktionsbereiche bzw. Geschäftsbereiche einbeziehen. Das Unternehmen soll nicht nur den Unternehmenserfolg nachhaltig sichern, sondern sich zugleich sozial verantwortlich verhalten und das Gemeinwohl anstreben (konkret bspw. Umweltschutz betreiben und faire Löhne zahlen). Zielkonflikte werden umfassend erwogen und nach Möglichkeit gelöst.

Die Maßnahmen zur Erleichterung der Entscheidungen können in Widerspruch geraten mit diesen Idealvorstellungen. Folgende Tabelle zeigt einige der Widersprüche auf.

Entscheidungshilfe	**Probleme**
Halte es stabil.	Unternehmen müssen in einer dynamischen Umwelt innovativ und wandlungsfähig sein. Stabilität führt zu organisationaler Trägheit.
Halte es einfach. - Arbeitsteilung - Vereinfachte Entscheidungen - Wahrnehmungsfilter	Arbeitsteilung führt zu Schnittstellen und erfordert Koordination. Man sollte auch den gesamten Wertschöpfungsprozess im Auge behalten. Bei vereinfachten Entscheidungen werden Alternativen und Ziele vernachlässigt. Wahrnehmungsfilter erzeugen blinde Flecken und verhindern die Früherkennung von Chancen und Risiken.
Vermeide Unsicherheit. - Inkrementale Planung - Bewährte Lösungen - Absprachen	Unternehmen sollten strategisch planen und aktiv die Zukunft gestalten. Kurzfristiges Reagieren auf akute Probleme reicht nicht aus, um die Wettbewerbsposition zu verbessern. Bewährte Lösungen behindern den Blick auf neue Möglichkeiten. Absprachen mit Marktpartnern behindern den Wettbewerb.
Baue Puffer ein.	Unternehmen sollen schlank und effizient sein. Alle Möglichkeiten zur Kostenreduktion sollten genutzt werden. Puffer verwässern ehrgeizige Ziele.

Nutze Selbstbindung.	Selbstbindung behindert die Flexibilität. In Konkurrenzsituationen kann Selbstbindung zu einer irrationalen Eskalation des Wettbewerbs führen.
Formalisiere Suche nach Informationen.	Die Suche nach Informationen verschlingt Zeit und kostet Geld. Der Zwang zur formalen Informationserhebung kann in übermäßiger Bürokratie enden.
Lerne aus Erfahrung. - Erlaube Fehler - Sammle Wissen	Das Lernen aus Fehlern kann schmerzlich sein, wenn die Fehler gravierende Folgen haben. Ständige Experimente widersprechen dem Wunsch nach Stabilität. Die exzessive Sammlung von Wissen nutzt wenig, wenn die Entscheider keine Zeit oder keine Lust haben, auf dieses Wissen zurückzugreifen.
Gestalte Anreize.	Die Gefahr von Fehlanreizen ist relativ groß. Anreizsysteme unterstützen häufig eine lokale und kurzfristige Rationalität. Es ist schwierig, das Ergebnis eines Entscheidungsprozesses zu bewerten, weil immer auch externe Faktoren einwirken können. Werden schlechte Ergebnisse belohnt, weil der Entscheidungsprozess an sich richtig war, trifft das möglicherweise auf Unverständnis bei Außenstehenden. Die Kontrolle und Bewertung durch eine Instanz kann verhindern, dass Mitarbeiter sich auf ihre Intuition verlassen.
Erzeuge Loyalität.	Eine starke Loyalität gegenüber dem Unternehmen kann eine gewisse Betriebsblindheit erzeugen und zur selektiven Wahrnehmung von Informationen führen. Eine Identifikation mit Teilbereichen im Unternehmen erschwert die Koordination und den Blick auf das Ganze. Identifikation mit den Zielen der Unternehmung kann dazu führen, dass die Interessen anderer Koalitionsteilnehmer ignoriert werden.
Realisiere Kooperationsgewinne.	Vertrauen in den Gegenspieler kann ausgenutzt werden.

Wähle kluge Standards.	Die Vorgabe von Standards beeinflusst das Verhalten stark. Dadurch kann die Versuchung einer Manipulation bestehen.
Delegiere Entscheidungen.	Möglicherweise soll vor allem Verantwortung abgeschoben werden. Bei Delegation entsteht eine Principal-Agent-Problematik.
Ermögliche Wandel.	Maßnahmen, welche die Wandlungsfähigkeit erhöhen sollen, stehen im Widerspruch zu den Maßnahmen, welche die Komplexität reduzieren. Bei evolutionären Prozessen ist das Ergebnis sehr ungewiss.
Verfolge angemessene Ziele.	Es gehört zu den schwierigsten Aufgaben, bloße Wünsche von wahren Interessen zu unterscheiden und unterschiedliche berechtigte Interessen gegeneinander abzuwägen.

Ein grundsätzliches Problem besteht weiterhin darin, dass die Erkenntnis von Verbesserungsmöglichkeiten alleine nicht ausreicht, um die nötigen Änderungen auch zu implementieren. Man muss zunächst die alten Verhaltensweisen destabilisieren oder „auftauen" (vgl. *Lewin* [change]), damit überhaupt eine Änderung möglich wird. Dazu gehört sicherlich, auf die individuellen und organisationalen Entscheidungsroutinen aufmerksam zu machen und die möglichen Fehler aufzuzeigen. Dann benötigt man Informationen, wie man es besser machen könnte, und muss die neuen Verhaltensweisen einüben. Die Änderung ist aber erst stabil, wenn die neuen Verhaltensweisen wiederum routiniert ablaufen, also quasi wieder „eingefroren" sind (vgl. *Lewin* [change]). Gerade die automatisch und unbewusst ablaufenden Entscheidungsfehler sind allerdings nur schwer zu beseitigen. Selbst wenn man explizit auf mögliche Fehler aufmerksam macht und Entscheidungstrainings durchführt, halten sich die Verhaltensweisen hartnäckig. „Debiasing" ist ein extrem schwieriger Prozess (vgl. *Fischhoff* [Debiasing]). In Unternehmen kommen zur individuellen Unlust, etwas zu ändern, noch die organisationalen Stabilisierungen hinzu. Andererseits haben Organisationen aber auch mehr Möglichkeiten, durch eine kluge Entscheidungsarchitektur Änderungen im Entscheidungsverhalten herbeizuführen. Fundamental ist dafür allerdings die Erkenntnis, dass auch im Unternehmen Humans die Entscheidungen treffen. „The good news is that many interventions to improve decision making have emerged in the behavioral decision research literature, and many of these interventions have been developed and have suceeded in the real world." (*Bazerman/ Moore* [Judgment] 206).

12 Schlusswort

Die normative bzw. präskriptive Entscheidungstheorie dominiert bislang die Betriebswirtschaftslehre und schreibt den Menschen in den Unternehmen vor, wie sie rational entscheiden sollten. An den Prozess der Auswahl werden höchste Ansprüche gestellt. Der Entscheider bildet den Alternativenraum vollständig ab, kennt seine Präferenzen genau und erstellt ein konsistentes Zielsystem. Zu jedem Ziel findet er messbare Kriterien. Den Alternativen kann er Ergebnisse zuordnen. Bei mehreren Zielen können ganz unterschiedliche Größen und Qualitäten in die gemeinsame „Währung" des „Nutzens" umgerechnet werden. Durch Zielgewichte kann man genau angeben, wie viel man von welcher Art Nutzen einzutauschen bereit ist gegen eine andere Art Nutzen. Bei Unsicherheit kann man den Ergebnissen Wahrscheinlichkeiten zuordnen. Der Entscheider hat eine stabile Risikopräferenz. Unsichere Ergebnisse lassen sich in Risikonutzen umrechnen. Die Alternativen können zuverlässig in eine transitive Ordnung gebracht werden.

Die Situation des Entscheidenden ist zugleich gegenüber der Realität künstlich vereinfacht. In der Regel geht man von einem einzelnen Entscheider aus. Die Komplikationen von Entscheidungen in der Gruppe bzw. in der Organisation werden beiseitegelassen. Wenn andere Menschen eine Rolle spielen, dann als rationale Gegenspieler, deren Verhalten sich kalkulieren lässt. Emotionen spielen keine Rolle. Meistens unterstellt man eine Situation der Sicherheit oder zumindest der bekannten Wahrscheinlichkeiten.

Bei aller Rationalität im Auswahlprozess sind die Menschen zugleich erstaunlich beschränkt. Sie können keinerlei Bewertung zu ihren eigenen oder den Präferenzen anderer abgeben, also bspw. sagen: „Das Ziel erscheint mir unvernünftig, du gehst ein viel zu hohes Risiko ein." oder: „Du denkst zu kurzfristig." Präferenzen sind einfach hinzunehmen. Auch welche Überzeugungen sie ihren Entscheidungen zugrunde legen, ist ihnen überlassen. Es wird nicht thematisiert, wie man bspw. durch die Argumentation mit guten Gründen zu begründeten Überzeugungen gelangt. Jeder kann glauben, was er will. Wie „dünn" die Rationalität der Entscheidungstheorie letztlich ist, illustriert *Jon Elster* mit folgendem Beispiel: Wenn ein Akteur den Wunsch hat, einen anderen Menschen zu töten, und davon überzeugt ist, dass er dieses Ziel erreichen kann, indem er eine Voodoo-Puppe von dieser Person bastelt und diese Puppe mit einem Nagel durchbohrt, dann muss man ihm

Rationalität bescheinigen, wenn er die Puppe durchbohrt (vgl. [Grapes] 3). Denn er hat das subjektiv beste Mittel zur Erreichung seines Ziels gewählt.

In der Interaktion mit anderen Menschen kann der Homo oeconomicus nur schwer eine Kooperation in Gang setzen und aufrechterhalten, weil er dem anderen nicht vertraut. Indem er seinen persönlichen Vorteil sucht, schadet er sich letztlich zwanghaft selbst, weil kollektiv vorteilhafte Lösungen für ihn oft unerreichbar sind. In einer Gesellschaft aus Eigennutzmaximierern investiert bspw. niemand in öffentliche Güter, weil jeder versucht, die Trittbrettfahrerposition einzunehmen. Eine moralische Verpflichtung zur Förderung des Gemeinwohls kennt der Homo oeconomicus ebenso wenig wie Gerechtigkeitsüberlegungen.

Die deskriptive Theorie stellt alle diese Annahmen in Frage. Die Rationalität der Humans ist begrenzt was die Anforderungen an einen rationalen Entscheidungsprozess angeht. Sie verlassen sich meistens auf stark vereinfachte Entscheidungsformen. Aus Sicht der normativen Entscheidungstheorie machen die Menschen dabei viele systematische Fehler. Der Trade-off zwischen Anstrengung und Ergebnis ist allerdings häufig günstig.

Die Situation bei Entscheidungen in Unternehmen ist auch erheblich komplexer als es die normative Theorie unterstellt. Das organisationale Umfeld birgt zugleich zusätzliche Probleme und Hilfen für die Entscheidenden. Besonders die richtungsweisenden strategischen Entscheidungen in den Unternehmen sind durch einen hohen Grad an Unsicherheit geprägt und werden in der Regel im Team gefällt. Die wichtigsten Umweltparameter sind die Reaktionen der anderen Marktteilnehmer. Diese sind auch von Emotionen und irrigen Annahmen beeinflusst und daher oft wenig vorhersehbar.

Reale Menschen können zugleich mehr, als ihnen von der normativen Entscheidungstheorie zugetraut wird. Sie können „vernünftig“ entscheiden, d.h. die kognitive, die praktische und die evaluative Rationalität kombinieren und angemessene Ziele intelligent verfolgen (vgl. *Rescher* [Rationalität] 1ff.). Zur evaluativen Rationalität: Sie sind in der Lage, die Wünsche, Interessen und Begierden zu reflektieren und zu prüfen, ob sie tatsächlich „wünschenswert“ sind. „Wenn wir unangemessene Zwecke annehmen, sind wir nicht rational, gleich wie effizient und effektiv wir sie verfolgen.“ (*Rescher* [Rationalität] 126). Zur kognitiven Rationalität: Sie sind sich klar darüber, dass die Informationen über die Welt immer vorläufig und unvollständig sind (vgl. ebenda, 33). Aber sie tun ihr Bestes, um zu begründeten Überzeugungen zu kommen. Als Zuverlässigkeitskriterien gelten bspw. die Erklärungen von anerkannten Experten, die Ergebnisse kognitiver Hilfsmittel wie Messinstrumente und Computer, die Meinung anderer Menschen, die man für vertrauenswürdig hält, das Zeugnis der eigenen Sinne, Erfahrungen, gute Argumente in einer Diskussion (vgl. ebenda, 60ff.). Praktisches Handeln muss sich auf rational abgesicherte Überzeugungen gründen.

Und reale Menschen sind sich der sozialen Komponente von Entscheidungen bewusst. Sie vertrauen einander, sie investieren in öffentliche Güter und erwarten Gerechtigkeit. Kooperation und Koordination gelingen leichter, weil die Menschen die Erwartungen ihrer Mitmenschen im Auge behalten und sich regelkonform verhalten wollen.

Für die Zukunft der Entscheidungsforschung wird erwartet, dass die Erkenntnisse der empirischen Entscheidungsforschung eine größere Rolle spielen werden. Die begrenzte Rationalität der Entscheider wird ernster genommen. Der Homo oeconomicus verliert an IQ. Zugleich gewinnt er an Emotionen und sozialer Kompetenz (vgl. *Thaler* [homo]). Den intuitiven Entscheidungen und Heuristiken wird bescheinigt, dass sie in der Relation von Anstrengung und Ergebnis häufig zu guten Ergebnissen führen (vgl. *Kahnemann* [Denken] 514). In jüngerer Zeit ist auch zu beobachten, dass neben der reinen Ziel-Mittel-Optimierung die Ziele selbst und die Verlässlichkeit der Überzeugungen zunehmend thematisiert werden (vgl. *Valcárcel* [Rationalität] 1241). Überlegungen zur evaluativen Rationalität der Ziele werden diskutiert im Rahmen der Corporate Social Responsibility bzw. Unternehmensethik (vgl. *Göbel* [Unternehmensethik]). Wie man insbesondere in den Top-Management-Teams zu Überzeugungen gelangt, wird auf der Basis der Argumentationstheorie untersucht (vgl. *Werder, v.* [Argumentationsrationalität]). Das Rationalitätskonzept wird angereichert.

Es ist zu erwarten, dass realistischere Konzeptionen vom menschlichen Entscheidungsverhalten mehr Erklärungs- und Prognosekraft haben und daher auch hilfreicher sind bei den Gestaltungsentscheidungen im Unternehmen. Aus der Sicht einer entscheidungsorientierten BWL sollte man die Erkenntnisse keinesfalls ignorieren. Zugleich sind – bei allen mathematischen Schwierigkeiten – aber Entscheidungsmodelle für einzelne praktisch rationale Entscheider leichter zu erstellen als Modelle für Humans in Organisationen, die nach vernünftigen Lösungen suchen (vgl. *Thaler* [homo] 140). Überlegungen zur Entscheidungsarchitektur von Unternehmen können daher auch keine Patentrezepte liefern. Die Kenntnis von systematischen Fehlern kann immerhin helfen, potenzielle Urteilsfehler zu diagnostizieren und nach Effizienzverbesserungen Ausschau zu halten. „Es bleibt viel zu tun, um die Entscheidungsfindung zu verbessern." (*Kahnemann* [Denken] 517).

Anhang

Fragen und Aufgaben

Fragen und Aufgaben zu Kapitel 1

a) Warum kann man die BWL nicht als „Lehre vom Betrieb" definieren?

b) Inwiefern könnten folgende Erkenntnisse anderer wissenschaftlicher Disziplinen für Entscheidungen in Unternehmen relevant sein?
   - Die Farbe Grün wirkt beruhigend, die Farbe Orange wirkt aktivierend.
   - Gruppen sind kreativer als Einzelpersonen.
   - Fast jeder Mensch reagiert positiv auf das sog. „Kindchenschema", also ein Gesicht mit hoher Stirn, großen runden Augen, einer kleinen Nase, kleinem Kinn, rundlichen Wangen.
   - Beim derzeitigen Verbrauch reichen die bekannten Erdölquellen noch ca. 40 bis 50 Jahre.
   - Immer mehr Menschen in Deutschland leiden an Übergewicht und Diabetes.

c) Welche der folgenden Personen entscheidet nach dem ökonomischen Prinzip?
   - Studentin Clever will das Geld für einen neuen Laptop, der 500 € kostet, in möglichst kurzer Zeit verdienen.
   - Frau Schneider will auf dem Weihnachtsmarkt selbst genähte Kissenhüllen verkaufen. Sie achtet beim Zuschneiden darauf, möglichst wenig Verschnitt zu haben.
   - Familie Müller sucht ein möglichst großes Haus für möglichst wenig Geld.
   - Frau Meier kauft im Supermarkt das teurere Markenprodukt und nicht das billigere No-name-Produkt.
   - Herr Reise bucht das Doppelzimmer im Hotel Strandperle im Internet, weil es dort für den gleichen Reisezeitraum billiger angeboten wird als im Reiseprospekt.

d) Durch welche Merkmale wird das ökonomische Denken gekennzeichnet?

e) Was bedeutet es, dass die entscheidungsorientierte BWL „praktisch-normativ" vorgehen will?

f) Als besondere Leistung von *Heinens* Ansatz der entscheidungsorientierten BWL wird häufig die Öffnung der Betriebswirtschaftslehre zu den sozialwissenschaftlichen Nachbardisziplinen Soziologie, Psychologie, Politikwissenschaft und Sozialpsychologie gelobt. Diskutieren Sie Vor- und Nachteile einer solchen Öffnung.

Fragen und Aufgaben zu Kapitel 2

a) Welche Bedeutung hat die Umwelt für Entscheidungen?

b) Entscheidungen gelten als besonders schwierig, wenn die Ergebnisse unsicher sind und man mehrere Ziele verfolgt. Können auch Entscheidungen bei einem Ziel und Sicherheit schwierig sein?

c) Ein Unternehmer steht vor der konstitutiven Entscheidung der Rechtsformwahl. Modellieren Sie die Entscheidung mit drei Alternativen und fünf Zielkriterien. Was macht die Entscheidung schwierig?

d) Überlegen Sie Beispiele dafür, dass subjektive und objektive Rationalität sowie formale und substanzielle Rationalität auseinanderklaffen können.

e) Erläutern Sie die normativen Forderungen nach Zukunftsorientierung, Transitivität und Invarianz von Entscheidungen.

f) Der Entscheidungsprozess sollte transparent gestaltet werden, damit man die Entscheidung nachvollziehen kann. Warum ist das wichtig? Können Sie sich Gründe vorstellen, warum man in der Praxis dieser Forderung oft nicht genügt?

g) Unternehmerin A hat ein Finanzpolster von 10.000 € erwirtschaftet. Bisher liegt das Geld auf dem Girokonto. Sie überlegt: Ich könnte das Geld verzinslich anlegen, bspw. als Festgeld für 3 %. Allerdings wäre auch eine Renovierung meines Büros fällig. Dafür müsste ich insgesamt wohl mit 4000 € rechnen. Oder ich gönne mir mal eine Auszeit in einem Wellnesshotel. Mit 2000 € sollte schon ein schöner Urlaub drin sein. Welche Alternativen hat Frau A?

h) Eine Empfehlung lautet, nur so lange nach weiteren Alternativen zu suchen „until the cost of the search outweights the value oft he added information" (*Bazerman/Moore* [Judgment] 3). Warum ist diese Empfehlung schwer umzusetzen?

i) Wie ist eine Entscheidung bei Risiko definiert?

j) Sie müssen die Stelle einer Geschäftsführerin neu besetzen. Als Zielgrößen definieren Sie Fachkenntnisse, Fleiß, Teamfähigkeit, Berufserfahrung, Gehaltsforderungen. Wie könnten Sie die Zielgrößen operationalisieren, um messbare Ergebnisse zu erhalten? Gibt es mögliche Konflikte zwischen den Zielen?

k) Überlegen Sie Beispiele für die Höhenpräferenz Maximierung, Minimierung, Fixierung und Satisfizierung.

l) Die Leiterin einer Marketingabteilung erfährt von der Marktforschung, dass die Kunden ein Produkt zwar ganz gut, aber im Vergleich zur Konkurrenz zu teuer finden. Die Geschäftsleitung beauftragt Sie mit einer genaueren Problemanalyse und mit der Suche nach alternativen Möglichkeiten, das Problem zu lösen. Überlegen Sie verschiedene Problemursachen und Lösungsmöglichkeiten. Inwiefern hängen Problemanalyse und Alternativensuche eng zusammen?

Fragen und Aufgaben zu Kapitel 3

a) Wieso muss man die Zielgewichte an das Ausprägungsintervall der möglichen Ergebnisse anpassen?

b) Sie stehen vor der Wahl zwischen zwei Urlaubsreisen. Ihr Ziel ist „Erholung". Wie können Sie dieses Ziel in messbare Zielgrößen zerlegen? Wie können Sie die Ergebnisse der Ziele zu einem Gesamtwert aggregieren?

c) In einer Familie mit zwei Kindern (5 und 7 Jahre alt) soll ein Haustier angeschafft werden. Zur Wahl stehen Kaninchen, Hund oder Katze. Nach längerer Diskussion hat sich die Familie über die Zielgrößen geeinigt: Kosten, Zeitaufwand und „Spaßfaktor". Die Mutter erstellt folgende Entscheidungsmatrix:

	Kosten	Zeitaufwand	Spaßfaktor
Kaninchen	niedrig	mittel	niedrig
Katze	mittel	niedrig	mittel
Hund	hoch	hoch	hoch

Wie könnten Sie zu den Ergebnissen kommen? Sind die Ergebnisse objektiv? Ist eine Alternative eindeutig optimal? Wie könnten Sie aufgrund der obigen Matrix die Entscheidung treffen?

d) Was ist eine Wertfunktion? Wann braucht man sie? Was unterscheidet eine ordinale von einer kardinalen Wertfunktion?

e) Drei Personen unterhalten sich über ihre Einstellung zum Urlaub. Die erste sagt: Je länger der Urlaub, desto besser. Die zweite meint: In der ersten Woche erhole ich mich am besten und dann lässt der Erholungswert nach. Die Meinung der dritten Person ist: In der ersten Woche bin ich immer noch mit dem Kopf bei der Arbeit. In der zweiten Woche erhole ich mich dann richtig und ab der dritten Woche wird es mir langweilig. Skizzieren Sie grafisch für diese drei Personen die Wertfunktion in Abhängigkeit von der Urlaubslänge.

f) Eine Unternehmerin sucht ein neues Ladenlokal. Fünf Alternativen kommen in Frage. Sie hat folgende Informationen:

Alternative	Miete
A1	1.500
A2	1.800
A3	2.200
A4	2.500
A5	1.900

Ihre Höhenpräferenz bezüglich der Miete ist Minimierung. Ordnen Sie den Alternativen Werte zu nach der Direct-Rating-Methode und zeichnen Sie die entsprechende Wertfunktion.

g) Neben der Miete sind auch noch andere Merkmale wichtig, nämlich die Lage (insbesondere Nähe zum Zentrum), Parkmöglichkeiten und Zustand des Ladenlokals. Die Ergebnisse ihrer Recherche stehen in folgender Matrix:

	Miete	Lage	Parksituation	Zustand
A1	1.500	B	sehr gut	mittel
A2	1.800	A-B	gut	gut
A3	2.200	A	mittel	sehr gut
A4	2.500	A	schlecht	sehr gut
A5	1.900	B	gut	mittel

Können Sie Alternativen direkt ausscheiden? Wie gehen Sie vor, um nach dem Swing-Verfahren den Zielgrößen Gewichte zuzuordnen?

h) Charles Darwin stellte vor der Entscheidung, ob er heiraten sollte oder lieber nicht, eine Entscheidungstabelle auf, die hier vereinfacht wiedergegeben wird (zu dem Beispiel vgl. *Gigerenzer* [Risiko] 189ff.).

	Kinder	Haus-halts-führung	Freiheit	Ruhe	Gesell-schaft	Ver-wandten-besuche
heiraten	ja	gut	wenig	wenig	ja	ja
nicht heiraten	nein	schlecht	viel	viel	nein	nein

Wie müsste Darwin grundsätzlich vorgehen, um für die beiden Alternativen einen Gesamtnutzen zu berechnen? Warum erscheint das schwierig?

Fragen und Aufgaben zu Kapitel 4

a) Treffen Sie eine Entscheidung zwischen drei Alternativen auf der Grundlage der folgenden Entscheidungsmatrix. Benutzen Sie dabei die Maximin-, die Maximax- und die Hurwicz-Regel mit einem Optimismusparameter von 0,6. Die Zahlen in der Matrix stehen für Auszahlungen. Welche Risikopräferenz hat der Entscheider jeweils?

	Ziel			
	u_1	u_2	u_3	u_4
a_1	60	50	45	60
a_2	-10	80	60	120
a_3	50	70	110	40

b) Gibt es bei folgender Entscheidungsmatrix ineffiziente Alternativen? Gibt es eine dominante Alternative?

	Ziel			
	u_1	u_2	u_3	u_4
a_1	60	50	45	60
a_2	-10	80	60	120
a_3	50	70	110	40
a_4	-10	75	50	100
a_5	55	70	45	60

c) Die Entscheidungsmatrix aus Aufgabe a) sei eine Schadensmatrix, d. h. höhere Zahlen stehen für höhere Schäden. Entscheiden Sie sich für die beste Alternative unter der Voraussetzung, dass Sie extrem optimistisch sind.

d) Entscheiden Sie sich auf der Grundlage der Auszahlungsmatrix aus Aufgabe a) für die beste Alternative nach der Regel des kleinsten Bedauerns (Savage-Niehans-Regel). Welche Überlegung steckt hinter dieser Regel?

e) Frau A hat die Idee, am Valentinstag in der Innenstadt langstielige rote Rosen zu verkaufen. Sie kann die Rosen zu 1 € das Stück kaufen und will sie für 2 € verkaufen. Die Rosen werden vom Großhändler in Bunden zu 50 Stück angeboten. Sie überlegt, ob sie 1, 2 oder 3 Bunde kaufen soll oder ob sie das Ganze lieber lassen soll. Sie versucht die Entschcidung zu strukturieren. Als Möglichkeiten spielt sie durch, dass sie 0, 50, 100 oder 150 Rosen verkaufen kann. Nach dem Valentinstag seien die Rosen unverkäuflich. Stellen Sie eine Entscheidungsmatrix zu diesem Problem auf und treffen Sie die Entscheidung nach der Maximax-Regel, der Minimax-Regel und der Laplace-Regel. Wie würden Sie selbst sich entscheiden? Welche Informationen könnten Frau A bei ihrer Entscheidung helfen?

f) Teilweise werden Entscheidungen bei Ungewissheit als unrealistisch betrachtet, da man immer subjektive Wahrscheinlichkeitsschätzungen angeben könne. *Gigerenzer* konstatiert dagegen: „Die Welt der Ungewissheit ist riesig im Vergleich zu der des Risikos." (vgl. [Risiko] 37). Was spricht für und gegen die beiden Standpunkte?

g) Verkehrspsychologen plädieren für sog. Countdown-Ampeln, bei denen sekundengenau angezeigt wird, wie lange die Rotphase noch dauert. Sie erhoffen sich davon, dass weniger Fußgänger bei Rot die Straße überqueren. Inwiefern verändert die Countdown-Ampel die Entscheidungssituation für Fußgänger?

Fragen und Aufgaben zu Kapitel 5

a) Unterscheiden Sie die designabhängige, die objektive und die subjektive Wahrscheinlichkeit. Nennen Sie jeweils ein Beispiel.

b) Studentin A verdient sich etwas dazu, indem sie bei Weinfesten an einem Stand beim Getränkeverkauf hilft. Von dem Standbesitzer bekommt sie 100 € für den Tag. Vor dem nächsten Fest überlegt sie, ob sie stattdessen lieber auf eigene Rechnung Eis verkaufen soll. Beim letzten Fest war sie nämlich mehrfach von Besuchern gefragt worden, ob es irgendwo Eis zu kaufen gäbe. Ihre Freundin gibt zu Bedenken, dass es beim letzten Fest ganz besonders heiß gewesen sei. Bei Regen würde sie auf ihrem Eis sitzen bleiben. Studentin A versucht, die Entscheidung zu strukturieren und kommt zu folgender Entscheidungsmatrix. Die Ergebnisse sind monetäre Auszahlungen.

Wetter / Alternativen	heiß/trocken w = 0,3	durchwachsen w = 0,5	nass/kalt w = 0,2
Getränkeverkauf	100	100	100
Eisstand	400	200	–150

Wie entscheidet sich Studentin A
- nach dem Erwartungswert,
- und wie nach der Nutzenfunktion $\mu - \sigma$ max?

c) Erläutern Sie die prinzipielle Vorgehensweise bei einer Bernoulli-Befragung.

d) Was versteht man unter einem Sicherheitsäquivalent und einer Risikoprämie?

e) Bei einer Lotterie können Sie mit einer Wahrscheinlichkeit von 0,3 einen Betrag von 100 € gewinnen und ziehen mit einer Wahrscheinlichkeit von 0,7 eine Niete. Wie ist ihre Risikoeinstellung, wenn Sie höchstens 20 € für ein Los ausgeben würden?

f) Sie sollen wählen zwischen zwei Investitionen. Bei der ersten können Sie bei Eintritt von Umweltzustand eins 1000 € Gewinn machen oder bei Eintritt von Umweltzustand zwei 500 € Gewinn. Bei der anderen erhalten Sie am Ende vielleicht 2000 €, aber Sie können auch leer ausgehen. Die Wahrscheinlichkeit für Umweltzustand eins beträgt 0,6; die Wahrscheinlichkeit für Umweltzustand zwei beträgt 0,4. Errechnen Sie den Erwartungsnutzen der beiden Alternativen, wenn die Risikonutzenfunktion 0,3 x^2 lautet (x steht für die Ergebnisse der Alternativen). Welche Alternative wird gewählt? Wie hoch ist das Sicherheitsäquivalent? Welche Risikoeinstellung liegt der Entscheidung zugrunde?

	w = 0,6	w = 0,4
Investition 1	1000	500
Investition 2	2000	0

g) Bei einer Lotterie kann Frau Meier 1000 € gewinnen mit einer Wahrscheinlichkeit w und 100 € mit einer Wahrscheinlichkeit (1 – w). Ihre Nutzenfunktion ist linear und ihr Sicherheitsäquivalent beträgt 460 €. Wie groß ist die Wahrscheinlichkeit w?

h) Seit dem Kauf von „Steuersünder-CDs“ mit Kontodaten deutscher Bankkunden in der Schweiz, Lichtenstein oder Luxemburg ist die Anzahl der Selbstanzeigen bei den Finanzämtern enorm gestiegen. Inwiefern verändert sich durch den Kauf solcher Daten die Entscheidungssituation für die Steuersünder?

i) Wie funktioniert eine indirekte Abfrage von Wahrscheinlichkeiten und warum kann sie hilfreich sein?

j) Bei der Berechnung von Erwartungswerten kann es zum gleichen Ergebnis kommen, wenn große Gewinne mit kleinen Wahrscheinlichkeiten auftreten oder kleine Gewinne mit großen Wahrscheinlichkeiten.

   Lotterie 1: 10.000 € mit einer Wahrscheinlichkeit von 0,1 % oder 0 € mit einer Wahrscheinlichkeit von 99,9 %

   Lotterie 2: 20 € mit einer Wahrscheinlichkeit von 50 % oder 0 € mit einer Wahrscheinlichkeit von 50 %

   Ein risikoneutraler Entscheider müsste in beiden Fällen bereit sein, 10 € für ein Los auszugeben. Glauben Sie, dass die beiden Entscheidungen in den Augen des Entscheiders wirklich gleichwertig sind? Wie würden Sie sich entscheiden? Erwägen Sie jetzt die gleiche Entscheidungssituation als Verlustlotterie. Sie können also bei Lotterie 1 einen unwahrscheinlichen aber möglichen Schaden von 10.000 € abwenden, indem Sie 10 € investieren. Bei Lotterie 2 ist der Schaden viel niedriger, aber dafür ist die Eintrittswahrscheinlichkeit höher. Würden Sie jetzt anders entscheiden?

Fragen und Aufgaben zu Kapitel 6

a) Was ist das Charakteristische an einer Spielsituation?

b) Reitstallbesitzerin A hat in einer Region quasi eine Monopolstellung und verlangt hohe Boxenmieten von den Pferdebesitzern. Der Reitstall macht 300.000 € Umsatz und 50.000 € Gewinn im Jahr. Ein Bauer aus der Region überlegt, ob er nicht auch die Unterbringung und Versorgung von Pferden anbieten soll. Da er Heu und Stroh selbst herstellt, könnte er die Boxen billiger anbieten. Auf der anderen Seite muss er zunächst viel Geld in Umbauten investieren und dafür einen Kredit aufnehmen. Der Bauer muss sich entscheiden, ob er die Investition riskieren soll. Ihm ist klar, dass die Reaktion der Besitzerin von Reitstall A für die Entscheidung wichtig ist. Sie könnte sich mit der Konkurrenz abfinden und einen Teil ihrer Kundschaft an den Bauern verlieren, der moderat niedrigere Boxenpreise anbietet. Ihr Umsatz sinkt auf 200.000 €, der Bauer macht 90.000 € Umsatz. Der Gewinn von A sinkt auf 30.000 €, der Bauer macht 20.000 € Gewinn. A könnte aber auch mit aggressiven Preissenkungen reagieren, um ihre Kunden zu halten. Ihr Gewinn sinkt dann auf 15.000 €, der Bauer würde kaum Kunden finden und einen Verlust von 10.000 € realisieren. Stellen Sie die Situation als Spielbaum dar. Sollte der Bauer die Investition riskieren?

c) Ändert sich die Entscheidung in Aufgabe b), wenn Sie zusätzlich erfahren, dass zwischen der Reitstallbesitzerin A und dem Bauern schon seit langem ein erbitterter Streit herrscht?

d) In einem Zwei-Personen-Nullsummenspiel ergibt sich für Spieler 1 folgende Auszahlungsmatrix:

$$U = \begin{matrix} 8 & 2 & 5 \\ 4 & 3 & 8 \\ 0 & -1 & 9 \end{matrix}$$

Gibt es bei diesem Spiel ein Nash-Gleichgewicht?

e) Für Spielsituationen gelten konfliktäre oder sogar entgegengesetzte Interessen als typisch. Es gibt aber auch sog. Koordinationsspiele, bei denen die Interessen harmonisch sind. Beschreiben Sie eine solche Spielsituation. Inwiefern kann eine geteilte Kultur in solchen Spielsituationen helfen?

f) Zwei Illustrierte (goldene Postille und grünes Blatt) machen sich Konkurrenz. Für die nächste Ausgabe kommen zwei Titelgeschichten in Frage: die Geburt eines Kindes in einem europäischen Königshaus und die Scheidungsgerüchte um einen bekannten Schlagerstar. Aus Erfahrung weiß die Redaktion der goldenen Postille, dass eine Geschichte aus einem Königshaus mehr Leser interessiert. Geschätzt werden 70 % Interessenten für die Geschichte der Geburt und 30 % für die Geschichte der Scheidung. Allerdings ist auch noch zu beachten, was das Konkurrenzblatt macht, denn wenn beide die gleiche Titelgeschichte bringen, müssen sie sich die Leserschaft teilen. Aus der Sicht der Illustrierten „goldene Postille" ergibt sich daraus folgende Auszahlungsmatrix (Prozentzahlen von Lesern):

	Grünes Blatt: Geburt	Grünes Blatt: Scheidung
Goldene Postille :Geburt	35	70
Goldene Postille: Scheidung	30	15

Welche Titelgeschichte wird die „goldene Postille" bringen? Wie sieht die Auszahlungsmatrix für das „grüne Blatt" aus, und welche Titelgeschichte wird deren Redaktion wählen?

g) Stellen Sie eine Auszahlungsmatrix vom Typ „Gefangenendilemma" dar. Worin liegt das Dilemma für die Spieler? Beschreiben Sie eine Situation, in welcher ein Gefangenendilemma erwünscht ist und eine Situation, in welcher das Gefangenendilemma zu unerwünschten Ergebnissen führt.

h) Inwiefern ändert sich die Situation, wenn Spiele wiederholt werden? Warum ist es am besten, wenn die Anzahl der Wiederholungen ex ante nicht bekannt ist?

i) Welche Eigenschaften hat die Spielstrategie „tit-for-tat"?

j) Eine Spielempfehlung lautet „sei nicht zu raffiniert und erlaube dem anderen, deine Strategie zu durchschauen". Wann ist diese Empfehlung sinnvoll und in welcher Spielsituation ist es von Vorteil, undurchschaubar zu sein?

k) Zu den wichtigsten Wettbewerbsmaßnahmen zählt die Verpflichtung (commitment), eindeutig an eigenen Maßnahmen festzuhalten, auf bestimmte Aktionen zu verzichten oder in einer bestimmten Weise auf Aktionen der Wettbewerber zu antworten (vgl. *Porter* [Wettbewerbsstrategie] 141 ff.). Damit sendet das Unternehmen Signale an die Marktpartner, die sich mit ihren Strategien darauf einstellen können. Damit die Signale als glaubwürdig eingestuft werden, ist eine Selbstbindung des Unternehmens hilfreich. Erläutern Sie vor diesem Hintergrund, wieso ausgerechnet eine Niedrigpreis-Garantie dazu verhilft, höhere Preise durchzusetzen.

l) Aldi senkt die Preise für zahlreiche Wurstwaren. Die Konkurrenz folgt auf dem Fuße und weitere Discounter senken die Preise. Keiner der Konkurrenten will mit höheren Preisen Kunden verlieren. Eigentlich sieht man in dieser Situation ein erwünschtes Gefangenendilemma zur Forcierung des Wettbewerbs. Agrarminister, Bauernvertreter, Tierschützer und Grüne reagieren dagegen empört und fordern die Verbraucher auf, diese Waren zu verschmähen. Auch der Discounter Lidl kritisierte in einem für die Branche ungewöhnlichen Schritt die Preissenkungen des Marktführers. Welche kollektiven Schäden entstehen durch den Preiskampf? Was bezweckt Lidl vermutlich mit seiner Kritik? Inwiefern können die Kunden „Politik mit dem Einkaufskorb" machen?

m) Das Menschenbild der Spieltheorie ist das eines rationalen Egoisten. Die „Geber", die sich vertrauensvoll und hilfsbereit verhalten erscheinen aus Sicht der Spieltheorie geradezu „irrational". Man kann sie aber auch für besonders klug halten. Was spricht für letztere These?

Fragen und Aufgaben zu Kapitel 7

a) Erläutern Sie die vier Entscheidungstypen Problemlösung, Überzeugung, Verhandlung und Politik.

b) Herr und Frau Müller wollen ein Auto kaufen. Sie haben sich darauf geeinigt als Auswahlkriterien den Anschaffungspreis, den Benzinverbrauch, die Größe des Kofferraums und das Aussehen zu nehmen. Zum Schluss sind noch drei Autos in der engeren Wahl.

	PKW 1	PKW 2	PKW 3
Preis	10.000 €	9.500 €	11.000 €
Verbrauch	6 Liter/100 km	6,5 Liter/100 km	5,8 Liter/100 km
Kofferraum	400 Liter	350 Liter	470 Liter
Aussehen	klassisch-elegant	sportlich-schick	Familienkutsche

Sie wollen die Entscheidung möglichst transparent und „objektiv" fallen, mit Hilfe einer multiattributiven Wertfunktion. Welche Schritte sind dazu nötig? Bei welchem Kriterium liegen die Bewertungen vermutlich am weitesten auseinander?

c) Was versteht man unter dem Risikoschubphänomen bei Gruppenentscheidungen und wie kann es erklärt werden?

d) In einer Auswahlkommission haben sich drei Fraktionen gebildet, die jeweils verschiedene Kandidaten präferieren.

	Fraktion 1 5 Personen	Fraktion 2 4 Personen	Fraktion 3 3 Personen
beste Alternative	A	B	C
zweitbeste Alternative	E	C	D
drittbeste Alternative	D	E	E
viertbeste Alternative	C	D	B
schlechteste Alternative	B	A	A

Welcher Kandidat wird ausgewählt:

- nach der Regel der einfachen Mehrheit
- nach der Regel der absoluten Mehrheit
- nach der Regel der Mehrheit der Paarvergleiche
- nach der Borda-Regel?
- In welchen Fällen kann man eine kollektive Präferenzordnung ermitteln?

e) Was versteht man unter dem Condorcet-Kriterium und was ist das Condorcet-Paradoxon?

f) Welche Vor- und Nachteile haben Gruppenentscheidungen?

g) Durch Gruppenentscheidungen soll die Kreativität gefördert werden. Allerdings neigen Gruppen auch zum „groupthink", d. h. sie einigen sich schnell und unkritisch auf eine Alternative, weil der Wunsch nach Harmonie stark ausgeprägt ist. Wie kann man diese Gefahr mildern?

h) Der Vorstand von Aktiengesellschaften besteht in der Regel aus mehreren Personen. Im Durchschnitt sind es bei den DAX-Unternehmen zwischen vier und sieben Mitglieder. Überlegen Sie, was die Entscheidungen in einer solchen Gruppe besonders schwierig macht. Denken Sie dabei u. a. an die Art der Entscheidungen, die Struktur der Gruppe und die Persönlichkeit der Mitglieder.

i) Vor einigen Jahren wurde die 5%-Sperrklausel bei den Kommunalwahlen abgeschafft. Das bedeutet, dass auch kleine Wählergruppen Vertreter in die Kommunalparlamente entsenden können. Die Anzahl der Fraktionen ist dadurch erheblich gestiegen. Waren es vorher durchschnittlich 4, so sind es jetzt durchschnittlich 8 Fraktionen, die vertreten sind. Von Kritikern wird darauf hingewiesen, dass die Funktionsfähigkeit der Parlamente dadurch erheblich beeinträchtigt wurde. Sie wollen wieder zurück zur 5%-Klausel. Andere halten dagegen, die großen etablierten Parteien wollten nur die kleineren Konkurrenten fernhalten. Was könnte dafür sprechen, dass die Entscheidungsfähigkeit durch die Fragmentierung tatsächlich schlechter geworden ist?

Fragen und Aufgaben zu Kapitel 8

a) Nennen Sie grundlegende Unterschiede zwischen der normativen und der deskriptiven Entscheidungstheorie.

b) Was versteht man unter „bounded awareness", „bounded rationality" und „bounded willpower" bei Entscheidungen?

c) Von der verhaltenswissenschaftlichen Entscheidungstheorie werden Unternehmen als „organisierte Anarchien" beschrieben. Durch welche Merkmale werden solche organisierten Anarchien beschrieben?

d) Wie läuft der Entscheidungsprozess nach dem „garbage-can model" ab?

e) Manager entscheiden oft intuitiv. Können Sie sich erklären, warum das so ist? Warum werden die wenigsten Manager öffentlich dazu stehen, dass sie häufig intuitiv entscheiden?

f) In der normativen Entscheidungstheorie wird das Organisationsphänomen weitgehend ausgeblendet. Der Unternehmer entscheidet als Einzelperson. Andere Beteiligte, vor allem die Mitarbeiter, finden nur als „passive Daten“ oder willenlose „Ausführungsorgane“ Berücksichtigung. Die Organisation wird als Quelle eigener Probleme ausgeschaltet. Welche Probleme weist die Organisation im Hinblick auf die Zielfindung auf?

g) Ein Unternehmen steht vor der Aufgabe, einen Lieferanten auszuwählen. Inwiefern erschwert die Annahme von Opportunismus diese Entscheidung?

Fragen und Aufgaben zu Kapitel 9

a) Situation 1:

Sie besitzen 500 € und müssen sich entscheiden zwischen folgenden Alternativen:

- Sie bekommen noch 50 € und können damit ein Los kaufen mit der 50%igen Chance auf 100 € Gewinn oder 0 €
- oder die 50 € behalten

Situation 2:

Sie besitzen 600 € und müssen entscheiden zwischen folgenden Alternativen:

- 50 € abgeben
- oder für 100 € ein Los kaufen mit der 50%igen Chance, die 100 € zu verlieren oder nichts abgeben zu müssen.

Wählen Sie zunächst intuitiv zwischen den Möglichkeiten und überlegen Sie dann, ob ihre Wahl rational war.

b) Jemandem, der vor einer Operation steht, kann der Arzt das Risiko verschieden präsentieren: Von 100 Patienten sind 90 nach 5 Jahren noch am Leben oder: Von 100 Patienten sterben 10 innerhalb von 5 Jahren.

Bei welcher Darstellungsweise entscheiden sich wohl mehr Menschen für eine Operation?

c) Wie viel würden Sie höchstens zahlen (Kaufpreis), um die Gefahr einer schweren Erkrankung um 1 % zu senken?

Wie viel müsste man Ihnen geben (Verkaufspreis), damit Sie eine 1%ige Erhöhung eines Erkrankungsrisikos in Kauf nehmen?

Typischerweise verlangen die Menschen 10 x mehr für die 1%ige Erhöhung des Risikos als sie selbst für eine 1%ige Senkung zu zahlen bereit wären. Erklären Sie dieses Phänomen mit Hilfe des Referenzpunkteffektes und der Verlustaversion.

d) Der Bau des Bischofssitzes in Limburg, der Bau des Berliner Flughafens, die Elb-Philharmonie, es gibt zahlreiche Beispiele dafür, dass bei großen Projekten die Kosten und die Dauer massiv unterschätzt werden. Man spricht vom Planungsfehlschluss oder „planning fallacy“. Welche Entscheidungsfehler tragen vermutlich zum Planungsfehlschluss bei?

e) Als Manager eines Fußballvereins sollen Sie entscheiden, welchen Spieler Sie für die nächste Saison kaufen. Das Ziel ist, den Spieler zu finden, der voraussichtlich die meisten Tore schießen wird. Ist es eine gute Idee, den Spieler zu nehmen, der in der laufenden Saison die meisten Tore geschossen hat?

f) Wer eine Versicherungsprämie zahlt, wählt im Grunde einen sicheren Verlust mit der Alternative einer Lotterie, bei der es die Möglichkeit eines hohen Verlustes gibt, allerdings mit sehr geringer Wahrscheinlichkeit. Würden Sie als Versicherungsvertreter einem Kunden die Entscheidung in dieser Weise präsentieren?

g) Sie haben viel Geld in die Entwicklung eines neuen Produktes gesteckt. Nach zwei Jahren Entwicklungszeit zeichnet sich ab, dass es bis zur Serienreife deutlich länger dauern wird als prognostiziert und dass die Absatzprognosen nach unten korrigiert werden müssen. Sie stehen vor der Entscheidung, erneut Geld in das Projekt zu stecken oder es endgültig aufzugeben. Sollte das schon investierte Geld bei dieser Entscheidung eine Rolle spielen? Was versteht man unter „escalation of commitment“ und wie kann man diesen Effekt erklären?

h) Gigerenzer (vgl. [Risiko] 136) nennt Vertrauen „die Mutter aller Faustregeln“. Inwiefern kann Vertrauen Entscheidungen erleichtern? Wann ist Vertrauen riskant?

i) Ein Handwerker soll bei einem Kunden größere Einbauten vornehmen, die er vorfinanzieren soll. Da die Einbauten nur mit großem Verlust weiterverwertet werden könnten, falls dieser Kunde nicht zahlen kann, erkundigt sich der Handwerker lieber bei einer Auskunftei. Die Auskunftei wirbt damit, dass sie von den tatsächlich nicht kreditwürdigen Kunden 93 % erkennt und nur 7 % fälschlich als kreditwürdig einstuft. Der Handwerker hat aber in kritischen Artikeln auch gelesen, dass die Auskunftei viele Kunden zu Unrecht als nicht kreditwürdig einstuft. In 20 % der Fälle passiert es, dass zahlungsfähige Kunden falsch als nicht kreditwürdig bezeichnet werden. In der Vergangenheit hat der Handwerker selbst die Erfahrung gemacht, dass nur ca. 3 % der Kunden „faul“ sind. Er bekommt über seinen Kunden eine negative Auskunft. Wie hoch ist die Wahrscheinlichkeit, dass der Kunde tatsächlich nicht zahlen kann?

j) Wie könnte man in Verhandlungen verhindern, dass die Verlustaversion einem für beide Seiten wünschenswerten Kompromiss im Wege steht?

k) Wie könnte man sich im Marketing den Ankereffekt zunutze machen?

Fragen und Aufgaben zu Kapitel 10

a) *Kahnemann* unterscheidet zwei kognitive Systeme oder Denkmodi. Wie entscheiden die Menschen mit „System 1“ und wie mit „System 2“? Nennen Sie jeweils zwei Beispiele für Aufgaben, die Sie mit System 1 bzw. mit System 2 lösen.

b) Der Bedeutungszuwachs der empirischen Entscheidungsforschung wird damit begründet, dass es systematische Fehler gibt, die von sehr vielen Menschen begangen werden. Warum haben die Aussagen der deskriptiven Theorie damit an Wert gewonnen?

c) „Die Bürger wie eine Schafherde zu zwingen und anzustoßen, statt ihnen Kompetenz zu vermitteln, ist keine ermutigende Perspektive für eine Demokratie.“ Mit diesen Worten wendet sich *Gigerenzer* ([Risiko] 332) gegen den „sanften Paternalismus“ einer Entscheidungsarchitektur. Er selbst ist optimistisch, jeder könne die nötige Kompetenz erwerben, um frei bspw. die beste Finanzanlage oder Versicherung zu wählen. Damit vertritt er eher die Sichtweise der „Reformer“. Seine Ablehnung des sanften Paternalismus begründet er vor allem mit der Existenz der „Pragmatiker“, die ihren eigenen Interessen folgen, wenn Sie den anderen „einen Schubs“ in die gewünschte Richtung geben. Erläutern Sie die drei Positionen der Reformer, der Pragmatiker und der Entscheidungsarchitekten. Welche Argumente bringen die Entscheidungsarchitekten gegen solche Bedenken vor?

d) Es wäre im Sinne des Umweltschutzes wünschenswert, dass die Menschen weniger Energie verbrauchen. Sie könnten das durch gesetzliche Maßnahmen anstreben (bspw. ein Verbot herkömmlicher Glühlampen) oder über den Marktmechanismus regeln (Energie wird teurer). Wie könnte ein „Nudge“ aussehen, der die Menschen zum Energiesparen bringt?

e) „Die zwangsläufige Selektivität der von der Wissenschaft produzierten Erkenntnisse wird zum Wertproblem, wenn deren praktische Verwertung und die sich daraus ergebenden Wirkungen mit berücksichtigt wer den. … Die Interessenlage in der von der Verwertung wissenschaftlicher Erkenntnisse betroffenen Gesellschaft sind unterschiedlich und häufig konfliktär. … Wie sich der einzelne Wissenschaftler und die Wissenschaft insgesamt in der Frage der Verantwortung für die Verwendung ihrer Ergebnisse verhalten sollen, ist letztlich ein ethisches Problem.“ (*Heinen* [Wertfreiheit] 437, 438). Ein solches ethisches Problem wird augenfällig bei der pragmatischen Verwertung der Erkenntnisse der deskriptiven Entscheidungstheorie, wenn die Schwächen der Humans zum Zwecke der Gewinnerzielung bewusst ausgenutzt werden. Kann man das Problem durch den „gleichberechtigten Zugang zum vorhandenen Wissen“ (*Heinen* [Wertfreiheit] 438) lösen?

f) „Choice is a faith as well as a theory“ … “Ideas of willfull, rational choice are the standard terms of discourse for answering the generic questions: Why did it happen? Why did you do it?” (*March/Olsen* [Garbage] 13). Während Entscheidungen auch in Unternehmen häufig unsystematisch oder zufällig getroffen werden, halten die Menschen an dem Glauben fest, die Geschichte des Unternehmens könne als Abfolge rationaler Entscheidungen interpretiert werden. Überlegen Sie Gründe für die Attraktivität dieses „Mythos“.

Fragen und Aufgaben zu Kapitel 11

a) Dass Entscheidungen im Unternehmen im Rahmen einer Organisation stattfinden, wird einerseits als Problem und andererseits als Problemlösung angesehen. Erläutern Sie beide Sichtweisen.

b) Im Allgemeinen werden Entscheidungen besser getroffen, wenn man sie vor einer Instanz rechtfertigen muss. Welche Nachteile können mit einem solchen Rechtfertigungszwang verbunden sein?

c) Menschen sehen eher die Entscheidungsfehler von anderen als ihre eigenen. Wie kann das Unternehmen sich diese Tatsache zunutze machen?

d) Ein zentrales Problem bei der Entscheidung ist die ausreichende Erhebung relevanter Informationen. Wie kann die Informationssuche und -weitergabe formal und informal gefördert werden?

e) Ein Unternehmen sucht nach einer Beratungsfirma, welche helfen soll, ein anspruchsvolles Projekt umzusetzen. Die Stabsabteilung favorisiert schnell den Anbieter A, der in der Nähe seinen Firmensitz hat, spezialisiert ist auf Projekte der anstehenden Art und als kleine und relativ neue Beratungsfirma bei den Honoraren verhandlungsbereit ist. Die Chefetage findet den Vorschlag gut, gibt aber zugleich in Auftrag, nach anderen

Möglichkeiten zu suchen. Als Alternative wird von oben der Anbieter B ins Spiel gebracht, der größer und etablierter ist, aber auch teurer und nicht einschlägig spezialisiert. Die Stabsabteilung arbeitet eine Entscheidungsvorlage aus, nach welcher Anbieter B einen leichten Vorteil hat. Im Nachhinein stellt sich die Entscheidung als schlecht heraus. Die Unternehmensleitung beruft sich darauf, auf der Basis der objektiven Informationen der Stabsabteilung entschieden zu haben. Die Stabsabteilung verteidigt sich, Anbieter A wäre doch von der Unternehmensleitung abgelehnt worden. Was ist vermutlich schief gelaufen und wie hätte man das möglicherweise vermeiden können?

f) Organisationen können lernen. Von *Cyert/March* (vgl. [Theory] 172ff.) wurde bspw. festgestellt, dass Unternehmen lernen im Hinblick auf ihre Ziele (adaptation of goals), ihre Aufmerksamkeit (adaptation in attention rules) und ihre Suchverfahren (adaptation in search rules). Wie könnte man ein solches Lernen begünstigen?

Literaturverzeichnis

Adam, D.: Planung und [Entscheidung], 4. A., Wiesbaden 1996.

Albert, H.: [Traktat] über Kritische Vernunft, 5. A., Tübingen 1991.

Argyris, C.: On Organizational [Learning], Cambridge, Mass., Oxford 1994.

Aristoteles: [Politik], Buch I, Werke Band 9/1, Darmstadt 1991.

Arrow, K. J.: Social [choice] and individual values, New York et al. 1951.

Arrow, K. J.: The Limits of [Organization], New York 1974.

Axelrod, R.: The [Evolution] of Cooperation, New York 1984.

Bamberg, G., Coenenberg, A. G., Krapp, M.: Betriebswirtschaftliche [Entscheidungslehre], 14. A., München 2008.

Baron, J., Ritov, I.: Reference points and [omission] bias, in: Organizational Behavior and Human Decision Processes, Vol. 59 (1994), S. 475–498.

Bazerman, M. H., Moore, D. A.: [Judgment] in Managerial Decision Making, 8. A., 2013.

Bea, F. X.: [Entscheidungen] des Unternehmens, in: Bea, F. X., Schweitzer, M. (Hrsg.): Allgemeine Betriebswirtschaftslehre, Bd. 1: Grundfragen, 10. A., Stuttgart 2009, S. 332–437.

Bea, F. X., Göbel, E.: [Organisation], 4. A., Stuttgart 2010.

Bea, F. X., Haas, J.: Strategisches [Management], 6. A., Konstanz und München 2013.

Becker, G. S., Becker, G. N.: Die [Ökonomik] des Alltags, Tübingen 1998.

Berg, J., Dickhaut, J., McCabe, K.: [Trust], Reciprocity and Social History, in: Games and Economic Behavior, Vol. 10 (1995), S. 122–142.

Borchert, M., Röhling, T., Heine, S.: [Wissensweitergabe] als spieltheoretisches Problem, in: Zeitschrift für Personalforschung, 17. Jg. (2003), Heft 1, S. 37–57.

Buehler, R., Griffin, D., Ross, M.: Exploring the [„planning fallacy"]: Why people underestimate their task completion times, in: Journal of Personality and Social Psychology, Vol. 67 (1994), S. 366–381.

Camerer, C. F., Loewenstein, G., Weber, M.: The [curse] of knowledge in economic settings: An experimental analysis, in: Journal of Political Economy, Vol. 97 (1989), S. 1232–1254.

Chmielewicz, K.: Wirtschaftswissenschaft, IV: [Theoriebildung] in der Betriebswirtschaftslehre, in: Handwörterbuch der Wirtschaftswissenschaften, hrsg. v. Albers, W. u.a., Band 9, Stuttgart, Tübingen 1982, S. 446–469.

Coates, J.: The [Hour] Between Dog and Wolf: Risk Taking, Gut Feelings, and the Biology of Boom and Bust, London 2012.

Cohen, M. D., March, J. G., Olsen, J. P.: Ein [Papierkorb-Modell] für organisatorisches Wahlverhalten, in: March, J. G.: Entscheidung und Organisation: kritische und konstruktive Beiträge, Entwicklungen und Perspektiven, Wiesbaden 1990, S. 329–372.

Cyert, R. M., March, J. G.: A Behavioral [Theory] of the Firm, Englewood Cliffs, N. J., 1963.

Eisenführ, F., Weber, M., Langer, T.: Rationales [Entscheiden], 5. A., Heidelberg u.a. 2010.

Elster, J.: Sour [Grapes], Studies in the subversion of rationality, Cambridge 1983.

Epley. N., Mak, D., Idson, L. C.: [Rebate] or bonus? The impact of income framing on spending and saving, in: Journal of Behavioral Decision making, Vol. 19 (2006), S. 213–227.

Falk, A.: Eigennutz kontra [Reziprozität]: Befunde und Implikationen, in: Wirtschaft und Gesellschaft, 28. Jg. (2002), S. 383–401.

Fincham, R., Rhodes, P. S.: The Individual, Work and [Organization], Behavioural Studies for Business and Management, 2. A., New York 1992.

Fischhoff, B.: [Hindsight] is not equal to foresight: The effect of outcome knowledge on judgment under uncertainty, in: Journal of Experimental Psychology, Human Perception and Performance, Vol. 1 (1975), S. 288–299.

Fischhoff, B.: [Debiasing], in: Kahnemann, D., Slovic, P., Tversky, A. (Hrsg.): Judgment under uncertainty: Heuristics and biases, Cambridge Mass. 1982.

Fischhoff, B., Slovic, P., Lichtenstein, S.: [Fault] trees: Sensitivity of estimated failure probabilities to problem representation, in: Journal of Experimental Psychology, Human Perception and Performance, Vol. 4 (1978), S. 330–334.

Fürst, R.: Betriebswirtschaftspolitik und [Entscheidung], in: Engeleiter, H.-J. (Hrsg.): Gegenwartsfragen der Unternehmensführung, Herne, Berlin 1966, S. 93–105.

Gigerenzer, G., Gaissmaier, W.: Denken und Urteilen unter Unsicherheit: Kognitive [Heuristiken], in: Funke, J. (Hrsg.): Enzyklopädie der Psychologie, Vol. C, II, 8, Denken und Problemlösen, Göttingen 2006, S. 329–374.

Gigerenzer, G., Hertwig, R., Pachur, T. (Hrsg.): [Heuristics]: The Foundations of adaptive behavior, New York 2011.

Gigerenzer, G.: [Risiko], Wie man die richtigen Entscheidungen trifft, 3. A., München 2013.

Göbel, E.: [Unternehmensethik], Grundlagen und praktische Umsetzung, 3. A., Konstanz und München 2013.

Göbel, E.: Neue [Institutionenökonomik], Konzeption und betriebswirtschaftliche Anwendungen, Stuttgart 2002.

Grant, A.: [Geben] und Nehmen – Erfolgreich sein zum Vorteil aller, München 2013.

Gutenberg, E.: Grundlagen der Betriebswirtschaftslehre, Bd. 1. Die [Produktion], 24. A., Berlin u.a. 1983.

Hannan, M., Freeman, J.: The [Population] Ecology of Organizations, in: American Journal of Sociology, Vol. 82 (1977), S. 929–964.

Heinen, E.: Neue [Denkansätze] für Betriebswirtschaftler, in: Heinen, E.: Grundfragen der entscheidungsorientierten Betriebswirtschaftslehre, München 1976, S. 394–403.

Heinen, E.: Die [Zielfunktion] der Unternehmung, in: Heinen, E.: Grundfragen der entscheidungsorientierten Betriebswirtschaftslehre, München 1976, S. 13–93.

Heinen, E.: Die betriebswirtschaftlichen [Ziele], in: Heinen, E.: Grundfragen der entscheidungsorientierten Betriebswirtschaftslehre, München 1976, S. 109–144.

Heinen, E.: Zur [Wertfreiheit] in der Betriebswirtschaftler, in: Heinen, E.: Grundfragen der entscheidungsorientierten Betriebswirtschaftslehre, München 1976, S. 404–471.

Heinen, E.: Der entscheidungsorientierte [Ansatz] der Betriebswirtschaftslehre, in: Kortzfleisch, G. von (Hrsg.): Wissenschaftsprogramme und Ausbildungsziele der Betriebswirtschaftslehre, Berlin 1971, S. 21–37.

Heinen, E.: Zum [Wissenschaftsprogramm] der entscheidungsorientierten Betriebswirtschaftslehre, in: Zeitschrift für Betriebswirtschaft, 39. Jg. (1969), Nr. 4, S. 207-220; wieder abgedruckt in Heinen, E.: Grundfragen der entscheidungsorientierten Betriebswirtschaftslehre, München 1976, S. 364–393.

Hsee, C. K.: The [Business] of Managing Decisions, Understanding the Place of Uncertainty, Selected Papers from the Center for Decision Research, The University of Chicago Graduate School of Business, September 2004.

Iyengar, S. S., Lepper, M. R.: When choice is [demotivating]: Can one desire too much of a good thing? In: Journal of Personality and Social Psychology, Vol. 79 (2000), S. 995–1006.

Janis, I. L.: Victims of [groupthink], Boston 1972.

Janis, I. L., Mann, L.: [Decision] making: A psychological analysis of conflict, choice and commitment, New York 1977.

Kahnemann, D., Tversky, A.: [Subjective] probability: A judgment of representativeness, in: Cognitive Psychology, Vol. 3 (1972), S. 430–454.

Kahnemann, D., Tversky, A.: On the psychology of [prediction], in: Psychological Review, Vol. 80 (1973), S. 237–251.

Kahnemann, D., Tversky, A.: [Prospect] Theory: An Analysis of Decision under Risk, in: Econometrica, 47 (2), March 1979, S. 263–291.

Kahnemann, D., Tversky, A.: [Entscheidungen], Werte und Frames, in: Kahnemann, Daniel: Schnelles [Denken], langsames Denken, 18. A., München 2011, Anhang, S. 545–568.

Kahnemann, D.: Schnelles [Denken], langsames Denken, 18. A., München 2011.

Kant, I.: [Grundlegung] zur Metaphysik der Sitten, Werkausgabe VII, hrsg. v. Wilhelm Weischedel, Frankfurt a. M. 1974, erste Auflage 1785 (A), zweite Auflage 1786 (B).

Kirchgässner, G.: [Homo] Oeconomicus, Tübingen 1991.

Knight, F.: [Risk], uncertainty and profit, Boston 1921.

Kruschwitz, L., Kruschwitz, P.: [Entwurf] einer neuen Theorie zur Bewertung von Lotterien, in: Die Betriebswirtschaft, 56. Jg. (1996), S. 733–742 (deutsche Übersetzung des Aufsatzes von Bernoulli).

Kunda, Z.: The [Case] for Motivated Reasoning, in: Psychological Bulletin, Vol. 108 (1990), No. 3, S. 480–498.

Lange, A., Khadjavi, M.: [Prisoners] and their dilemma, in: Journal of Economic Behavior & Organization, Vol. 92, August 2013, S. 163–175.

Lewin, K.: Group decision and social [change], in: Newcomb, T. M., Hartley, E. L. (Hrsg.): Readings in social psychology, New York 1947.

Lindblom, Ch. E.: The [Science] of Muddling Through, in: Public Administration Review, Vol. 19 (1959), S. 79–88.

Loewenstein, G.: Out of [Control]: Visceral Influences on Behavior, in: Organizational Behavior and Human Decision Processes, Vol. 65 (1996), No. 3, S. 272–292.

Lord, C. G., Lepper, M. R., Preston, E.: Considering the [opposite]: A corrective strategy for social judgment, in: Journal of Personality and Social Psychology, Vol. 47 (1984), S. 1231-1243.

Luhmann, N.: [Organisation], in: Küpper, W., Ortmann, G. (Hrsg.): Mikropolitik, Rationalität, Macht und Spiele in Organisationen, Opladen 1988, S. 165–185.

Lunenberg, F. C.:The [Interview] as a Selection Device: Problems and Possibilities, in: International Journal of Scholarly Academic Intellectual Diversity, Vol. 12 (2010), No. 1, S. 1–7.

Mag, W.: Was ist ökonomisches [Denken]? In: Die Betriebswirtschaft, 48. Jg. (1988), S. 761–776.

Maier, G. W., von Rosenstiel, L.: [Lernende] Organisationen und der Umgang mit Fehlern, in: Dr. Wieselhuber & Partner (Hrsg.): Handbuch lernende Organisation, Wiesbaden 1997, S. 101–107.

March, J. G.: Die [Technologie] der Torheit, in: March, J. G. Hrsg.): Entscheidung und Organisation, Wiesbaden 1990, S. 281–295.

March, J. G., Olsen, J. P.: Garbage Can Models of [Decision] Making in Organizations, in: March, J. G., Weissinger-Baylon, R.: Ambiguity and

Command: Organizational Perspectives on Military Decision Making, Marchfield Mass. 1986, S. 11–35.

March, J. G., Simon, H.: Organizations, 2. A., Cambridge und Oxford 1993.

Moscovici, S., Zavalloni, M.: The [group] as a polarizer of attitudes, in: Journal of Personality and Social Psychology, Vol. 12 (1969), S. 125–135.

Mullen, B., Riordan, C. A.: [Self-serving] attributions for performance in naturalistic settings: A meta-analytic review, in: Journal of Applied Social Psychology, vol. 18 (1988), S. 3–22.

Neumann, J. von, Morgenstern, O.: Theory of Games and Economic Behavior, Princeton 1944

Obermaier, R., Saliger, E.: Betriebswirtschaftliche [Entscheidungstheorie], 6. A., München 2013.

Popper, K. R.: Das [Elend] des Historizismus, Tübingen 1965.

Probst, G. J. B., Romhardt, K.: [Bausteine] des Wissensmanagements – ein praxisorientierter Ansatz, in: Dr. Wieselhuber & Partner (Hrsg.): Handbuch lernende Organisation, Wiesbaden 1997, S. 129–143.

Raffée, H.: [Grundprobleme] der Betriebswirtschaftslehre, Göttingen 1995.

Reifman, A.: [Hot hand]: The statistics behind sport's greatest streaks, Washington DC 2011.

Rescher, N.: [Rationalität]. Eine philosophische Untersuchung über das Wesen und die Begründung der Vernunft, Oxford 1988, deutsche Übersetzung von A. Wüstehube, Würzburg 1993.

Rieger, W.: Einführung in die [Privatwirtschaftslehre], 3. A., Erlangen 1984.

Röpke, W.: Die [Lehre] von der Wirtschaft, 12. A., Bern 1959.

Samuelson, W., Zeckhauser, R. J.: [Status Quo] Bias in Decision Making, in: Journal of Risk and Uncertainty 1 (1988), S. 7–59.

Schelling, T.: The [strategy] of conflict, Harvard 1960.

Schierenbeck, H., Wöhle, C. B.: [Grundzüge] der Betriebswirtschaftslehre, 17. A., München 2008.

Schmalenbach, E.: [Grundlagen] dynamischer Bilanzlehre, 3. A., Leipzig 1925.

Schweitzer, M.: [Gegenstand] und Methoden der Betriebswirtschaftslehre, in: Bea, F. X., Schweitzer, M. (Hrsg.): Allgemeine Betriebswirtschaftslehre, Bd. 1: Grundfragen, 10. A., Stuttgart 2009, S. 23–80.

Shah, A. K., Oppenheimer, D. M.: Heuristics Made [Easy]: An Effort-Reduction Framework, in: Psychological Bulletin, Vol. 134 (2008), S. 207–222.

Sigmund, K., Fehr, E., Nowak, M. A.: [Teilen] und Helfen – Ursprünge sozialen Verhaltens, in: Spektrum der Wissenschaft, 2002, März, S. 52–59.

Simon, H. A.: [Theories] of decision-making in economics and behavioral science, in: The American Economic Review, 49. Jg. (1959), Nr. 3, S. 253–283.

Simon, H. A.: A Behavioral [Model] of Rational Choice, in: The Quarterly Journal of Economics, Vol. 69 (1955), Nr. 1, S. 99–118.

Simon, H. A.: Administrative [Behavior], A Study of Decision-Making Processes in Administrative Organizations, 1. A. 1945, 3. A. 1976.

Stanovich, K. E., West, R. F.: [Individual] differences in reasoning: Implications for the rationality debate, in: Behavioral and Brain Sciences, Vol. 23 (2000), S. 645–665.

Svenson, O.: Are we less risky and more skillful than our fellow [drivers]? Acta psychological, Vol. 47 (1981), S. 143–151.

Thaler, R. H.: [Toward] a positive theory of consumer choice, Journal of Economic Behavior and Organization, Vol. 1 (1980), S. 39–60.

Thaler, R. H.: [Mental] accounting matters, in: Journal of Behavioral Decision Making, Vol. 12 (1999), S. 183–206.

Thaler, R. H.: From [homo] oeconomicus to homo sapiens, in: Journal of Economic Perspectives, Vol. 14 (2000), S. 133–141.

Thaler, R. H., Shefrin, H. M.: An Economic Theory of [Self-Control], in: Journal of Political Economy, Vol. 89 (1981), No.2, S. 392–406.

Thaler, R. H., Sunstein, C. R.: [Nudge], Wie man kluge Entscheidungen anstößt, Berlin 2009.

Tversky, A.: [Elimination] by Aspects: A Theory of Choice, in: Psychological Review, Vol. 76 (1972), S. 31–48.

Tversky, A., Kahnemann, D.: [Belief] in the law of small numbers, Psychological Bulletin, Vol. 76 (1971), S. 105–110.

Tversky, A., Kahnemann, D.: Judgment under Uncertainty: Heuristics and Biases, in: Science, New Series, Vol. 185, No. 4157, Sep. 27 1974,

S. 1124–1131. Wieder abgedruckt in Kahnemann, D.: Schnelles Denken, langsames Denken, S. 521–544, zitiert als [Urteile].

Tversky, A., Kahnemann, D.: [Extensional] versus intuitive reasoning: the conjunction fallacy in probability judgment, in: Psychological Review, Vol. 90 (1983), S. 293–315.

Ulrich, H.: [Management] – eine unverstandene gesellschaftliche Funktion, in: Siegwart, H., Probst, G. J. B. (Hrsg.): Mitarbeiterführung und gesellschaftlicher Wandel, Bern, Stuttgart 1983, S. 133–152.

Ulrich, P.: Zivilisierte [Marktwirtschaft], Eine wirtschaftsethische Orientierung, Freiburg i. Br. 2005.

Valcárcel, S.: [Rationalität], in: Handwörterbuch Unternehmensführung und Organisation, hrsg. v. Schreyögg, G., v. Werder, A., 4. A., Stuttgart 2004, S. 1236–1244.

Watzlawick, P.: [Anleitung] zum Unglücklichsein, 22. A., München, Zürich 1986.

Weber, M., Eisenführ, F., Winterfeldt, D. v.: The effects of [splitting] attributes on weights in multiattribute utility measurement, in: Management Science, Vol. 34 (1988), S. 431–445.

Weber, W., Kabst, R.: [Einführung] in die Betriebswirtschaftslehre, 7. A., Wiesbaden 2009.

Williamson, O. E.: Die ökonomischen [Institutionen] des Kapitalismus, Tübingen 1990.

Wöhe, G., Döring, U.: [Einführung] in die Allgemeine Betriebswirtschaftslehre, 23., vollst. neu bearb. Aufl., München 2008.

Sachregister

μσ-Prinzip 109
Aktionenraum 50
Allais-Paradoxon 207
Anchoring 206
Approval-Voting 171
Artenpräferenzrelation 65
availability heuristic 204
Bandbreiteneffekt 199
base rate fallacy 202
Basisraten-Fehler 202
Basis-Referenz-Lotterie 113
Bayes-Regel (μ-Prinzip) 108
Bernoulli-Befragung 112
Bernoulli-Prinzip (Erwartungsnutzentheorie) 110
Bestätigungstendenz 218
Bimatrix 127
Borda-Regel 170
Condorcet-Paradoxon 173
Confirmation-Bias 218
Curse of knowledge 220
Dekomposition 44
Denken in Alternativen 23
Denken in Änderungen 24
Denken in extremen Input-Output-Relationen 23
Denken in Mängeln 23
Denken in Restriktionen 23
Direct-Rating-Methode 83
Enthusiasten 252
Entscheiden in Organisationen 185
Entscheiden nach dem Rationalprinzip 22
Entscheidungen, gut und schlecht strukturierte 37
Entscheidungen, konsistente 45
Entscheidungen, konstitutive 36
Entscheidungen, strategische und operative 36
Entscheidungsarchitekte 249
Entscheidungsarchitektur 245
Entscheidungsarchitektur, Empfehlungen 262
Entscheidungsfeld 35
Entscheidungstheorie, deskriptive 178, 239
Entscheidungstheorie, normative 178
Entscheidungstheorie, präskriptive 31, 239
Entscheidungsträger 35
Entscheidungstypen 160
Erfahrung 192
Ergebnisfunktion 59

Erwartungsnutzentheorie 112
extensive Form 129
Fokuspunkte 139
Forderungen, normative 237
Form, extensive 129
Form, Normal- 128
Form, strategische 128
Framing 213
Fühlbarkeitsschwellen 215
Gefangenendilemma 143
Gruppenentscheidungen 159
Gruppenwertfunktionen 163
Halbierungsmethode 84
Häufigkeiten, relative 107
Herdentrieb 226
Heuristik 191, 197
Heuristik, Repräsentativitäts- 202
Heuristik, Verfügbarkeits- 204
Hindsight-Bias 220
Höhenpräferenzrelation 64
Hurwicz-Regel 99
Inkonsistenz, dynamische 200
Intuition 191
Invarianz 46
Isolationseffekt 213
Kompetenzillusion 220
Konjunktionsfehlschluss 204
Laplace-Kriterium 102
Maximax-Regel 97, 98
Maximin-Regel 97
Maximin-Vorgehensweise 97
Maximumprinzip 22
Methode variabler Wahrscheinlichkeiten 114
Minimax 98
Minimumprinzip 22
Möglichkeitseffekt 209
Nash-Gleichgewicht 137
Nominalskala 80
Normalform 128
Nudge 246
Nutzenfunktion, konkave 116
Nutzenfunktion, konvexe 116
Nutzenfunktion, lineare 115
Objektsystem 35
Omission-Bias 216
Opportunismus 187
Ordnung, lexikografische 77
Papierkorb-Modell der Entscheidung 188
Phasenmodell 44
Präferenzrelationen 63
Pragmatiker 243, 249
Präsentationseffekte 213
Prozessrationalität 252
Rationalität, evaluative 42
Rationalität, formale 40
Rationalität, instrumentelle oder praktische 42
Rationalität, kognitive 42
Rationalität, objektive 41

Rationalität, prozedurale 43

Rationalität, subjektive 41

Rationalität, substanzielle 40

Rationalität, technisch-instrumentelle Zweck- 47

Rationalitätsforderungen, zentrale 197

Rationalprinzip 22

Referenzpunkt 211

Referenzpunkt-Effekte 211

Reformer 242, 249

Regel der absoluten Mehrheit 169

Regel der einfachen Mehrheit 169

Regel der Mehrheit der Paar-vergleiche 169

Regel der sukzessiven Paar-vergleiche 170

Regel, Borda- 170

Repräsentativitäts-Heuristik 202

Reziprozität 225

Reziprozität, Handlungsprinzip der - 195

Risiko- bzw. Unsicherheitspräfe-renzrelation 65

Risiko-Nutzen-Funktion (RNF) 111

Risikoprämie 115

Rückschaufehler 220

Savage-Niehans-Regel 100

Schelling Points 139

Sicherheitsäquivalent 113

Sicherheitseffekt 208

Skala, Kardinal- 81

Skala, Nominal- 80

Skala, ordinale 80

Spielempfehlung 133

Spieler-Irrtum 203

Spielformen 129; siehe auch: Form

Spieltheorie 72, 126

Spieltheorie, Abgrenzung 160

Splitting-Bias 199

Status-Quo-Bias 217

Subjektsystem 35

Swing-Verfahren 86

Take-the-best 200

Tallying 200

Theorie sozialer Entscheidungen 72

Trade-off-Verfahren 87

Transitivität 46

Transparenz 47

Umweltzustände 32

Unabhängigkeit von irrelevanten Alternativen 46

Ungewissheit 96

Unmöglichkeitstheorem 172

Unterlassungseffekt 216

Verankerung und Anpassung 206

Verfügbarkeitsheuristik 204

Verlustaversion 212

Wählerparadoxon 173
Wahrscheinlichkeit, design-abhängige oder symmetrie-abhängige 119
Wertfuktionen. multiattributive 78
Wertfunktion 79
What you see is all there is 219
WYSIATI 219
Zeitpräferenzrelation 64
Ziel, dominantes 76
Zielanalyse 68
Zielauswahl 69
Zielbildungsprozess, idealer 67
Zieldominanz 76
Ziele, unverträgliche 69
Ziele, verträgliche 69
Zielfindung 67
Zielgewichte, Bestimmung 86
Zielgewichtung 199
Zielgrößen 63
Zielpräzisierung 68
Zielstrukturierung 68
Zielsystem 62
Zielsystem, Anforderungen an ein ideales - 66
Zielsysteme, definitionslogische 68
Zielsysteme, teleologische 68
Zukunftsorientierung 46
Zustandsraum 54